河套灌区井渠结合膜下滴灌发展模式与水盐调控

朱 焱 杨金忠 伍靖伟 著

科 学 出 版 社

北 京

内 容 简 介

本书从内蒙古河套灌区地表水-地下水联合利用角度，确定了灌区适宜地下水开发的区域，分析地表水-地下水联合利用后灌区地下水动态与盐分长期演化特征，提出控制灌区盐渍化风险的措施。主要内容包括：①确定河套灌区适宜实施井渠结合的面积分布。②确定河套灌区适宜的渠井结合比。③预测灌区实施井渠结合后地下水动态。④预测井渠结合膜下滴灌实施后灌区盐分动态。⑤预测井渠结合膜下滴灌实施后灌区生态环境演化。⑥提出井渠结合后灌区盐分控制措施。

本书供从事土壤水、地下水资源与环境工作的科研人员，以及从事灌区水资源管理工作的技术人员或管理人员参考使用。

图书在版编目（CIP）数据

河套灌区井渠结合膜下滴灌发展模式与水盐调控 / 朱焱，杨金忠，伍靖伟著. —北京：科学出版社，2020.6

ISBN 978-7-03-065431-1

Ⅰ. ①河… Ⅱ. ①朱… ②杨… ③伍… Ⅲ. ①河套-灌区-井渠结合-滴灌-研究 ②河套-灌区-土壤盐渍度-土壤水-调控-研究 Ⅳ. ① S275 ② S153.6

中国版本图书馆 CIP 数据核字（2020）第 096491 号

责任编辑：丁传标 赵 晶 / 责任校对：何艳萍

责任印制：吴兆东 / 封面设计：图阅盛世

科学出版社出版

北京东黄城根北街 16 号

邮政编码：100717

http://www.sciencep.com

北京虎彩文化传播有限公司印刷

科学出版社发行 各地新华书店经销

*

2020 年 6 月第 一 版 开本：720×1000 B5

2020 年 6 月第一次印刷 印张：15 3/4

字数：300 000

定价：159.00 元

（如有印装质量问题，我社负责调换）

序

黄河是中华民族的母亲河。黄河流域在我国经济社会发展和生态安全方面具有十分重要的地位。黄河流域总土地面积 11.9 亿亩（1 亩≈666.7 m^2），约占我国国土面积的 8.3%，有大中型灌区 700 多处，有效灌溉面积 1.2 亿亩，是我国重要的产粮区。黄河流域大部分地区干旱少雨，农业生产主要依赖灌溉，农田灌溉水量占流域总用水量的 70%以上；但流域内地表水资源量较少，农业灌溉用水效率偏低，供需水之间的矛盾日趋加剧，节水的重点在农业。开展引黄灌区多水源滴灌高效节水关键技术研究与示范，破解制约引黄灌区滴灌发展关键技术难题，可以为沿黄灌区大面积发展滴灌提供科技支撑，对于保障黄河流域粮食安全生产、生态安全屏障建设，推动黄河流域高质量发展都具有重要的指导意义。

河套灌区位于黄河上中游内蒙古段北岸的冲积平原，引黄控制面积 1743 万亩，是亚洲最大的一首制灌区和全国三个特大型灌区之一，也是我国重要的商品粮、油生产基地。河套灌区地处我国干旱的西北高原，降水量少，蒸发量大，属于没有引水灌溉便没有农业的地区，河套灌区年引黄水量约 50 亿 m^3，占黄河过境水量的 1/7。针对我国引黄灌区开展滴灌受水源保障程度低、泥沙过滤难度大、易形成盐分积累等制约的重大难题，内蒙古自治区水利科学研究院牵头，并与国内高等院校和科研院所强强联合，协作攻关，以黄河流域灌溉面积最大的内蒙古河套灌区为研究基地，开展了引黄灌区多水源滴灌高效节水关键技术研究与示范，通过 6 年深入系统的研究，在滴灌多水源调控理论、关键技术、产品与装备、集成技术模式等方面取得了一批创新性成果，这些成果在多个地方得到推广应用，借此编写完成系列专著，希望有更多同仁了解项目研究成果，从中受益。

2019 年 11 月 22 日于北京

前　言

本书是作者对多年来在河套灌区开展井渠结合膜下滴灌研究成果的总结，阐述了研究团队在该领域的主要研究成果。

全书包括 9 章内容。第 1 章（绪论）对本书的研究内容进行了概括性介绍；第 2 章介绍了河套灌区适宜开采地下水区域的空间分布，确定了不同灌溉用水水质条件下井渠结合的控制面积和灌溉面积；第 3 章基于水均衡原理和地下水采补平衡原则建立渠井结合比解析模型，确定了河套灌区开展井渠结合灌溉的推荐渠井结合比，并计算了相应的节水潜力；第 4 章利用水均衡法和解析法研究了井渠结合实施后，灌区不同区域（非井渠结合区、井渠结合区、井渠结合渠灌区和井渠结合井灌区）的地下水位变化趋势；第 5 章建立了河套灌区生育期-冻融期全年地下水动态模拟模型，预测了河套灌区井渠结合膜下滴灌条件下地下水动态；第 6 章根据根系层盐分动态平衡，结合溴离子示踪试验测得的根系层净淋滤水量，确定了井渠结合实施后井灌区膜下滴灌的秋浇定额；第 7 章建立了根系层盐分均衡简化计算方法和两阶段计算方法，分析了现状条件下和井渠结合实施后根系层盐分动态变化，并提出了调控根系层盐分的临界秋浇定额；第 8 章应用改进的 SaltMod 模型和河套灌区根系层土壤盐分均衡模型，预测分析了井渠结合区不同灌溉模式下根系层土壤盐分动态变化趋势，提出了相应的盐分调控对策；第 9 章运用遥感的方法建立了地下水埋深与环境因子（土壤盐渍化、天然植被及土地利用）的相互关系，预测分析了井渠结合可能带来的区域生态环境影响。

参加本书撰写的人员有：杨金忠（第 1～第 3 章、第 7 章）、朱焱（第 4～第 6 章、第 8 章）、伍靖伟（第 9 章）。朱焱、杨金忠负责全书的统稿工作。本书研究团队的研究生毛威、孙贯芳、余乐时、李郝、郝培静、何彬、杨文元、王璐瑶、彭培艺、杨雪玲、赵天兴、杨洋等参加了部分研究工作，承担了资料整理和编排工作，做出了较大贡献；本书的研究工作得到了内蒙古自治区水利科技计划项目

（[2014] 117-02）、国家重点研发计划（2017YFC0403304）的资助；本书的出版得到了内蒙古自治区水利科技计划项目（[2014] 117-02）的资助，在此一并表示感谢！

限于作者水平，本书定有不完善和欠妥之处，敬请同行批评指正。

作　者

2019 年 12 月

目　录

第1章　绪　　论

1.1　研究背景和意义

内蒙古河套灌区是全国最大的一首制自流引水灌区，也是国家和内蒙古自治区重要的商品粮、油生产基地。然而，灌区地处干旱地区，年均降水量 161 mm，年均水面蒸发量 1236 mm，地表产流少，灌区灌溉主要采用过境黄河水，目前地下水开发利用较少。20 世纪 90 年代前，灌区灌溉面积和引黄水量逐年增加，2000 年后引黄水量呈减少趋势。随着国家水资源“三条红线”管理制度的实施，河套灌区水资源供需矛盾将进一步加剧。根据地区经济的发展和内蒙古引黄水量分配方案的要求，河套灌区农业灌溉的水量还会进一步减少（由 2000 年后多年平均的 $47\times10^8\ m^3$ 减少到 $40\times10^8\ m^3$ 以下），为保证地区粮食安全生产以及内蒙古自治区经济与社会可持续发展，开源节流、探求新的水资源利用方式和节水灌溉技术是本地区水资源可持续利用的必由之路。

井渠结合膜下滴灌具有节水、节肥、减少土壤盐碱化、降低病虫害、增产等优势，对于缓解河套灌区水资源紧张趋势具有重要作用。作为地表水和地下水联合利用的技术之一，井渠结合具有较好的理论研究和实际应用基础。在新疆地区、银北灌区和河套灌区开展了大面积井渠结合试验研究和理论分析工作（张蔚榛，2001；武忠义，2002；沈荣开等，2001；张蔚榛和张瑜芳，2003；齐学斌等，2004），并在我国人民胜利渠灌区、石津灌区、泾惠渠灌区、三江平原灌区等地得到成功应用（杨林同，2001；周维博和李佩成，2004；杨金忠，2013）。井渠结合在节水、减少土壤盐碱化等方面具有较大优势。首先，井渠结合可以充分利用降雨和灌溉入渗补给的地下水量，实现水资源重复利用，具有开源节流作用。其次，井渠结合可以实现灌区水资源在时间和空间上的调节，以含水层作为地下水库，对地表水进行调蓄，供河流来水少或作物需水高峰期时使用，弥补水资源时间分布不均的缺点；井渠结合可以灵活适应作物需水要求，弥补灌区过大导致灌水周期过长的缺陷，实现灌区水资源在空间范围上的合理调配。最后，井渠结合可以实现以灌代排，有效控制地下水位，减少地下水潜水蒸发带来的无效消耗，有效控制土壤盐碱化。膜下滴灌是一种重要的新型节水灌溉技术，它结合了滴灌技术和覆膜种植的特点，利用滴灌系统将作物需要的水、肥、农药等定时、定量地运送到作物根部（徐飞鹏等，2003；马凌云等，2009；张文娟，2011；马英杰等，2010）。膜下滴灌相较于传统田间灌溉技术在节水、节肥、增产、防止病虫害及省工等方面具有很多优势（康静和黄兴法，2013；Singh et al.，2012）。河套灌区多年平均地下水资源总量约为 $24\times10^8\ m^3$，丰富的地下水资源为开发利用地下水提供了水量上的保证。灌区灌溉面积大，地势平坦，较为适合膜下滴灌的实施。因此，河套灌区实施井渠结合、膜下滴灌势在必行。

在河套灌区实施井渠结合、膜下滴灌，首先应确定灌区内哪些区域可以实施井渠结合。河套灌区的水文地质、土壤条件复杂，且空间尺度较大，极大地提高了问题的复杂性与难度。河套灌区地处干旱地区，属于降雨-蒸发型的气候条件，因此开发利用地下水，需要严格保证采补平衡，维持灌区灌溉农业和生态系统的可持续发展。此外，随着地下水的开采和膜下滴灌淋滤量的减少，井渠结合膜下滴灌可能导致灌区地下水位下降，排盐量减少，并进一步影响灌区生态环境。因此，要保障井渠结合膜下滴灌的顺利实施，实现河套灌区地下水的合理开发利用，还需要关注采用井渠结合模式之后，灌区的地下水、土壤盐分和生态环境的变化情况。因此，对河套灌区井渠结合发展模式的研究，是一个需要统筹应用多种方法技术的系统性问题。

总之，河套灌区作为西北干旱地区的典型灌区，其水资源问题一直以来都广受关注。“3S”技术、计算机技术的迅速发展和广泛应用为灌区地下水资源开发利用的研究提供了有力的技术支持。但是，如何在全灌区尺度上结合现有的“3S”技术与计算机技术，在综合考虑灌区生产与生态需求的基础上，科学系统地构建时空上合理可靠的地下水资源的井渠结合开发模式，是河套灌区农业可持续发展的重要基础。因此，对河套灌区井渠结合发展模式的研究，将为缓解河套灌区水资源供需矛盾提供切实可行的解决方案与技术支持，为北方农业灌区地下水资源的合理开发利用提供理论依据。

1.2 国内外研究现状和发展趋势

农业灌区地下水资源的开发利用是一项系统工程，需要统筹兼顾多方面因素。河套灌区是水资源供需矛盾突出与土壤盐碱化问题并存的典型灌区，因此水资源问题更加复杂。首先需要根据地下水质情况确定适合于进行地下水开发的区域。在可开发区域的基础上，需要根据采补平衡原则确定具体的井渠结合开采模式。在此过程中，还需要综合考虑井渠结合膜下滴灌对地下水资源量、区域土壤盐分状况及生态环境的影响。具体来说，与本书相关的理论与技术的研究现状与发展趋势如下。

1.2.1　农业灌区地下水开发利用与“3S”技术

“3S”，即全球定位系统（global positioning system，GPS）、地理信息系统（geographical information system，GIS）和遥感（remote sensing，RS）的总称，三者实现了空间信息采集、存储、管理、处理、分析和应用。“3S”技术各有所长，互相补充。遥感技术是一种通过各种仪器对远距离地物反射或者辐射的电磁波进行收集、处理、成像，进一步对遥感影像处理，以实现信息提取的探测技术，目前已广泛应用在植被资源调查、作物产量估测、病虫害预测等方面。GPS的优势在于能迅速定位及准确采集数据，是农业资源调查方面不可或缺的技术手段，其精度高、工作效率高。GIS则具备强大的信息管理、空间分析及全面整合能力，并且已经广泛应用于各个领域，如环境研究、城市规划、农业评估、林业、土地利用和交通规划等领域。

GIS在农业灌区的应用现状主要表现在区域水资源预测与管理、地下水资源数值模拟与评价、水土资源数据库及管理系统的研发等方面。张丽等（2005）以沈阳市浑北灌区作为研究对象，结合GIS二次开发技术，构建了灌区用水管理系统；虎海燕（2014）设计了一个基于Web GIS的灌区生态监测与决策支持系统，用于监测疏勒河灌区内的植被和作物；李增焕等（2017）基于B/S（浏览器/服务器）模式设计了一套灌区管理信息系统；俞扬峰等（2019）设计了基于GIS的灌区移动智慧管理系统。以上工作主要应用GIS技术进行数据的收集、管理、分析和开发研究，体现了GIS的地理空间信息、图像信息及属性数据处理和管理的功能。然而，GIS的区间规划、制图能力、空间优化布局能力却未能得到充分的利用。基于大量数据的井渠结合分布区的确定是集数据收集处理、空间分析、图件制作和决策选择于一体的过程。在全灌区尺度上应用GIS技术进行井渠结合区规划布局，可以在明确掌握各项数据时空结构特征的基础上，直观明确地获得具有系统性和可操作性的规划布置方式的可视化输出结果，极大地克服了传统情况下对河套灌区井渠结合的形式和工程布局仅能进行定性研究的不足。

区域地下水的开发必然会对现阶段的生态环境造成影响，特别是在干旱地区，植被的生长发育会受到地下水位变化的直接影响，从而造成植被退化、土壤次生盐渍化、湖泊萎缩、土地沙漠化。传统的监测方法主要依靠野外的密集采样，但是这种方法成本高、周期长，且易受到采样时间和采样范围的限制，难以实现区域的实时监测、区域制图的快速更新。近年来，遥感技术快速发展，其具有信息量大、覆盖范围广、成本低等优点，被广泛应用于灌区土壤盐碱化、湖泊水体变化、植被特征等的监测中。郭姝姝等（2016）利用遥感和GIS技术研究了1987～

2006年河套灌区土壤盐渍化时空演变，分析了盐渍化驱动因素，其研究指出近30年来河套灌区盐碱地经历了萎缩（1987～1993年）—缓慢扩张（1993～2006年）—萎缩（2006～2014年）三个阶段，但总体呈现缩减趋势，灌区土壤盐渍化主要影响因素按程度大小排列依次为灌排比、平均地下水埋深和蒸发量。马龙和吴敬禄（2010）利用遥感影像数据和气象资料分析研究了1960～2010年近50年河套灌区主要湖泊和平原气候的演变，研究结果指出，近50年来河套灌区降水处于波动下降变化中，但在近30年时间里，引黄灌溉后的退水补给增加导致乌梁素海的面积有所增大。并且，湖泊水生植物快速繁殖及泥沙淤积等原因，造成湖底抬升迅速，在同样蓄水量的情况下湖泊面积显著增大。李山羊等（2016）利用遥感手段，获取了河套灌区1973～2014年湿地分布图，结合实际调查资料得出，在黄灌区面积与降水量密切相关，而在井灌区，水量补给主要来自地下水，地下水大量开采导致地下水位下降，湿地面积处于萎缩状态。李刚（2007）研究了河套灌区节水改造对乌梁素海的影响后提出，灌溉排水是影响乌梁素海水位的主要因素，由于灌溉排水量下降，乌梁素海水位比节水改造前下降0.1 m，水域面积大约缩小10 km^2。崔亚莉等（2001）研究了西北干旱地区地下水埋深对植物和土壤盐渍化的影响，分析了地下水对维持生态环境发挥的作用，提出了保持一定生态地下水位是防止植物死亡和土壤荒漠化的关键。依靠遥感技术信息量大、范围广等特点进行区域的监测，可以从生态环境变化角度更好地为区域地下水开发提供助力，为灌区灌溉农业的可持续发展提供支持。

1.2.2 农业灌区的井渠结合发展模式

井渠结合灌溉是地表水和地下水联合应用的一种重要形式，一般指灌区内同时设置渠灌和井灌两种灌溉形式，渠灌区域利用各级渠道从水源地取水进行灌溉，井灌区域利用抽水井抽取地下水进行灌溉。

井渠结合在空间布置上有两种方式：第一种方式是在水源地布置地下水集中开采区，开采得到的地下水供本区域使用并输送至邻近区域。该方式布井集中，输送线路较短，便于管理；缺点在于水源地集中开采的水量较大，在没有持续且充足补给的情况下，地下水超采风险较大。第二种方式是在井渠结合区内将井灌区和渠灌区集中成片相邻布置。该方式与第一种方式相比减轻了地下水的补给压力，降低了地下水超采的风险，但是要求渠灌和井用水保持合理比例，这样井渠结合区内地下水消耗量才可以得到及时有效的补充，才能保证地下水开采量和补给实现采补平衡。

井渠结合灌溉模式的选择也有两种方式：第一种方式为渠井分灌，井灌和渠灌系统独立。其优点是只需要在井渠结合井灌区铺设井灌设施和输电线路，在井渠结合渠灌区铺设渠灌设施即可；缺点是灵活性欠佳，地下水矿化度一般高于地表水，井渠结合井灌区长期使用地下水灌溉容易积盐。第二种方式是渠井双灌，根据渠道来水情况、地下水储量以及防止土壤积盐的要求，在不同阶段采取不同的灌溉模式。例如，在井渠结合井灌区的秋浇期引用黄河水渠灌，淋洗表层土壤盐分。其优点是灵活度增加；缺点是需要同时布置渠灌和井灌设施，前期施工量和资金投入较大。

井渠结合实质在于提高水资源的重复利用率，起到开源和节流的双重作用。地下含水层作为地下水库，接受渠系渗漏、田间补给和降雨入渗水量，通过井灌形式加以利用，相当于引水灌溉外新的水量来源，起到开源的作用。另外，井渠结合区地下水位相比井渠结合前会有所下降，削减无效潜水蒸发，从而达到节流的目的。

井渠结合可实现水资源的时空调节，提高抵御自然不利条件的能力。井渠结合充分利用地表渗漏水量，减少对渠系引水的依赖，实现灌区用水在空间上的调节。优质地下水资源可以满足停灌期间、枯水季节或用水高峰期的用水要求，实现灌区用水在时间上的调节，从而达到经济效益最大化。依据“旱采丰储”利用原则，井渠结合既能满足干旱年份用水需求，又能腾空地下水库容，储存丰水年份降水或地面灌溉系统引用的多余的水量，实现灌区水资源在年间的调节。

井渠结合是治理涝渍盐碱灾害的有效途径。我国部分灌区常年采用大水漫灌的灌溉形式，导致地下水位过高，引起土壤盐渍化。通过井渠结合区地下水开采，可以起到“以灌代排”的效果，还可以有效改善井灌区的生态环境。汾河灌区咸水灌溉试验研究表明，通过发展井灌，抽取咸水灌溉，地下水质可以逐步得到改善（李萍等，2014）。

因此，在干旱与半干旱地区，井渠结合灌溉方式是实现农业高效用水的有效途径，既能重复利用渠道输水渗漏、田间灌溉入渗、降雨入渗等地表水资源，又能适时适量地满足农作物对水分的需求，提高灌溉保证率。对于渍涝灾害地区，通过增大地下水埋深，腾出土壤蓄水库容，可以减轻土壤次生盐渍化的灾害。井渠结合具有节水、抗旱、防涝、治碱等诸多优点，是我国北方大型灌区节水改造的重要方式。

井渠结合的问题在于，地下水资源量是有限的，不合理的井渠结合实施模式将导致地下水补排失衡和地下水超采问题的凸显，对生态环境造成严重的危害。我国西北干旱与半干旱地区降雨稀少，蒸发强烈，地表水资源匮乏，大多严重依赖引水灌溉。这些因素导致当地生态环境相对脆弱，地下水埋深改变可能给生态环境带来严重压力。若灌溉过量，排水不畅，地下水位过高，盐分随潜水的蒸发将不断积累于耕作层，最终产生土壤盐碱化。若地下水位过低，植物根系接收毛管上升水不足，作物将受到水分胁迫影响而发生减产或退化，严重者可能导致荒漠化（阮本清等，2008）。在陕西泾惠渠灌区，由于地下水超采严重，机电井深从20世纪70年代的20 m发展到如今的50～60 m，同时伴随地裂缝、土壤耕作层盐分积累、农作物减产等现象（李萍等，2014）。因此，在生态脆弱地区实行井渠结合，必须确保引水灌溉与井水灌溉之间的平衡，保证在提高水资源利用率、减轻盐渍灾害的同时，不会产生荒漠化。井渠结合后，由于渠道渗漏和田间灌溉对地下水的补给量减少，井渠结合渠灌区和井渠结合井灌区的灌溉区和非灌溉区都会有不同程度的水位下降。河套灌区本身地下水埋深较浅，潜水蒸发量大，适宜的水位下降可以减少潜水蒸发，有利于防治土壤盐碱化。然而，地下水开采量过大而不能得到及时有效的补充会导致超采，地下水位下降过大会影响作物正常生长及非耕地的植被存活，导致作物减产和生态环境的恶化。

在技术措施上，井渠结合要实现在满足水资源供需平衡的同时不出现地下水采补失衡，其根本在于要确定适宜的渠井用水比例。这就要求在灌区的井渠结合规划设计阶段确定适宜的渠井结合比（井渠结合渠灌区和井渠结合井灌区面积比）（周维博和李佩成，2004）。渠井结合比的确定，一方面取决于作物的需水量、降水量和渠道引水情况；另一方面也取决于土地利用系数和水文地质条件，应当根据各地具体条件在灌区水均衡的基础上确定。

渠井用水比例的概念和渠井结合比的概念异曲同工，专家学者利用不同方法，从多个角度对其进行了研究。周维博和曾发琛（2006）利用多元线性相关分析法建立了陕西泾惠渠灌区的地下水动态预报的数学模型，得到了灌区适宜的渠井用水比例。代锋刚等（2012）通过建立地下水分布模型，分析研究了陕西泾惠渠灌区的适宜井灌和渠灌灌水比例。杨丽莉等（2013）通过引黄灌区地表水-地下水联合优化调度模型，分析了人民胜利渠灌区不同来水频率情况下的渠井用水比例。Yue 和 Zhan（2013）通过将大型水文模型和优化分配模型进行耦合建立了水资源管理，计算了河套灌区地表水和地下水的最优供水量和水资源可持续利用方案。李建承等（2015）基于地下水均衡模型，计算了陕西泾惠渠灌区不同情景模式下的地下水埋深，并以地下水位变幅最小为准则，得出了不同频率典型年下合理的渠井用水比例范围。李郝等（2015）根据地下水补排平衡，建立了河套灌区的地下水均衡模型，研究确定了合理的井渠结合面积比。

因此，确定合理的渠井结合比是灌区发展井渠结合的关键问题。适宜渠井结合比的确定，确保了渠灌和井灌用水比例的合理性，可以在井渠结合模式下充分利用地下水资源，同时保证井渠结合井灌区获得足够的地下水补给，实现采补均衡和地表水-地下水的可持续联合利用。同时，渠井结合比的确定也是灌区发展井渠结合规划设计阶段的重要环节，对井渠结合后水位和盐分变化规律的模拟计算都在此基础上进行。

井渠结合效果评价从渠井结合比计算的合理性和井渠结合模式的节水效果两个角度展开。合理的渠井结合比可以保证井渠结合区地下水采补平衡和地下水资源的可持续开发利用，对渠井结合比计算结果合理性的评价从井渠结合后地下水均衡和地下水位变化情况两个方面来考察。渠井结合比代表井渠结合区渠灌区面积和井灌区面积的比例，不仅决定渠灌区水量和井灌区水量的大小，也决定引水量和地下水开采量的大小。在井渠结合区面积确定的情况下，渠井结合比越小，井渠结合渠灌区面积越小，井渠结合井灌区面积越大，黄河引水量越少，井灌区地下水开采量越大，地下水消耗量越大，地下水实现采补平衡需要的补给水量越大。井渠结合要保证地下水均衡，要求井灌区的地下水开采量和井渠结合区的地下水补给量平衡。同时，地下水开采量与地下水位相互作用和影响，地下水位动态是灌区地下水均衡的直观外部表现，直接影响灌区作物产量和生态环境。因此，一般将地下水埋深动态变化情况作为渠井结合比合理性的评价指标。

发展井渠结合灌溉模式的目的之一就是减少干渠或河道的引水量，减少地表水资源用量。河套灌区节水形势严峻，在兼顾生态环境安全和水资源可持续发展的前提下，应该充分利用地下水，减少黄河引水量。因此，本书的研究利用引黄水减少量来评估井渠结合模式的节水效果，引黄水减少量为井渠结合前后渠首减少的引黄水量。

综上，本书的研究将井渠结合后的地下水埋深动态变化作为渠井结合比合理性的判断标准，将引黄水减少量作为井渠结合模式节水效果的衡量指标，为灌区实施井渠结合提供依据。

1.2.3　区域地下水动态的模拟预测

地下水动态指的是在自然和人为因素影响下，地下水位、水量、化学成分、水温等指标随时间变化的过程（张斌，2013）。它能提供含水层的系列信息，对于验证所得出的水文地质结论是否正确，或评估人为干扰对地下水系统的影响规模与速度，地下水动态是十分重要的参考指标。

目前，地下水动态研究方法总体上可以分为随机性方法和确定性方法两种。随机性方法通过概率统计分析找出影响地下水动态的随机因素（气象、水文、地质、人类活动）和地下水动态规律关系，从而建立随机模型。目前的随机模型包括时间序列、频谱分析、回归分析、灰色、组合模型和神经网络等模型。随机模型的优势在于一般不用通过大量的专门试验获取参数，对于大区域的地下水动态模拟和分析十分有利。但是，随机模型不能清晰地反映出系统各个因素之间的动力学关系，在应用上受到一定的限制。

确定性方法是根据研究区概况，建立由地下水运动控制方程、边界条件和初始条件组成的数学模型并进行求解，根据求解方法的不同，确定性方法主要包括解析法、数值法和水均衡法等。

水均衡法的工作原理是利用区域的水资源要素，基于水量平衡原理建立均衡方程，从而估算地下水位变化。王亚东（2002）利用水均衡原理的集总式模型对河套灌区节水前后的地下水位变化进行了预测；梅占敏等（2003）则根据水均衡原理预测了南水北调实施后总干渠沿线的地下水位，为工程实施提供参考；赵孟哲等（2015）在陕西省泾惠渠灌区利用水均衡法分析了控制性开采量与关键地下水位的定量关系；李建承等（2015）基于地下水均衡模型，研究了陕西泾惠渠灌区不同灌区发展模式下地下水位的变化，指出灌区典型年合理渠井用水比为1.49～1.53。水均衡法计算原理简单、物理意义明确，各均衡项也较容易确定，结果较为可靠，比较适合预测大区域地下水位；其缺点是无法描绘区域地下水位的具体分布，尤其是井灌区周围地下水位变化较剧烈的地区的地下水位分布。

解析法是指利用数学分析方法直接求解地下水数学模型，从而估算地下水位的方法，在地下水研究领域，应用较为广泛也较为熟知的解析解有 Thies 公式、Jacob 公式及 Dupuit 公式等。王志国（1995）建立了单井抽水、圆形开采及长方形开采 3 种情形下小区域开采地下水的数学模型，并给出了解析解；魏晓妹（1998）根据割离井法的思想，在考虑降雨、灌溉及地下水开采的影响的基础上，建立了灌区地下水动态调控数学模型，并以实例验证了该方法的可行性；周信鲁等（2000）在亳州市城北乡灌区建立了面状井系模型来模拟灌区地下水动态变化，结果较为准确；沈荣开等（2001）提出根据河套灌区布井形式，将井渠结合区概化为有限边界条件下带状含水层中间 2/8 为开采区、对称两侧各 3/8 面积为补给区的计算模型，用以估算井渠结合区地下水位变化过程。解析法物理意义明确，能够较好地描绘出抽水井附近的相对地下水位分布，对于小区域地下水开采条件下的地下水位预测具有较好的应用价值。

在地下水研究领域，数值法指采用有限元法（FEM）、有限差分法（FDM）、边界单元法（BEM）和有限分析法（FAM）等数值方法求解地下水数学模型，从而预测区域地下水位动态变化的方法。目前，应用较为广泛的地下水数值计算软件包括 MODFLOW、FEFLOW、GMS、Visual MODFLOW 等。王康等（2007）以 MODFLOW 为工具，论证了内蒙古河套灌区地下水开发利用的可行性，并提出了井渠结合的合理模式，为河套灌区实施井渠结合提供了参考；Xiao 等（2009）利用 GMS 建立了松嫩平原多含水层的地下水数值模型，并对 2005～2020 年区域地下水位动态变化进行了预测；Liu 等（2012）利用 MODFLOW 建立了凉水井煤矿区的地下水数值模型，对矿区地下水资源进行了评价；Liu 等（2013a）将 SWAP

模型与 MODFLOW 相结合，建立了地表水与地下水综合利用模型，并在黄河流域井渠结合区进行了应用。数值法能够较准确地预测地下水位动态变化，但其需要大量的水文地质参数作为输入项，在模拟过程中调参的范围缺少准确的标准，对边界条件的处理要求也较高，对于缺乏详细水文地质资料的大区域而言，应用有一定的困难。

综上，在区域地下水问题的研究中，单一的预测方法各有优劣势。本书的研究中，将水均衡法、解析法和数值法联合应用，建立田间、灌域和全灌区三种不同尺度下适应井渠结合条件的地下水位预测模型，发挥各模型的优势，以便能更好地预测井渠结合的开采模式对地下水位变化的影响。

1.2.4 土壤盐碱化控制研究

土壤盐碱化是世界性难题，灌溉引起的土壤次生盐渍化由于在相对短时间内产生并直接危害农业可持续发展而成为研究的重点。灌溉引起土壤盐渍化的根本原因在于它改变了耕层土壤盐分平衡，一方面大水漫灌引发地下水位上升，增强了蒸发积盐作用；另一方面，排水系统的不配套或只灌不排，使盐分没有排泄通道，逐渐积累。因此，控制地下水位和修建排水系统一直是土壤盐渍化防治的主要研究方向（张蔚榛和张瑜芳，2003）。世界各国为控制土壤盐碱化也兴建了大量的水利工程，比较成功的有巴基斯坦的管井排水系统、澳大利亚的蒸发池排水系统、中国黄河下游灌区的井灌井排系统，它们均取得了较好的治盐效果。

膜下滴灌技术是在我国新疆发展和推广的高效节水灌溉技术，对农业节水发展有重要意义，国内外关于膜下滴灌条件下的盐分运移规律也有较多的研究。吕殿青等（2000）通过膜下滴灌试验指出，滴头点源附近土壤呈现脱盐状态，较远区域土壤呈现积盐状态，土壤含盐量等值线分布类似于湿润体形状；刘新永和田长彦（2005）指出，膜下滴灌条件下，土壤 0～60 cm 盐分有所增加，尤其是膜间 0～20 cm 盐分聚集严重，需要进行冬灌和春灌压盐；孙林和罗毅（2013）利用 Hydrus-2D 模拟了滴灌条件下土壤盐分分布，结果表明，根系土壤盐分随着滴灌年限的增加而增加；崔静等（2013）对轻度和中度盐渍化棉田整个生育期土壤盐分含量进行了动态监测，结果表明，表层土壤（0～40 cm）盐分含量下降，下层土壤（40～80 cm）盐分聚集，盐分由表层向下层累积；罗毅（2014）通过调查玛纳斯河流域绿洲范围土壤剖面盐分和滴灌历史指出，原荒地基础上进行滴灌土壤呈脱盐趋势，原耕地基础上进行长期滴灌土壤呈积盐趋势，在节水灌溉过程中仍需保证盐分淋洗用水。

灌区耕作层作为作物根系生长的活跃区，其盐分的含量将直接影响作物生长状况。若要维持土壤根系层的盐分均衡，需要保证盐分有进有出，因此需在灌溉定额中包括淋洗盐分的灌溉水量，将灌溉引入的多余盐分排出根系区。王亚东（2002）利用盐分均衡原理，对节水改造后河套灌区的盐分平衡进行了分析，提出了合理的排灌比；张蔚榛和张瑜芳（2003）对灌区总面积、灌区耕地面积、灌区耕地土壤根层等不同尺度上的盐分平衡进行分析，提出了控制土壤盐渍化的建议；杨劲松等（2007）以盐量平衡原理为基础，分析了灌区不同尺度的土壤盐分分布特点与治理措施，并指出了维持耕地根系层盐分平衡的淋洗需水量的计算方法。因此，确定合理的淋洗制度是保证耕作层盐分处于平衡状态的关键所在。

为了准确评估井渠结合膜下滴灌对于河套灌区土壤盐碱化现象的影响，本书采用基于人工示踪剂试验构建的根系层稳态均衡模型、基于质量守恒的根系层盐分均衡模型和区域盐分运移模型 SaltMod 三种不同的方法，探究河套灌区的盐分演化趋势。

1.3 研究内容与目标

本书的核心内容是在综合考虑河套灌区生产与生态需求的基础上，科学系统地构建时空合理可靠的井渠结合发展模式。在河套灌区实施井渠结合、膜下滴灌，首先应确定灌区内哪些区域可以实施井渠结合。河套灌区的水文地质条件复杂，含水层岩性和厚度差别很大，地下水的矿化度不一，即便在深部埋藏有淡水的区域，土壤表层的盐分较大，同样会对地下水开发利用和井水灌溉产生重大影响，需要根据地质、水文地质和土壤条件，合理确定井渠结合区。河套灌区气候干旱，降水量少，地下水的补给主要依靠灌溉入渗，因此在可行的井渠结合膜下滴灌区内开发利用地下水，首先要研究区内引黄灌溉、地下水灌溉和降雨对地下水的补给量与井灌区地下水的开采量的相互关系，实现采补平衡，保证灌区生态系统的可持续发展。因此，合理确定灌区内可以实施井渠结合膜下滴灌的区域范围及井渠结合膜下滴灌区内引黄灌溉面积与井灌面积的比例，是发展河套灌区井渠结合膜下滴灌的关键问题。

随着地下水的开采和膜下滴灌淋滤量的减少，井渠结合膜下滴灌可能导致灌区地下水位下降、排盐量减少，并进一步影响灌区生态环境。因此，要保障井渠结合膜下滴灌的顺利实施，实现河套灌区地下水的合理开发利用，还需要回答两个重要问题：①实施井渠结合膜下滴灌模式后，不同区域的地下水位如何变化？是否会影响灌区的生态环境？②地下水质较差，滴灌灌水量少，膜下滴灌是否会引起根系层积盐？灌区盐分是如何均衡的？

针对河套灌区井渠结合分布面积、井渠结合区内井灌区和渠灌区面积比及井渠结合膜下滴灌实施后灌区的水盐动态和调控问题，主要开展了以下工作。

（1）提出空间和时间联合调控的井渠结合利用模式。本书提出了河套灌区节水控盐的空间井渠结合和时间井渠结合耦合的灌溉利用技术模式；根据灌区地质、水文和灌溉条件，通过地下水的采补平衡分析，确定井渠结合的空间区域分布，给出不同灌域的井渠结合比，实现井渠灌溉的空间结合；根据根系层的土壤盐分状况，在灌溉的不同季节，分别采用地下水灌溉和地表水压盐，在时间上施行井渠结合，合理利用地下水和地表水资源。研究结果表明，灌区内可实施井渠结合的控制面积为491万～815万亩，折合灌溉面积为274万～463万亩；全灌区的平均渠井结合比为1.9～2.9，建议取值为3.0；灌区井渠结合膜下滴灌工程实施后，引黄水减少量为3.4×10^8～4.6×10^8 m^3。

（2）对井渠结合膜下滴灌实施后灌区多尺度地下水动态进行了预测。本书建立了田间、灌域及全灌区三种不同尺度下适应井渠结合条件的地下水位降深的均衡模型，根据灌区的长期水盐观测数据，确定了灌区的水均衡参数；结合实测资料、水均衡模型、统计方法及典型灌域和全灌区数值模型，分析预测了灌区实施井渠结合后地下水动态，预测结果表明，井渠结合实施后，井渠结合井灌区的地下水平均埋深为2.65～2.89 m，井渠结合渠灌区的地下水埋深为2.28～2.52 m。不同研究方法所得到的结果相近，可以相互验证；根据灌区实施井渠结合后地下水运动的长时间数值模拟研究，灌区地下水开发利用后，将不会明显导致地下咸水向地下水开采区的侧向流动。

（3）提出实施井渠结合后灌区水盐变化趋势和临界淋洗定额。结合示踪试验、野外调查与理论分析，分别建立基于示踪试验的根系层稳态均衡分析模型、基于质量守恒的根系层盐分均衡模型和区域盐分运移模型SaltMod，根据根系层土壤盐分平衡和区域水均衡参数，提出了临界淋洗定额的概念和计算方法，利用不同类型灌区的地下水埋深、灌溉定额、灌溉水矿化度和作物的耐盐标准，提出了井渠结合区和膜下滴灌区的建议淋洗定额。

（4）井渠结合实施后灌区生态环境变化。本书建立了土壤盐渍化、植被生长、土地利用与地下水埋深之间的变化关系，结合预测的井渠结合膜下滴灌实施后的灌区地下水位，在保持合适的秋浇淋洗制度的前提下，土壤盐渍化会进一步朝减弱的方向发展；根据杨树长势与地下水平均埋深的关系可知，非井渠结合区植被基本没有受到影响，井渠结合区渠灌区的植被可能受到一定的影响，井渠结合区井灌区的植被可能受到比较显著的影响；从水体及其生态来看，大规模实施井渠结合膜下滴灌后，湖面面积将进一步萎缩，生态环境将受到一定影响。

1.4 研究方法与技术路线

1.4.1 研究方法

在充分分析河套灌区地表水-地下水联合利用的背景及其现实需求、提炼科学问题和关键技术的基础上，确定本书采用理论分析、野外监测与多方法耦合校验的具体研究方法。

首先，搜集灌区现有资料，借助 GIS 获得灌区地下水质的时空分布规律，综合考虑灌区水文地质条件与水化学条件、农业灌溉用水情况、灌区土地利用情况、其他水源及其利用情况等，确定适合井渠结合膜下滴灌区域的空间分布。之后，基于水均衡原理与地下水采补平衡原则，建立渠井结合比解析模型，确定适合于河套灌区的渠井结合开采方式，并提出合理性判断标准与节水效果衡量指标。

在确定灌区适合井渠结合膜下滴灌区域的空间分布及具体的渠井结合开采方式之后，对井渠结合膜下滴灌后的灌区地下水资源、土壤盐分及生态环境的状态进行预测分析。具体而言，分别采用水量均衡模型、解析模型和数值模型 MODFLOW 三种方案，分析河套灌区实施井渠结合膜下滴灌之后地下水资源的变化情况；采用基于示踪试验的盐分稳态均衡分析、根系层均衡模型和区域盐分运移模型 SaltMod 三种方案，分析河套灌区实施井渠结合膜下滴灌之后土壤盐分的演化情况；运用遥感方法提取主要环境因子与地下水埋深的关系，分析灌区实施井渠结合膜下滴灌之后生态环境的变化情况。通过多方法的耦合校验分析，获得灌区实施井渠结合膜下滴灌后的地下水资源、土壤盐分和生态环境的变化情况。最终，统筹各项研究成果，提出适合于河套灌区的井渠结合膜下滴灌发展模式与水盐调控策略。

1.4.2 技术路线

根据本书研究内容，绘制技术路线图，如图 1.1 所示。

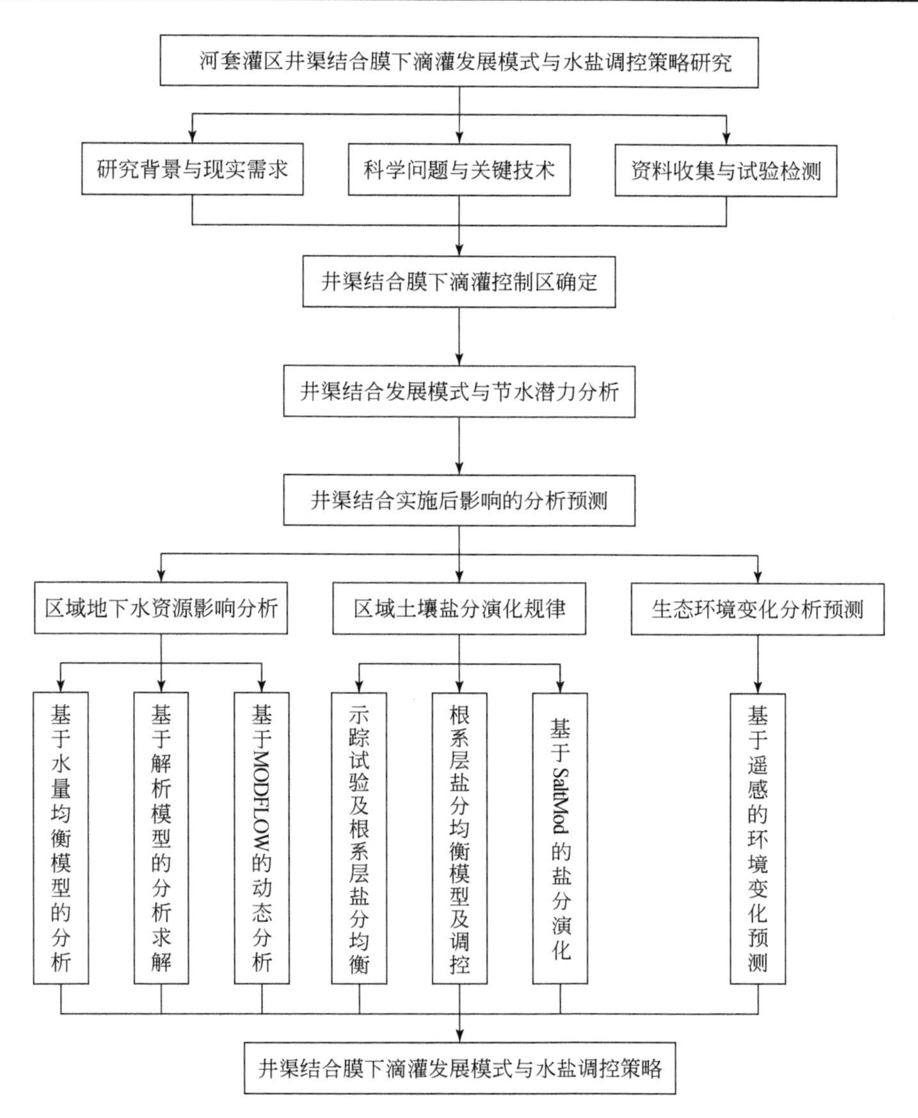
河套灌区井渠结合膜下滴灌发展模式与水盐调控策略研究
研究背景与现实需求
科学问题与关键技术
资料收集与试验检测
井渠结合膜下滴灌控制区确定
井渠结合发展模式与节水潜力分析
井渠结合实施后影响的分析预测
区域地下水资源影响分析
区域土壤盐分演化规律
生态环境变化分析预测
基于水量均衡模型的分析
基于解析模型的分析求解
基于MODFLOW的动态分析
示踪试验及根系层盐分均衡
根系层盐分均衡模型及调控
基于SaltMod的盐分演化
基于遥感的环境变化预测
井渠结合膜下滴灌发展模式与水盐调控策略

图 1.1　技术路线图

第2章　河套灌区井渠结合膜下滴灌控制区确定

本章根据所收集的河套灌区水利工程资料、水文地质资料、地下水质资料、引水排水资料和含水层组的底板高程资料等，得到各含水层组的地下水矿化度分布图。对第一含水层组下段地下水矿化度分布图、灌区地下水咸淡水分布图、灌区水文地质条件和水化学条件、灌溉水水质条件、灌区的土地利用类型及其他水源类型滴灌区分布等资料进行综合分析，最终确定灌溉用水水质条件分别为小于2 g/L、2.5 g/L 和 3 g/L 的井渠结合膜下滴灌控制面积和灌溉面积。

2.1　河套灌区水文地质资料

2.1.1　河套灌区概况

河套灌区位于内蒙古自治区中西部，北靠阴山山脉，南临黄河，西到乌兰布和沙漠，东至包头，地理坐标为 100°E～105°E、40°N～42°N。灌区总土地面积1610 万亩，其中灌溉土地面积 861 万亩，是我国重要的商品粮和油料作物的生产基地。按照灌区的行政管理规划，全灌区由乌兰布和、解放闸、永济、义长和乌拉特 5 个灌域组成，如图 2.1 所示。

河套灌区气候干燥，降雨稀少，蒸发强烈。年降水量 130～220 mm；年蒸发量 1900～2500 mm（20 cm 蒸发皿）。河套灌区地下水运动以垂直交替为主，其补给源以渠道渗漏及田间灌溉入渗为主，山洪水和降水次之；排泄途径主要为蒸发排泄，其次为渠系排水。按地下水矿化度分布，灌区地下水包括全淡型、上淡下咸型及全咸型等。

河套灌区地形地貌以平原为主，地面坡度平缓，在地质构造上，属于侏罗纪晚期地壳长期下沉形成的封闭断陷沉降盆地，地下径流排泄不畅，地下水位偏高。形成盐渍土的盐分来源主要是沉积和构造条件所决定的高盐分地层与高矿化水。从土壤盐渍化程度来看，按 0～0.5 m 土层平均含盐量统计，全灌区以含盐量大于0.3%的中度以上盐渍土分布范围最广，占全区面积的 77.7%，其中含盐量在 0.6%以上的重度盐渍土面积最大，占 45.8%。

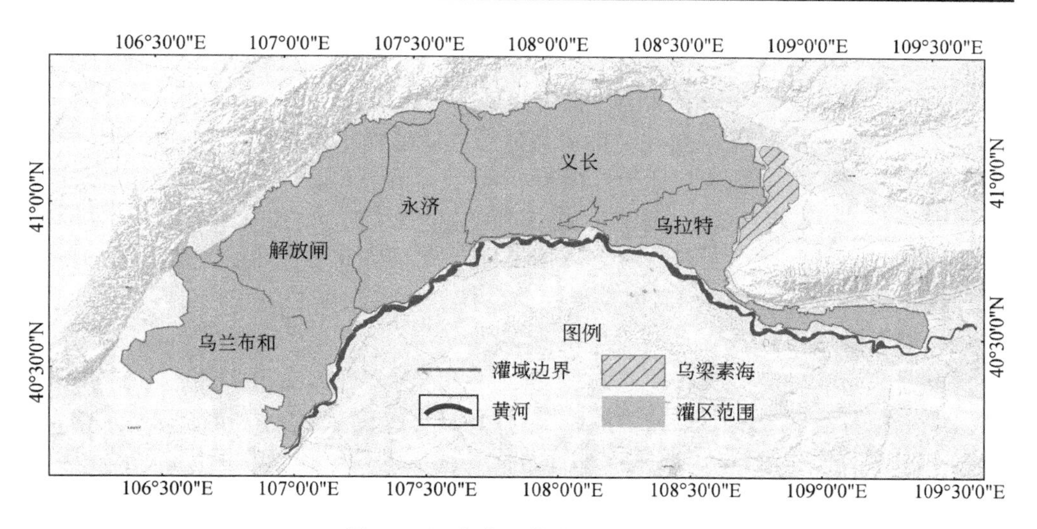

图 2.1　河套灌区灌域分布示意图

近年来，随着引水量减少，地下水位降低，土壤盐碱化面积有所减少。河套灌区盐渍土的分布主要受到下伏土层含盐量和地下水矿化度的控制，在地层高含盐量带和高矿化咸水带，往往有重盐土分布，而在下伏淡水区，一般土壤盐渍化较轻。重度盐渍土和盐土的范围与南北两咸水带的分布范围基本一致，以北部咸水带西段和南部咸水带尤为明显，其中南部卤水带盐渍化最重。轻盐渍土主要分布在灌区上游地区，灌区西南部磴口—头道桥—干召庙—乌兰图克—塔尔湖一线土壤盐渍化较轻，该灌区地下水以淡水为主。灌区东部地处下游，由于水盐的聚集，又处于两咸水带之间，加之下部有隐伏咸水分布，土壤盐碱化一般较重。三湖河地区由于公子庙以西咸水的分布，以重度盐渍土为主，其余地区多为中度盐渍土。

2.1.2　水文地质资料收集与整理

本次利用的资料主要包括图像资料与文字资料。图像资料包括河套灌区遥感影像图、内蒙古河套灌区义长灌域灌排管理现状图（1∶5 万）、内蒙古河套灌区永济灌域水利现状图（1∶5 万）、内蒙古河套灌区图（1∶10 万，时间：1998 年 12 月）、内蒙古巴盟河套平原水文地质图（第一含水层组）（1∶10 万，时间：1981 年 12 月）、内蒙古巴盟河套平原浅层水水化学图（1∶20 万，时间：1981 年 12 月）、42 幅河套平原水文地质和水化学剖面图（时间：1981 年 12 月）、内蒙古巴盟河套平原咸淡水分布图（1∶20 万，时间：1981 年 12 月）、内蒙古巴盟河套灌区略图（1∶40 万，时间：1981 年 8 月）。

文字资料主要包括《内蒙古河套灌区机电井、组合井、轻型井普查成果数据册》、地下水勘探井资料（内蒙古自治区水利科学研究院提供）、浅层地下水化学、地下水位及地下水温数据资料、《内蒙古自治区巴彦淖尔市水资源综合规划报告》、内蒙古巴彦淖尔市水利统计资料汇编等。

因资料收集来自多个途径，数据所采用的坐标系统不一致，为与应用 WGS_1984_UTM 投影发布的遥感数据坐标一致，结合河套灌区所处的经纬度范围分析，选用 WGS_1984_UTM_Zone_48N 作为标准坐标系。

1. 灌区灌域边界

根据河套灌区高分辨率遥感影像图，得到河套灌区内主要水体、主要城镇、乌梁素海和黄河等自然要素的边界线文件。用已经空间校正到标准坐标系下的《内蒙古河套灌区现状图》《内蒙古河套灌区义长灌域灌排管理现状图》《河套灌区永济灌域水利工程图》对灌区和灌域的边界进行确定和修正。最后，将修正的边界文件导入 Google Earth 中进行最终的校正，得到准确可靠的灌域边界，如图 2.1 所示，各灌域面积分布与《内蒙古自治区巴彦淖尔市水资源综合规划报告》中的灌区及灌域分布面积基本一致，见表 2.1。

表 2.1　河套灌区灌域控制面积

灌域名称	乌兰布和	解放闸	永济	义长	乌拉特	合计
控制面积/万亩	284.42	343.04	272.30	490.98	219.17	1609.91

2. 井样点矿化度数据

1）“机电井”数据

参考内蒙古河套灌区管理总局汇总整编的《内蒙古河套灌区机电井、组合井、轻型井普查成果数据册》，根据来自磴口县、杭锦后旗、临河区、五原县、乌拉特前旗、乌拉特中旗、乌拉特后旗、农业管理局 2003 年规划区内计划和超计划及原有井，以及规划区外超计划井的普查情况，同时根据本书研究的需要，提取了该资料中具有地下水矿化度、井深等数据的井样点，提取的井样点数据包括井编号、WGS 经纬度坐标、井深和地下水矿化度数据，井样点来源统计见表 2.2。

表 2.2　“机电井”数据井样点来源汇总　（单位：眼）

地区	磴口县	杭锦后旗	临河区	五原县	乌拉特前旗	乌拉特中旗	乌拉特后旗	农业管理局	合计
井眼数目	55	242	540	95	133	107	667	198	2037

2）“钻孔”数据

从内蒙古自治区水利科学研究院收集的地下水勘探井资料中，提取了近年来磴口县、杭锦后旗、临河区、乌拉特前旗、五原县的井样点数据，数据包括钻孔编号、1954 北京平面坐标、勘探井井深和抽水后地下水质资料，在剔除了桩孔坐标错误或无矿化度数据的 22 眼勘探井后，共收集了 87 眼勘探井的矿化度数据，井样点数据来源统计见表 2.3。

表 2.3　“钻孔”数据井样点来源汇总　　（单位：眼）

地区	磴口县	杭锦后旗	临河区	乌拉特前旗	五原县	合计
井眼数目	17	15	17	20	18	87

3）“水化学图”数据

根据《河套土壤盐渍化水文地质条件及其改良途径研究》资料，共提取了 216 眼包括井编号、标准坐标系下的平面坐标、井深和地下水矿化度数据的勘探井。这些勘探井数据提供的不同深度地下水矿化度等信息大多来源于水文地质勘探研究，资料的精度较高。在过去多年中，河套灌区的地下水开发较少，深层的地下水质的变化较为缓慢，可以利用所得到的地下水质作为近似现状条件下的地下水质，用于分析区域地下水质的空间分布特征。

4）“浅层”数据

河套灌区有 200 余眼地下水长期观测孔，其中有 100 余眼地下水质观测孔，观测井的井深一般为 9～20 m，观测的结果代表了第一含水层组上部浅层地下水位和地下水质变化状况。从地下水化学观测井浅层水质资料中共收集整理了 1990 年、1995 年、1998 年、2000～2013 年共 17 年的矿化度数据，其中每个年份的数据包括 7 个典型日数据，为了体现矿化度在年际的变化规律情况，对每一年 7 个典型日的矿化度进行平均。典型年井样点在各个灌域内的眼数统计见表 2.4。

表 2.4　各典型年各个灌域井数统计情况　　（单位：眼）

典型年份	乌兰布和灌域	解放闸灌域	永济灌域	义长灌域	乌拉特灌域	合计
1990	11	26	18	40	19	114
1995	11	27	18	40	18	114
1998	14	26	21	41	19	121
2002	11	27	18	39	18	113
2006	11	27	18	40	20	116
2008	11	27	18	40	19	115

续表

典型年份	乌兰布和灌域	解放闸灌域	永济灌域	义长灌域	乌拉特灌域	合计
2010	11	27	18	39	17	112
2013	11	23	16	40	8	98

3. 岩层底板埋深数据

根据内蒙古自治区水利科学研究院提供的地下水勘探井资料和《河套土壤盐渍化水文地质条件及其改良途径研究》中的42幅河套平原水文地质和水化学剖面图资料，根据土质松散紧密和孔隙大小情况，将土质较疏松、孔隙较大的晚更新世（Q_3）和全新世（Q_4）岩层划为第一含水层组，而土质较紧密、没有或只有少量大孔隙的早更新世（Q_1）和中更新世（Q_2）划为第二含水层组。经过对资料的分析整理共收集到114眼（“钻孔”资料中46眼，“水文地质”资料中88眼）包括井编号、1954北京平面坐标、第一含水层组底板埋深数据的井样点。

就第一含水层组岩性结构而言，该含水层组是以砂土为主，夹有一定厚度黏性土的含水岩层，为二元岩性空间结构。其中，全新世岩层岩性以黏性土夹薄层粉细砂为主，含水量少，厚度薄，将该层定义为第一含水层组上段；而晚更新世岩层以湖积层承压和半承压水为主，含水层土壤颗粒粗，厚度大，是具有区域性供水意义的主要含水层。第一含水层组浅层黏性土层的存在，在一定程度上削弱了与其下部地下水之间的联系，从而分割成不同的地下水循环系统。通过对“钻孔”资料的分析，提取了92眼包括勘探井编号、1954北京平面坐标、第一含水层组上段底板埋深数据的井样点，其中90眼井具有地面高程数据。

2.1.3　数据分析

1. 井样点矿化度数据分析

将已整理到标准坐标系下的水化学图、机电井、钻孔、浅层数据导入ArcGIS，得到不同途径获得的井样点的区域分布图。同时，对不同来源井样点矿化度的井深属性和矿化度属性分别做累积频率统计分析。

1）“浅层”数据分析

通过对“浅层”资料矿化度数据的收集，共得到了8个典型年的矿化度数据，且每一典型年又由7个典型日构成，数据形式类似，数据量大。观测井深为3～11.8 m，一般为4～5 m。下面选择典型年2010年进行分析，其中矿化度数据为年平均矿化度，井样点空间分布如图2.2所示，年平均矿化度累积频率如图2.3所示。由图2.2可知，“浅层”数据中典型年2010年具有矿化度的井样点（112眼）在区内分布比较均匀。年平均矿化度变化范围为0.56～28.76 g/L，算术平均值为

4.30 g/L（图 2.3），可初步确定灌区浅层地下水有强咸水存在，整体上达到半咸水水平；其中，井样点矿化度均方差为 5.59 g/L，变差系数为 87.11%，处于中等变异程度；平均矿化度＜2 g/L 的井样点占 44.64%，＜3 g/L 的占 64.28%，可见淡水井和微咸水井居多。

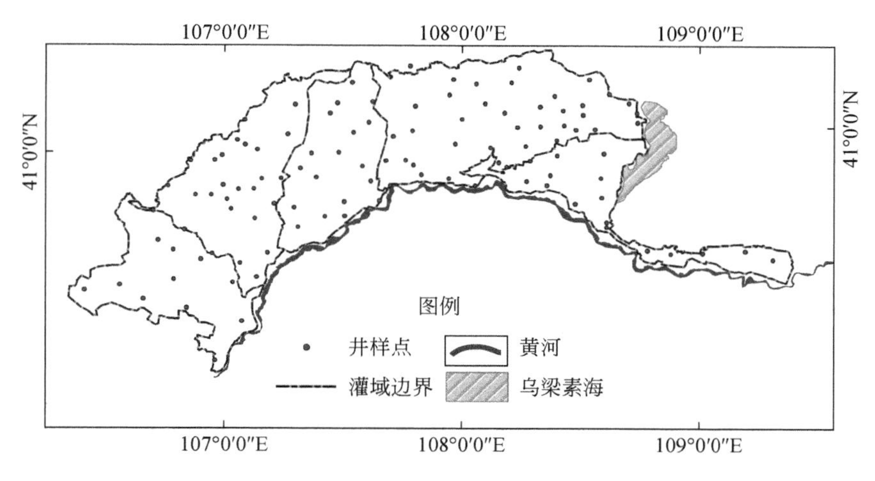

图 2.2　“浅层”数据井样点分布图

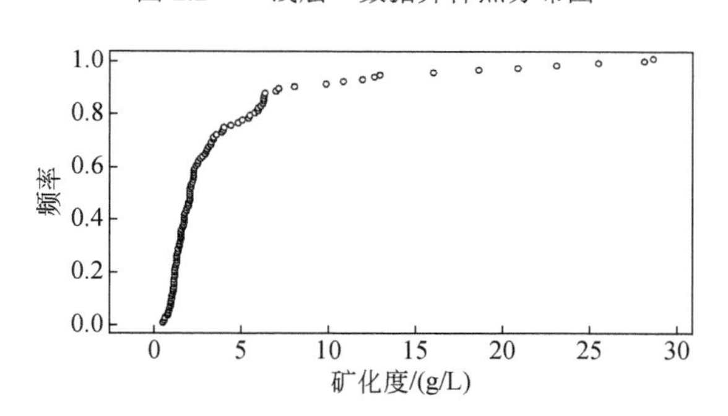

图 2.3　“浅层”数据矿化度累积频率图

2）“机电井”数据分析

“机电井”数据井样点分布如图 2.4 所示，井深和矿化度累积频率如图 2.5 所示。由图 2.4 可知，井样点在区域上分布十分不均匀，具有成簇分布的特点。其中，解放闸灌域和永济灌域中北部、义长灌域中部和南部、乌拉特灌域西部完全无井样点覆盖。呈现如此的空间分布格局与灌区地下水的水质特征和“机电井”原始用途有关，“机电井”多为 2003 年为解决干旱问题而建设的农田灌溉的取水井。因此，可初步确定“机电井”水质较好。由图 2.5 可知，井深多在 29～130 m，平均井深 61.4 m。其中，井深在 50～90 m 的占 95.39%，120 m 之内的占 99.90%，可见在目前开发利用条件下，开采地下水主要在 120 m 范围之内，从而为今后开采地下水提供了一个井深范围标准。从矿化度累积频率分布图可以看出，矿化度为 0.2～3.1 g/L，平均值为 1.5 g/L，<2 g/L 的占 99.16%，<3 g/L 的占 99.97%，可见大部分均为淡水井，与 2003 年打井开采地下水以抗旱应急之需相符。

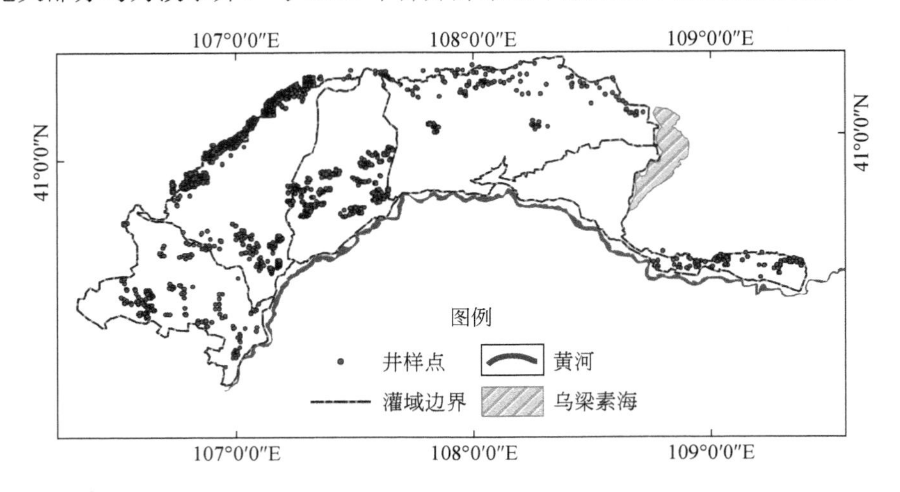

图 2.4 “机电井”数据井样点分布图

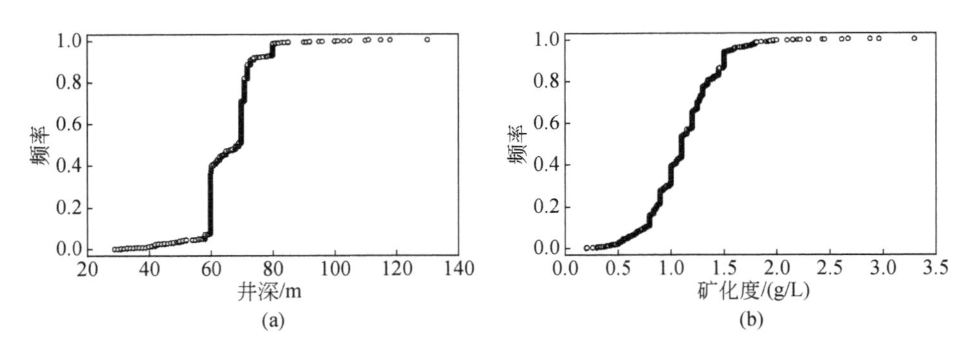

图 2.5 “机电井”数据井深和矿化度累积频率图

3）“钻孔”数据分析

“钻孔”数据井样点分布如图 2.6 所示，井深和矿化度累积频率如图 2.7 所示。由图 2.6 可知，井样点在整个灌区分布不是很均匀，部分区域无井样点分布。由图 2.7 可知，就“钻孔”井深属性来看，其变化范围为 55.05～678.54 m，平均井深为 157.09 m。其中，井深<120 m 的占 66.67%。而“钻孔”数据最大井深达 678.54 m，这是因为“钻孔”主要用于勘探土壤岩性分布状况、深层地下水质情

况及含水岩层参数。从矿化度累积频率分布图可以看出，矿化度为 0.50～60.26 g/L，平均值为 5.17 g/L，标准差为 9.80 g/L，变异系数为 52.78%，属中等变异。其中，＜2.0 g/L 的占 47.12%，＜3.0 g/L 的占 65.52%，可见一半左右为淡水井，但不可直接用于农业灌溉的水井比重较大，达 34.48%。

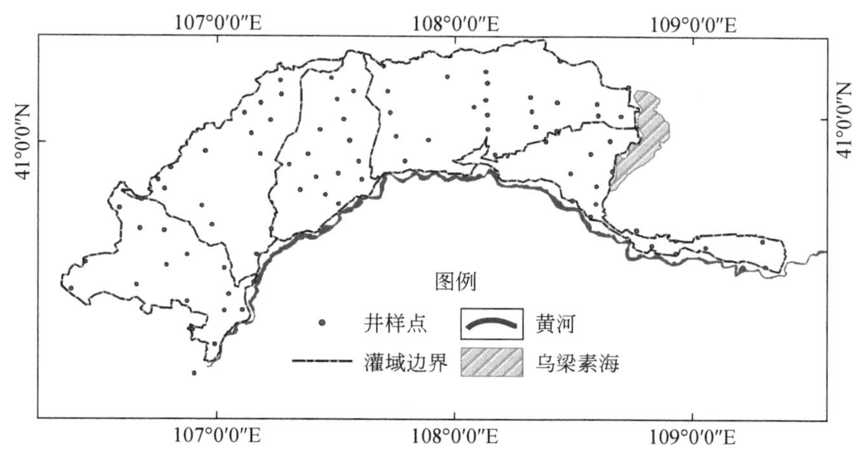

图 2.6　“钻孔”数据井样点分布图

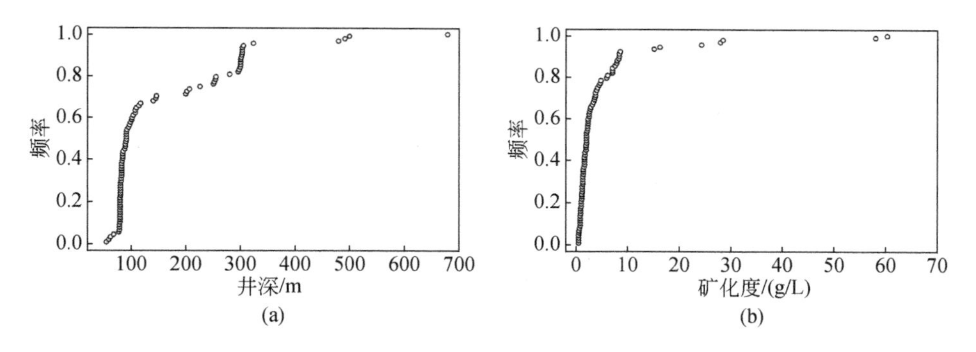

图 2.7　“钻孔”数据井深和矿化度累积频率图

4）“水化学图”数据分析

“水化学图”数据井样点分布如图 2.8 所示，井深和矿化度累积频率如图 2.9 所示。由图 2.8 可知，井样点在整个研究区域上分布均匀，且较密集，能较好地代表 1981 年区域矿化度情况。由图 2.9 可以看出，井深范围为 2.45～531.90 m，平均井深为 71.24 m，其中井深＜120 m 的占 86.11%。由矿化度累积频率分布图可知，矿化度变化范围为 0.24～73.30 g/L，平均值为 3.43 g/L，＜2.0 g/L 的占 65.70%，＜3.0 g/L 的占 75.93%。可见，在距今 30 年之前，区域上淡水几乎占的 2/3。

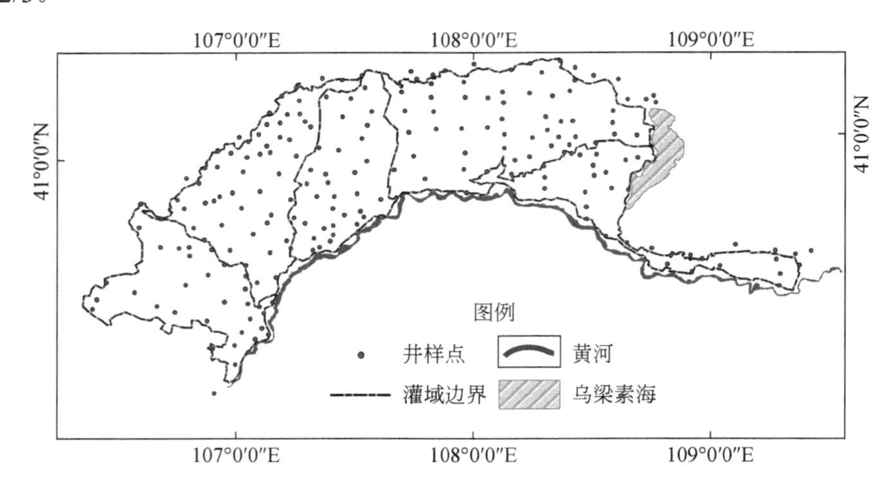

图 2.8 “水化学图”数据井样点分布图

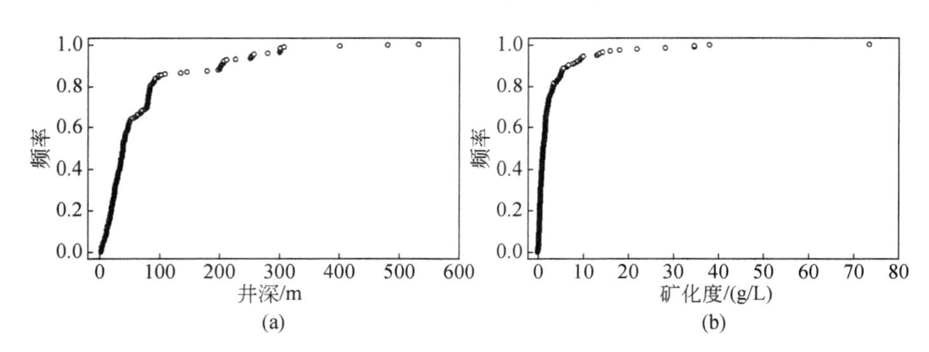

图 2.9 “水化学图”数据井深和矿化度累积频率图

2. 岩层底板高程数据分析

1）第一含水层组上段底板埋深

根据所收集到的水井资料，具有第一含水层组上段底板埋深属性值的井样点（92 眼井）分布与具有地面高程属性值的井样点（90 眼井）分布类似；再从来源上看，多数井样点来源于钻孔数据，所以井样点分布与钻孔矿化度数据井样点（87 眼井）分布情况类似；样井在灌区上分布较均匀，基本布满整个灌区范围（图 2.10）。第一含水层组上段底板埋深累积频率分布如图 2.11 所示。第一含水层组上段底板埋深为 1.00～22.34 m，平均埋深为 8.25 m，埋深极差 21.34 m。根据图 2.12 可知，埋深变化范围内各种埋深井样点分布较均匀，灌区西南部沿黄河附近埋深相对较浅，基本在 5 m 以下；而西北部和东北部沿狼山山前相对较深，为 10～20 m。

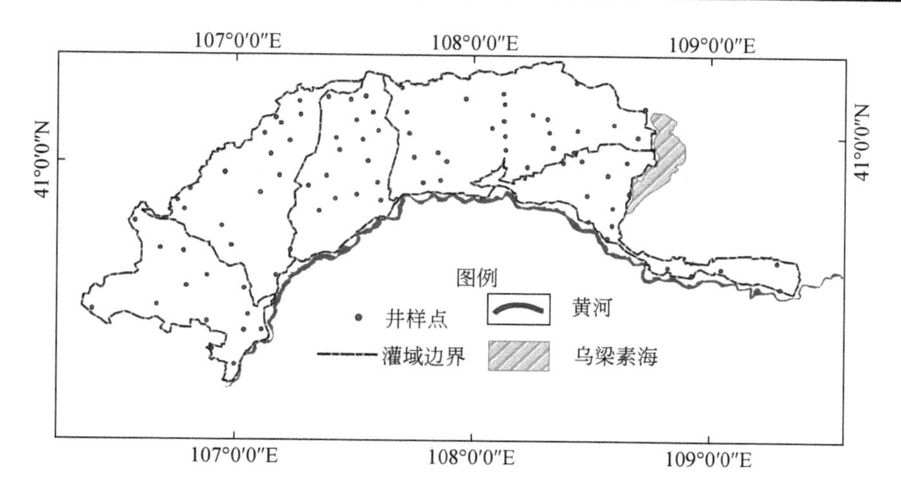

图 2.10　第一含水层组上段井样点区域分布图

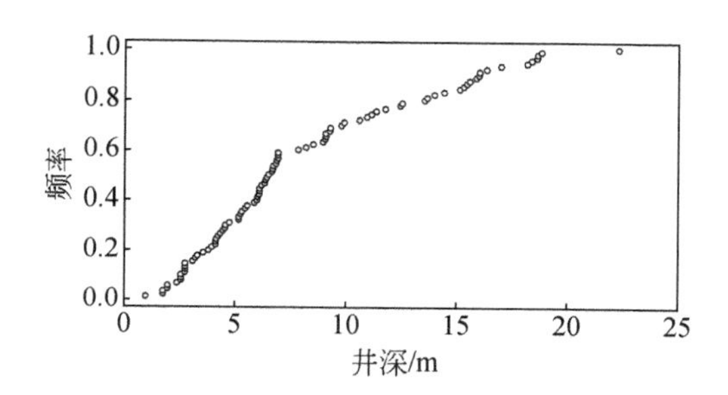

图 2.11　第一含水层组上段底板埋深累积频率分布图

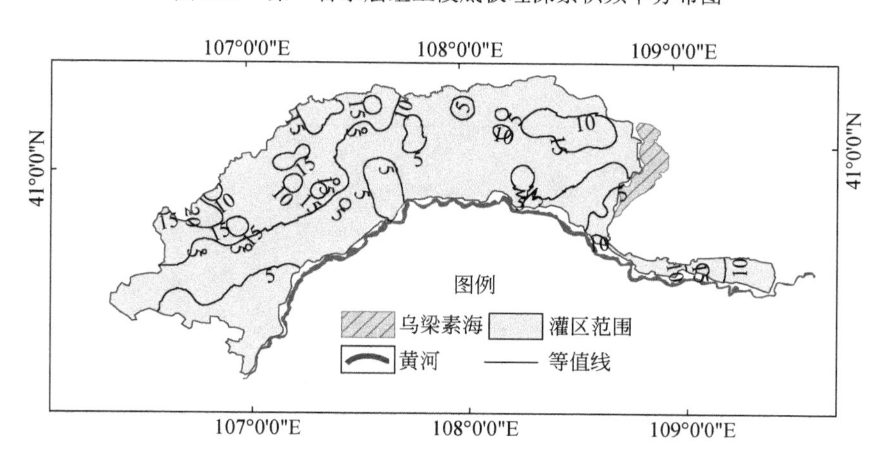

图 2.12　第一含水层组上段底板埋深区域等值线图（单位：m）

2）第一含水层组下段底板埋深

第一含水层组下段井样点区域分布如图 2.13 所示，其底板埋深累积频率分布如图 2.14 所示，底板埋深等值线如图 2.15 所示。由图 2.14 可知，第一含水层组下段底板埋深范围为 12.5～301.6 m，变化范围大，平均深度达 101.5 m，可见该层平均埋深达第一含水层组上段平均埋深的数十倍。第一含水层组下段井样点在整个河套灌区分布较均匀，且较密集（图 2.13）。底板埋深在灌区南部黄河附近区域较浅，为 12.5～100 m，灌区西部沿狼山山前达 150～301.6 m（图 2.15）。第一含水层组下段在乌拉特灌域的北圪堵乡、西小召镇、山嘴镇一带底板隆起，岩层厚度较小，阻碍了地下水的流动，导致该地区地下水埋深较浅，在常年土壤蒸发强烈条件下，土壤盐碱化严重，地下水矿化度较高。

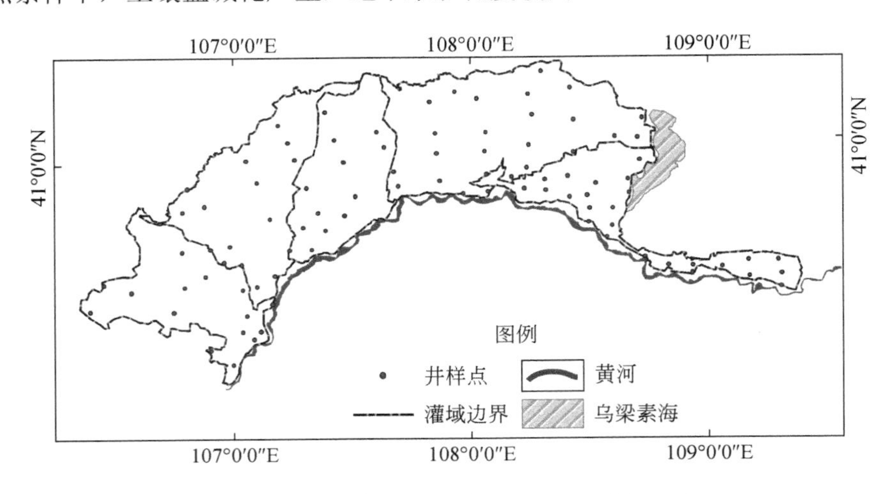

图 2.13　第一含水层组下段井样点区域分布图

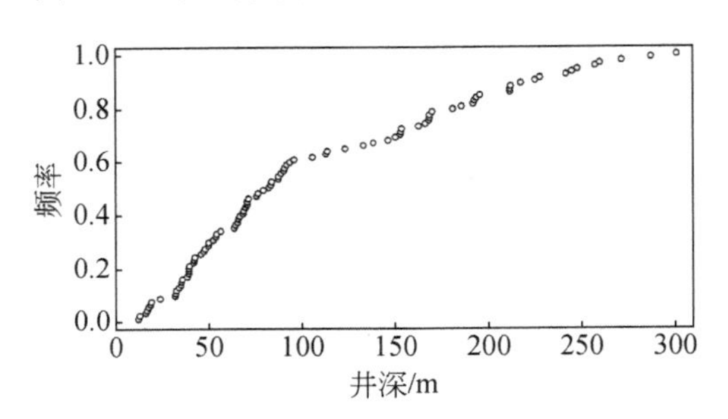

图 2.14　第一含水层组下段底板埋深累积频率分布图

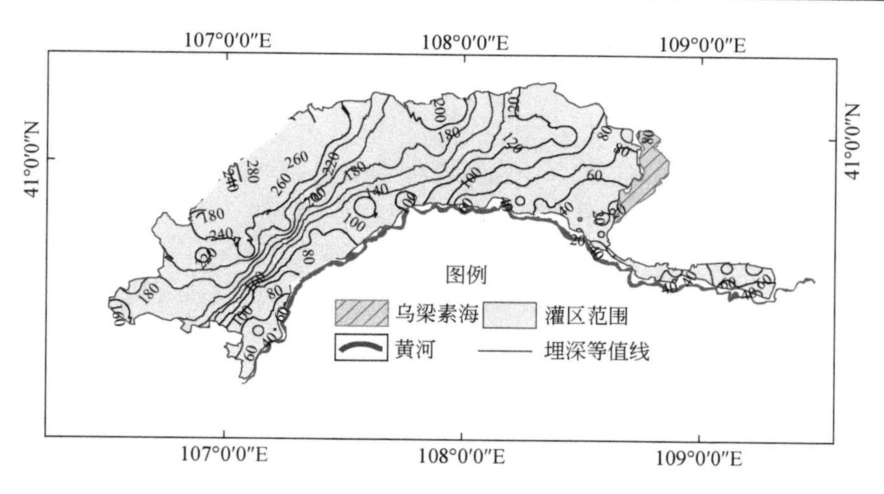

图 2.15　第一含水层组下段底板埋深等值线图（单位：m）

2.2　灌区井渠结合区域分布研究

2.2.1　地下水矿化度分区图

1. 基本数据概化

1）矿化度均值

收集的资料中每一眼井只有一个矿化度属性值，在无其他资料进一步验证该矿化度值所代表的影响范围下，则认为该值代表井底所在含水岩层厚度范围的平均矿化度。

2）地下水开采层

“机电井”井深范围有 99.90%在 120 m 之内，第一含水层组下段底板埋深为 12.5～301.6 m，且由第一含水层组底板埋深等值线图可知，除了沿黄河带少部分区域外，其他区域底板埋深均大于 100 m，可见地下水开采主要是在第一含水层组下段。

3）地下水质分类

地下水根据盐分总量可分为六类：淡水（＜2 g/L）、微咸水（2～3 g/L）、半咸水（3～5 g/L）、咸水（5～10 g/L）、强咸水（10～50 g/L）、卤水（＞50 g/L）。其中，淡水可以直接饮用和用于农业灌溉；在一定条件下，微咸水也可以作为农业灌溉用水。井渠结合分区的主要目的之一就是充分利用地下水资源进行农业灌溉，因此水质要求＜3 g/L。为了井渠结合分区研究和充分开采利用地下水及安全用水，将整个河套灌区地下水矿化度分为<2 g/L、2～2.5 g/L、2.5～3 g/L 和>3 g/L四类进行分析。

2. 空间分层分析

从灌区岩性空间分布角度，由钻孔资料勘探井不同深度岩性分布情况可知，地层岩性在水平和垂直方向有所差异，不同岩性含水层中的水质状况也有很大的差异。为了确定灌区内可利用的地下水区域分布情况、不同层位的水质变化，需依据水文地质资料以及井样点的井深和矿化度属性数据分层进行研究。

河套灌区在地质构造上形成于侏罗纪晚期的中新生代，经历河湖相交替沉积，组成了典型的平原沉积物。按照埋藏条件与含水层的水文地质特点，地下含水层可分为第一含水层组和第二含水层组。第二含水层组（Q_2）埋深较深，与外界水量交换少，且以咸水为主，不适宜开采利用，故选取第一含水层组作为研究对象。第一含水层组以冲湖积相和冲洪积相为主，从上而下包括全新统（Q_4）、上更新统上组（Q_{32}）、上更新统下组（Q_{31}）三部分。全新统（Q_4）由黏性土夹薄层粉细砂组成，厚度薄，水量小，故称为弱含水层，厚度在几米到十几米之间变动。上更新统上组（Q_{32}）以冲积湖积层半承压水为主，含水层颗粒粗，砂层厚度大，是具有区域性供水和排水意义的主要含水层，厚度达到 50～120 m，底板埋深 80～150 m。上更新统下组（Q_{31}）以湖积层承压水为主，含水层颗粒较细，含盐量较高，以咸水为主，厚度 40～100 m，底板埋深 100～250 m。由于拗陷深度自东向西、由南向北加大，含水层也沿此方向增厚，由东部 60～80 m 向西增至 150～240 m，由南部隆起区 20～60 m 向北部增至 100～200 m，总体呈现出由东南向西北变厚的规律。

第一含水层组上段含水层水质受农业灌溉、土地利用、气象条件因素影响较大；而且第一含水层组上段透水性差，具有相对隔水性的特点，其底板以下部分受地表因素影响则相对较小。第一含水层组底板埋深范围为 0～22.34 m，平均埋深为 8.25 m，大部分区域底板埋深在灌区年地下水埋深（0.5～3 m）以下。将第一含水层组上段底板定义为浅层弱透水层，将第一含水层组下段底板定义为第一含水层组深层含水层，第一含水层组下段底板以下范围定义为第二含水层组含水层，其空间分层示意图如图 2.16 所示。

3. 地下水矿化度数据层

按照空间分层情况，从浅层和深层资料中提取各含水层范围内矿化度数据，各含水层井样点来源数目统计结果见表 2.5，各含水层井样点区域分布图如图 2.17～图 2.19 所示。

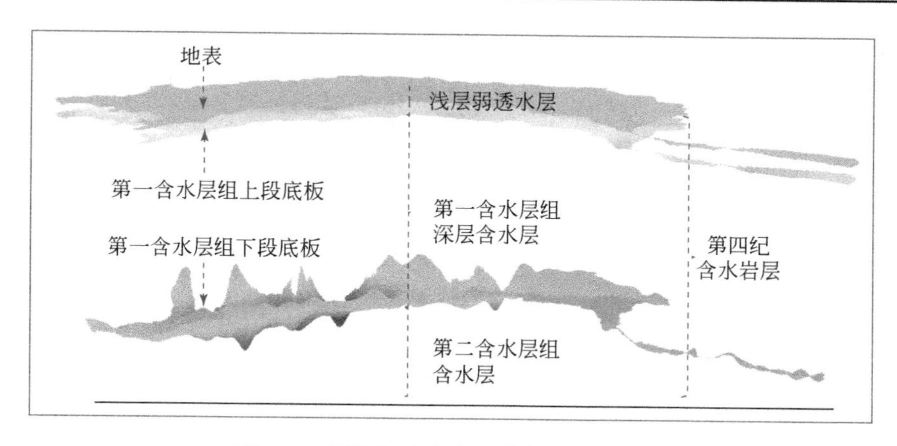

图 2.16　第四纪含水岩层空间分层示意图

表 2.5　各含水层井样点来源数目汇总　　（单位：眼）

含水层	浅层	水化学图	机电井	钻孔	合计
浅层弱透水层	112	20	0	0	132
第一含水层组深层含水层	0	145	1902	37	2084
第二含水层组含水层	0	51	133	50	234
合计	112	216	2035	87	2450

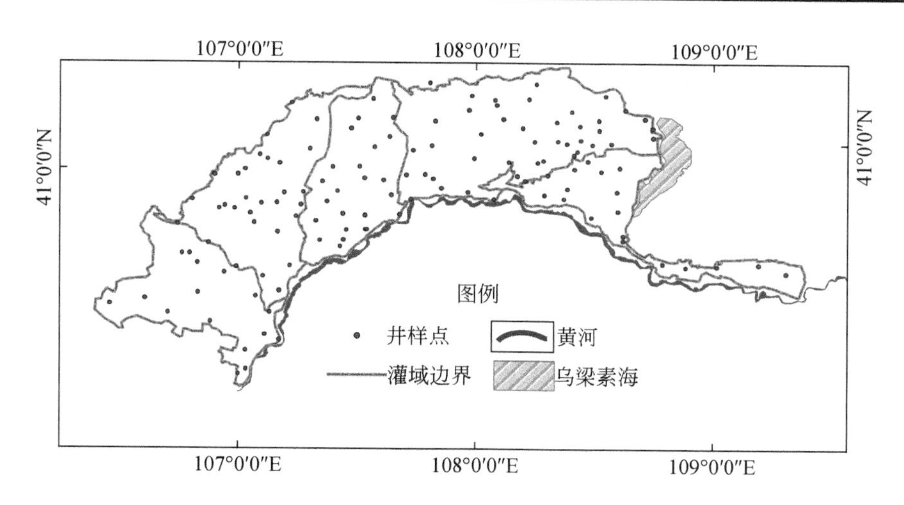

图 2.17　浅层弱透水层井样点分布

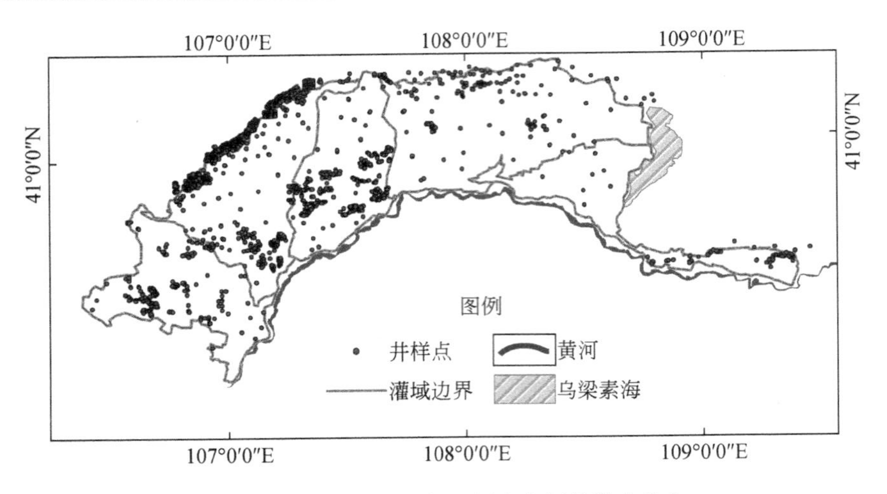

图 2.18 第一含水层组深层含水层井样点分布

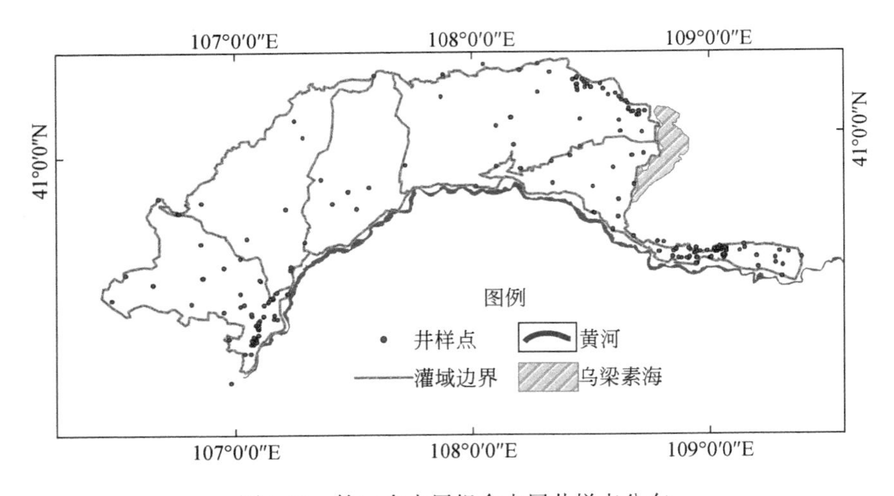

图 2.19 第二含水层组含水层井样点分布

由表 2.5、图 2.17～图 2.19 可知，浅层弱透水层井数为 132 眼，井样点区域分布比较均匀；第一含水层组深层含水层井眼数目较多（2048 眼），基本布满整个灌区范围，特别是“机电井”分布密集，且主要分布在目前已有的地下水开采区。因此，通过对浅层弱透水层、第一含水层组深层含水层井样点数据进行插值，建立地下水矿化度分布图。而第二含水层组含水层在解放闸灌域中部和北部、永济灌域、义长灌域西南部有相当大范围无井眼分布，使得地下水矿化度的空间插值结果会有较大的误差，因此在进行地下水矿化度分区图分析时需格外注意；该含水层在义长灌域和乌拉特灌域沿狼山山前地下水开采区分布着大量的“机电井”，表明目前该区域已经有一些农田灌溉时开采第二含水层组的地下水。

4. 地下水矿化度分区图

利用 ArcGIS 并按照地下水矿化度<2 g/L、2～2.5 g/L、2.5～3 g/L 和>3 g/L 四个类别，得到不同含水层组的地下水矿化度分区图，如图 2.20～图 2.22 所示。由各含水层组地下水矿化度分区图可知，在整个灌区第一含水层组深层含水层淡水区域分布最广，浅层弱透水层次之，第二含水层组含水层最小。在垂直方向上，淡水区分布面积呈现先变大后变小的特征，说明地下水质在第一含水层组深层含水层相对较好，这主要与浅层弱透水层受常年蒸发量大和第二含水层组含水层受古气候及沉积环境影响有关。从灌区各层组地下水矿化度水平分布来看，淡水区域主要分布在灌区西南区域和沿狼山山前地带，这与山前淡水补给和古河道的带状分布有关。

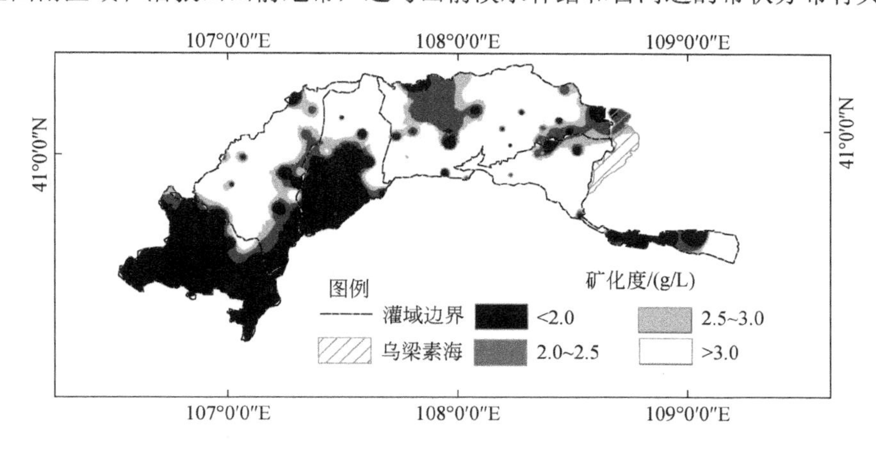

图 2.20　浅层弱透水层地下水矿化度分区图

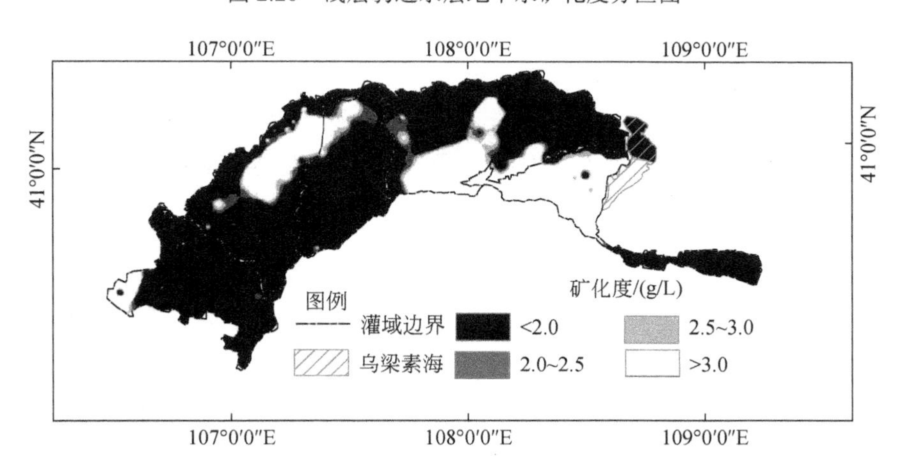

图 2.21　第一含水层组深层含水层地下水矿化度分区图

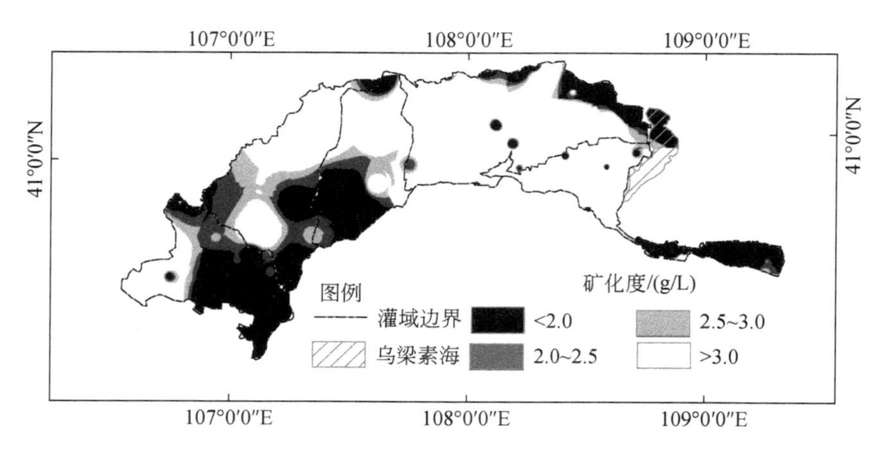

图 2.22 第二含水层组含水层地下水矿化度分区图

2.2.2 井渠结合区的确定

1. 农业灌溉适用的地下水分布区域

了解农业灌溉适用的地下水资源分布状况是确定河套灌区井渠结合控制区和灌溉区的首要条件。原则上，地下水矿化度＜2 g/L 为淡水，是农业灌溉用水水质的基本要求；矿化度 2～3 g/L 为微咸水，在条件允许的情况下，也可用于农业灌溉。浅层弱透水层、第一含水层组深层含水层和第二含水层组含水层的地下水矿化度分区图基本代表了不同含水层淡水和微咸水的区域分布特征。但淡水区和微咸水区还不可直接作为农业灌溉地下水开采利用区，因为矿化度分区图中未知点矿化度是通过附近井样点的地下水矿化度插值得到的，其本身存在不确定性，插值结果的可靠性与已知矿化度井样点的数目和密度均密切相关；另外，虽然现状地下水大量开采条件下各层间的水力联系并不密切，但是主要开采层的地下水开发利用，将加速各层间地下水的联系和交换，导致在未来地下水开发利用过程中，开采层的地下水矿化度将受到上下层位含水层地下水矿化度的影响。因此，农业灌溉地下水分布区应该在不同层矿化度分区图的基础上，结合观测井样点的矿化度分布特征进一步校核和修正。

区域的水文地质条件和水化学条件表示地下水量和水质的空间分布规律，农业灌溉地下水可开采利用区，不仅应根据各层的矿化度分区图和井样点分布确定，还应根据含水层水文地质条件进行综合分析和校核。根据前文分析，以及土质类型、土壤颗粒大小和孔隙状况以及含水层厚度可知，地下水资源主要储存在第一含水层组深层含水层。因此，在第一含水层组深层含水层矿化度分区图的基础上，结合浅层弱透水层和第二含水层组含水层矿化度分区图，以及不同含水层上已知矿化度井样点分布图，综合确定农业灌溉地下水资源可开采利用分布区域。

第二含水层组含水层井样点在灌区内分布不均，尤其是在灌区中部解放闸灌域、永济灌域和义长灌域，从而导致这些区域地下水矿化度分布具有较大的不确定性。因此，在以下分析中仅把第二含水层组含水层矿化度分区图上的乌兰布和灌域和乌拉特灌域，以及灌区内有井样点分布的局部区域列入研究对象进行分析。而且该层在第一含水层组底板以下，埋深过深，在目前地下水开发利用的条件下，暂不作为农业灌溉地下水开发利用的目标开采层，仅将该含水层作为地下水资源可开采利用分布区域确定的辅助层。

根据以上分析，以及灌溉可利用的地下水质<3 g/L 的情况，说明如何根据各含水层组地下水矿化度分区图和井样点的分布特征来确定井渠结合分区的方法。

在浅层弱透水层和第一含水层组深层含水层矿化度分区图中，将灌区内所有地下水矿化度在两个含水层上均<3 g/L 的连片区域勾勒出来，再附上两个含水层的井样点，可以看出，井样点在所勾勒的区域内分布相对集中连片。同时，在第二含水层组含水层矿化度分区图乌兰布和灌域和乌拉特灌域内，对应于所勾勒的区域，该含水层上的井样点矿化度基本<3 g/L。因此，可将浅层弱透水层和第一含水层组深层含水层矿化度分区图上，矿化度均<3 g/L 的区域作为地下农业灌溉水可开采利用区（定义为“可开采利用区Ⅰ”），如图 2.23 所示。

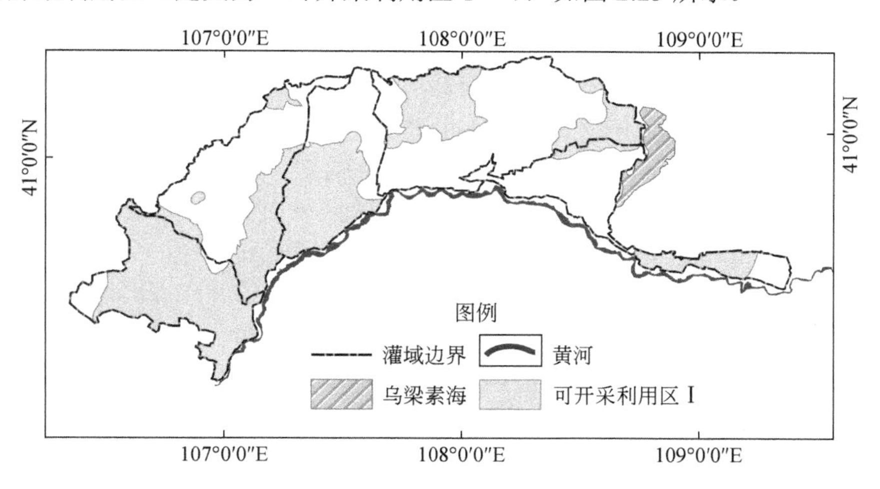

图 2.23　地下农业灌溉水“可开采利用区Ⅰ”灌区分布图

在第一含水层组深层含水层矿化度分区图中，除了“可开采利用区Ⅰ”外，还有很大部分矿化度<3 g/L 的区域（定义为“区域Ⅱ”），其主要分布在解放闸灌域西北部、永济灌域北部、义长灌域西部和中北部、乌拉特灌域尾部（图 2.24）。为充分开采利用地下水资源，需结合三个含水层井样点分布和浅层弱透水层、第二含水层组含水层矿化度分区图，对每一个灌域逐一进行分析。

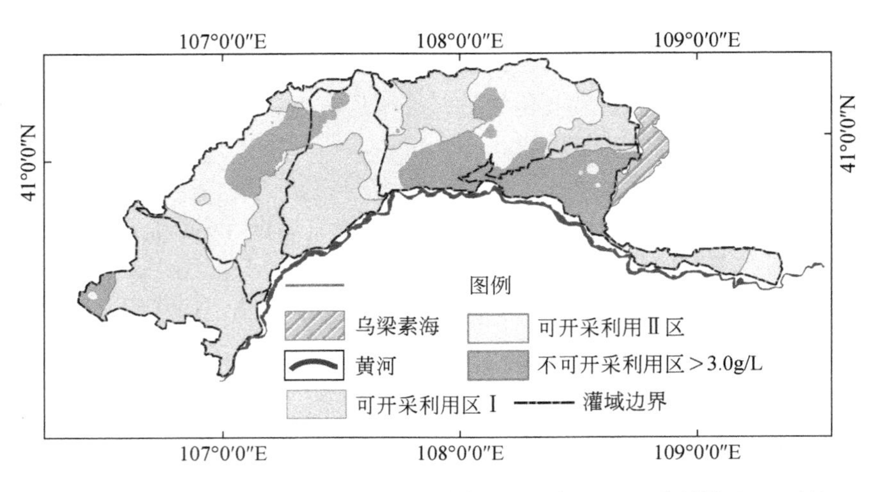

图 2.24　第一含水层组深层含水层矿化度分区图与“可开采利用区Ⅰ”对比

解放闸灌域内的“区域 II”南部，在浅层弱透水层上有一眼矿化度为 6.42 g/L 的咸水井，而该井局部范围内均为淡水井；再根据第一含水层组深层含水层井样点分布图可知，该位置北部附近有较多的淡水井存在。北部狼山山前，在浅层弱透水层上井样点较少，但有部分井是淡水井；而在第一含水层组深层含水层上分布着大量的淡水井。根据以上分析，将该灌域“区域 II”南部和北部狼山山前淡水井密集带勾勒出来，认为其是地下农业灌溉水可开采利用区。

永济灌域内的“区域 II”南部，在浅层弱透水层上的井样点矿化度较高，但在第一含水层组深层含水层中有大量的淡水井，说明在第一含水层组深层含水层深度范围上水质较好。而其他区域在第一含水层组深层含水层上淡水井较少。为安全利用地下水资源，仅将该灌域南部淡水井密集带勾勒出来，作为地下农业灌溉水可开采利用区。

义长灌域内的“区域 II”北部浅层弱透水层上的井样点较少，而在第一含水层组深层含水层上分布有部分淡水井，这与受狼山山前淡水补给有很大关系，其地下水更新快、矿化度低。在第一含水层组深层含水层，该灌域中部还有一簇密集的淡水井，但是在浅层弱透水层对应区域上有矿化度为 20.96 g/L 的咸水井，说明浅层弱透水层上的水非常差。因此，从防止表层强咸水侵染深层地下淡水角度分析，只将义长灌域内“区域 II”北部第一含水层组深层含水层淡水井密集带作为地下农业灌溉水可开采区。

乌拉特灌域内的“区域 II”主要分布在灌域尾部地区。在浅层弱透水层上，该区域受一眼矿化度为 6.35 g/L 的咸水井控制，而其西部的四眼井矿化度均小于 1.5 g/L；在第一含水层组深层含水层上，该区域分布着矿化度均小于 1.5 g/L 的大量淡水井；在第二含水层组含水层上，该区域分布着大量矿化度<3 g/L 的井。现将乌拉特灌域尾部部分也作为地下农业灌溉水可开采利用区。

由以上分析可知，在采取一定的技术措施防止浅层半咸水或咸水侵染深层地下水的条件下，灌区内部分“区域 II”可作为农业灌溉地下水可开采利用区（定义为“可开采利用区 II”），如图 2.25 所示。

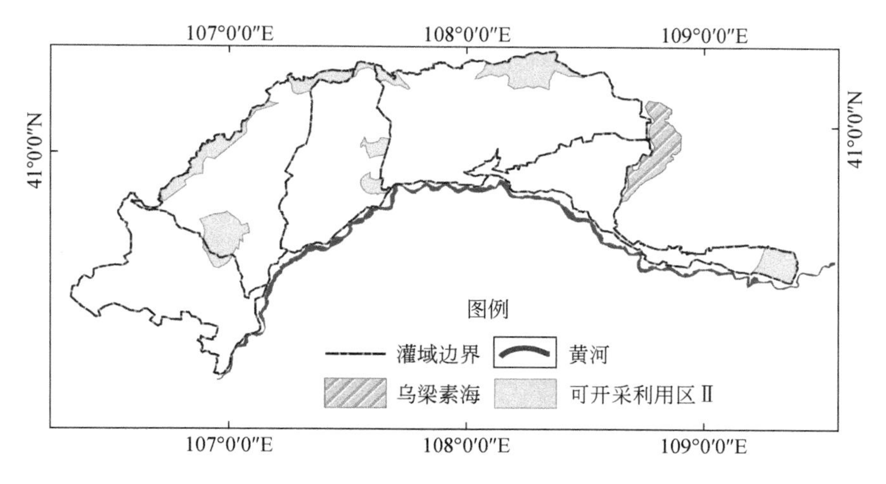

图 2.25　地下农业灌溉水“可开采利用区 II”灌区分布图

根据现收集到的数据资料和安全开采利用地下水原则，将前文分析得到的“可开采利用区 I”和“可开采利用区 II”（合称“可开采利用区”）作为农业灌溉地下水可开采利用区，而灌区内其余区域均认为是农业灌溉地下水不可开采利用区，汇总结果如图 2.26 所示。根据图 2.26，可得到各灌域农业灌溉地下水可开采利用区（地下水矿化度<3 g/L）的面积，结果见表 2.6。由表 2.6 可知，农业灌溉地下水可开采利用控制区域面积为 914.82 万亩，占整个灌区的 56.82%。

取农业灌溉水水质条件分别为矿化度<2.5 g/L 和<2 g/L，利用与上述相同的分析方法，可得到相应的地下水可开采利用区分布（图 2.27 和图 2.28）和各灌域的地下水可开采利用区域面积（表 2.7 和表 2.8）。

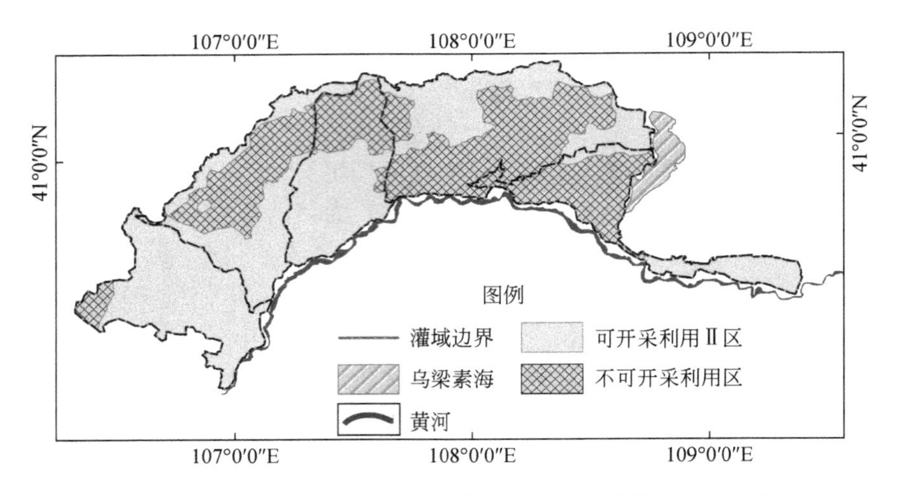

图 2.26 地下水矿化度＜3 g/L 的地下水可开采利用区分布图

表 2.6 地下水矿化度＜3 g/L 的地下水可开采利用区域面积 （单位：万亩）

灌域名称	灌域控制面积	可开采利用区 I	可开采利用区 II	可开采利用区	不可开采利用区
乌兰布和	284.42	259.02	5.21	264.23	20.19
解放闸	343.04	117.75	71.78	189.53	153.51
永济	272.30	165.07	17.25	182.32	89.98
义长	490.98	152.11	48.51	200.62	290.36
乌拉特	219.17	56.24	21.88	78.12	141.05
合计	1609.91	750.19	164.63	914.82	695.09

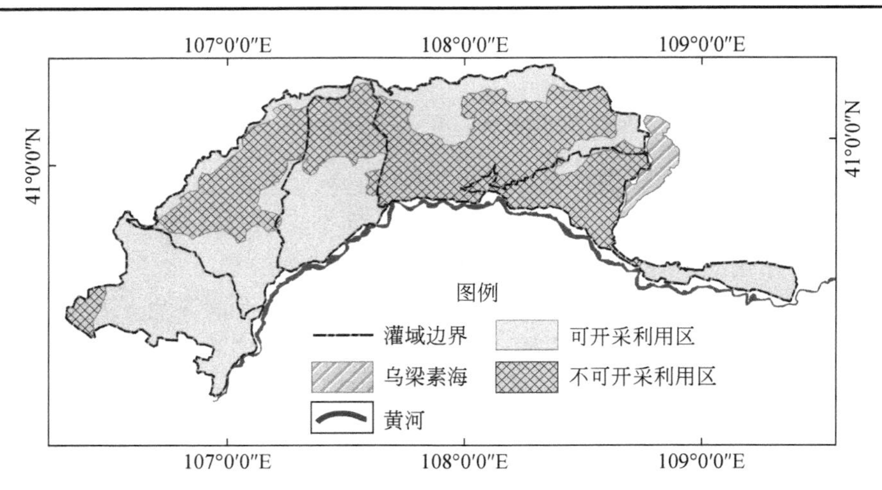

图 2.27 地下水矿化度＜2.5 g/L 的地下水可开采利用区分布图

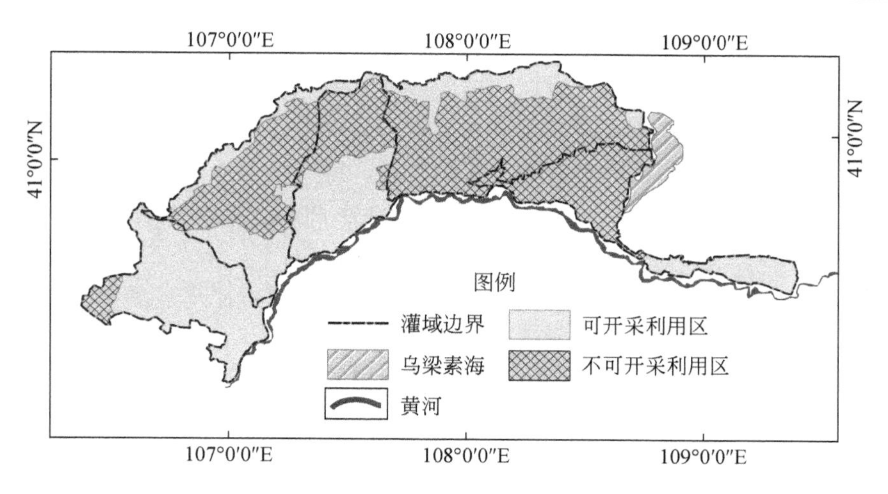

图 2.28　地下水矿化度<2 g/L 的地下水可开采利用区分布图

表 2.7　地下水矿化度<2.5 g/L 的地下水可开采利用区域面积　（单位：万亩）

灌域名称	灌域控制面积	可开采利用区 I	可开采利用区 II	可开采利用区	不可开采利用区
乌兰布和	284.42	253.07	9.85	262.92	21.50
解放闸	343.04	78.33	84.24	162.58	180.46
永济	272.30	144.72	21.15	165.88	106.43
义长	490.98	94.59	55.67	150.26	340.72
乌拉特	219.17	49.97	24.04	74.01	145.17
合计	1609.91	620.68	194.95	815.65	794.28

表 2.8　地下水矿化度<2 g/L 的地下水可开采利用区域面积　（单位：万亩）

灌域名称	灌域控制面积	可开采利用区 I	可开采利用区 II	可开采利用区	不可开采利用区
乌兰布和	284.42	232.64	27.33	259.97	24.45
解放闸	343.04	39.22	102.27	141.49	201.55
永济	272.30	123.43	31.66	155.08	117.22
义长	490.98	6.15	86.50	92.66	398.32
乌拉特	219.17	21.55	42.08	63.64	155.54
合计	1609.91	422.99	289.84	712.84	897.08

2. 地下水可开采利用区的校正

根据以上所得到的可开采利用区的空间分布结果，进一步利用内蒙古巴彦淖尔河套平原水化学图和咸淡水分布图对可开采利用区进行校正。

对内蒙古巴彦淖尔河套平原咸淡水分布图进行分析可知，河套灌区内有三条淡水带和两条咸水带。狼山山前沿冲积扇群分布有第一条连续的淡水带，其主要分布在总排干以北，该淡水带的地下水接收山前补给，是目前灌区地下水开发利用较多的区域；第二条淡水带分布于灌区中部，西起乌兰布和沙漠，东至乌拉特前旗北部，尖灭于乌梁素海西部的隆起区，该淡水带在永济灌域以西为全淡水区；第三条淡水带为三湖河淡水带，主要分布于乌拉山扇裙带和三湖河灌区。第一条咸水带为狼山山前扇缘洼地咸水带，主要沿总排干两侧及附近分布，自西向东连续分布；第二条咸水带在永济灌域以东沿黄河以北分布，直至乌梁素海西部的潜伏隆起带，西部较窄，在乌梁素海西部逐渐向南延伸至三湖河南部区域。

河套灌区的区域水化学条件和咸淡水分布特征在宏观上决定了河套灌域地下水开采利用的区域分布。根据河套灌区的咸淡水分布图，可以初步确定灌区内第一含水层组淡水（矿化度<2 g/L）、微咸水（矿化度 2～3 g/L）、半咸水（矿化度 3～5 g/L）的分界线（图 2.29）。

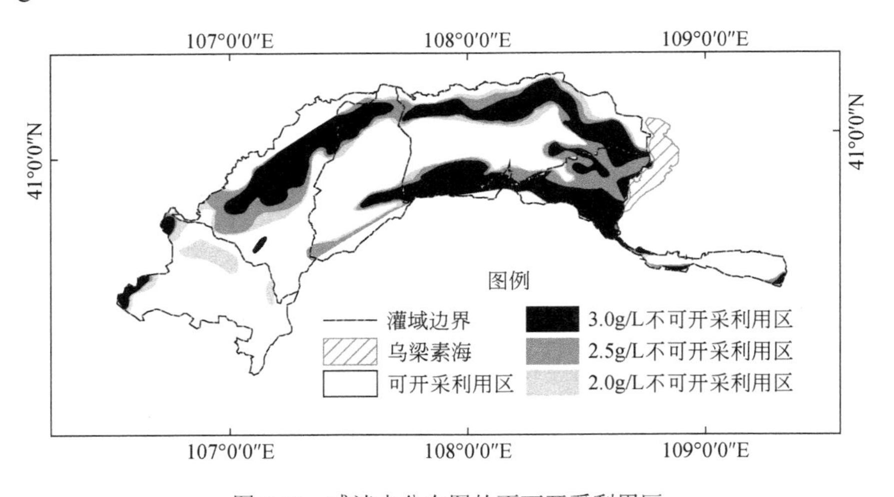

图 2.29　咸淡水分布图的不可开采利用区

当灌溉可利用地下水的水质条件为矿化度<3 g/L 时，将灌区地下水可开采利用区（图 2.26）与咸淡水分布图中矿化度加载在同一个地图文件中，得到两图的叠加图(图 2.30)。整体上，原可开采利用区与咸淡水分布图中地下水矿化度>3 g/L 的区域分布相似，但是前者的范围比咸淡水分布图中地下水矿化度<3 g/L 的小，且局部地区两者有重叠。结合井样点的位置和矿化度，参考灌区内沉积条件变化和古河道演变所导致的咸淡水条带状分布特征，再结合由井样点所确定的地下水矿化度分布图及区域的水化学条件和咸淡水分布特征，从保证地下水矿化度可以

充分满足灌溉要求的角度考虑，保留原可开采利用区在咸淡水分布图中的淡水部分，去掉原可开采利用区和咸淡水分布图中矿化度高的重叠区域；对于原属于不可开采利用区而在咸淡水分布图中属淡水的，结合水文地质条件、井样点矿化度等，参考咸淡水等埋深线绘制新可开采利用区。由此得到不同灌溉水质矿化度要求条件下（<2 g/L、<2.5 g/L、<3 g/L）的地下水可开采区分布图（图 2.31～图 2.33）。

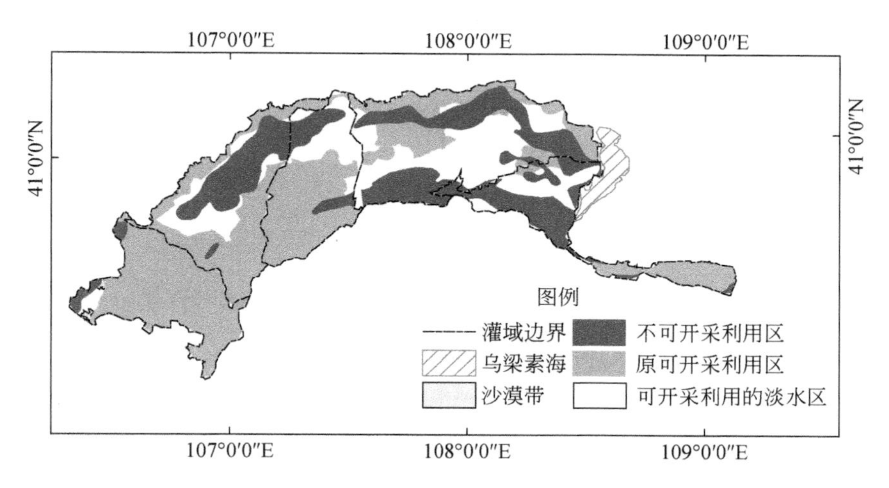

图 2.30　原可开采利用区与咸淡水分布对比图

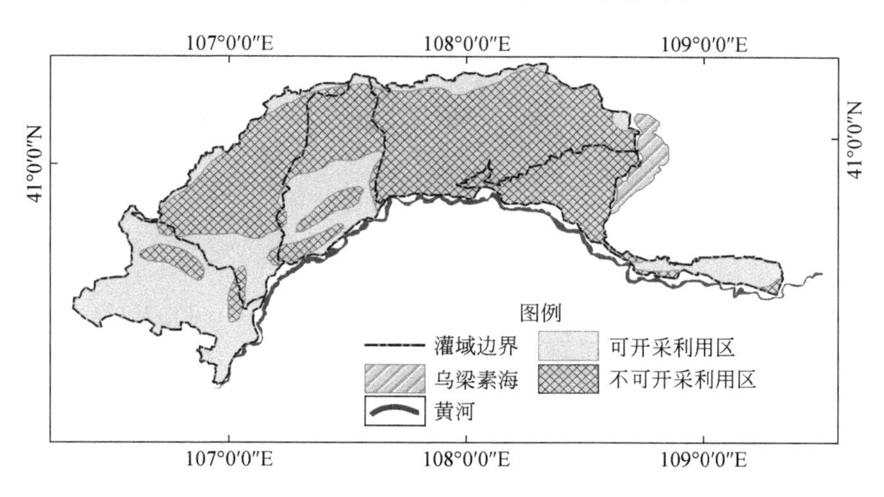

图 2.31　校正后地下水矿化度<2 g/L 的地下水可开采利用区分布图

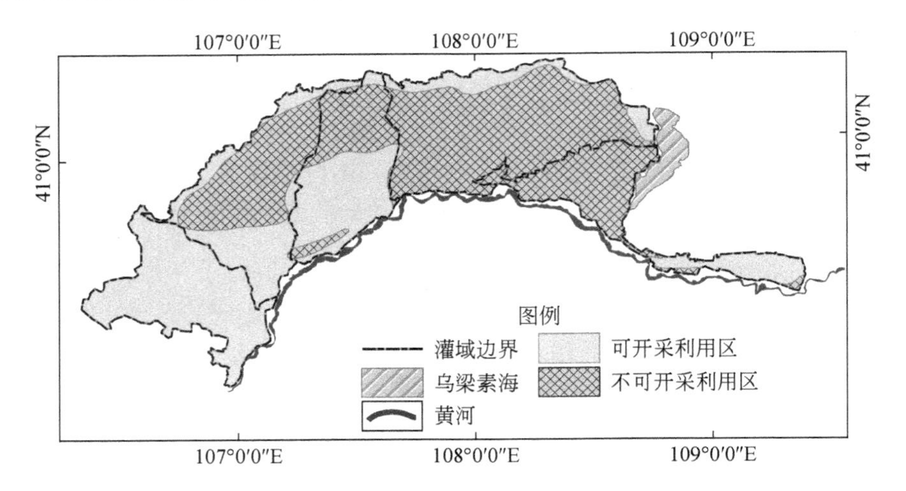

图 2.32　校正后地下水矿化度<2.5 g/L 的地下水可开采利用区分布图

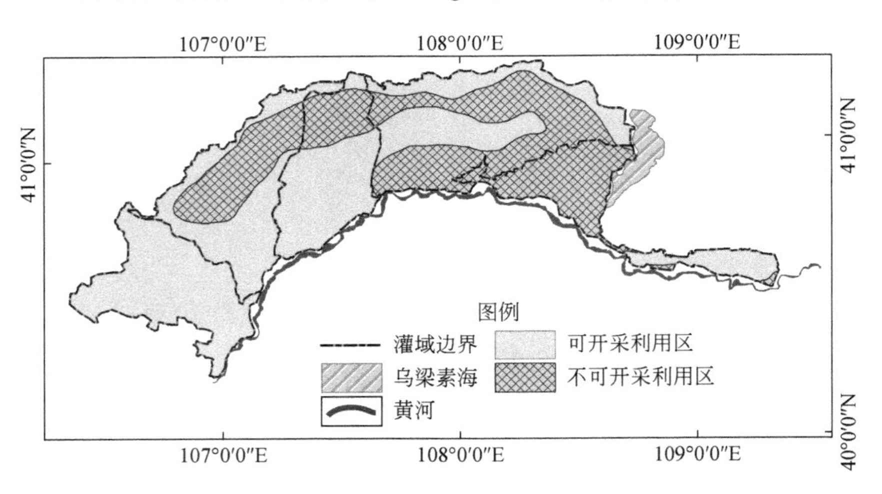

图 2.33　校正后地下水矿化度<3 g/L 的地下水可开采利用区分布图

3. 灌区土地利用现状分析

在整个河套灌区控制范围内，土地利用类型包括耕地、林地、草地、盐荒地、水域、沙漠、城乡建设用地等。而井渠结合分区主要是为解决农业灌溉水的不足问题。因此，除了明确农业适宜灌溉地下水可开采区外，灌区控制范围内的土地利用类型也是确定地下水开发利用区的关键指标。

从河套灌区遥感影像图和内蒙古河套灌区现状图可知，在土地利用类型上，乌兰布和灌域与其他 4 个灌域存在显著的差异，在其控制范围内有大片连续分布的沙漠带。根据灌区水土资源状况，沙漠带暂不宜作为井渠结合研究分析的对象。

因此，将乌兰布和灌域沙漠带勾勒出来，相应的面积在该灌域的地下水可开采区中去除，结果如图 2.34 所示。经过计算，乌兰布和灌域控制面积为 284.42 万亩，沙漠带面积为 88.76 万亩，占灌域的 31.21%。

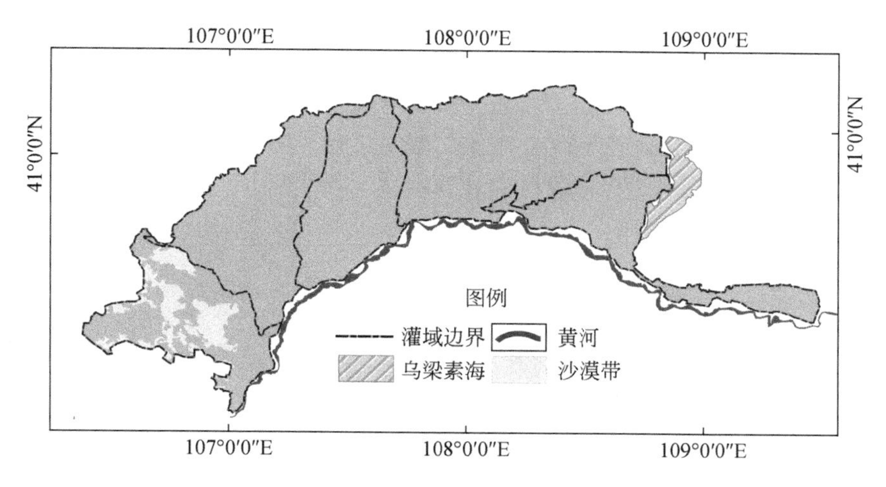

图 2.34　河套灌区乌兰布和灌域沙漠带

由前文分析可知，农业适宜灌溉水水质要求（<3 g/L、<2.5 g/L 和<2 g/L）不同时，所求取的地下水可开采区分布范围和分布面积有所差异。而乌兰布和灌域沙漠带分布范围及其面积不变，经分析计算，沙漠带所属地下水开采区类型（地下水可开采利用区 I、II 和不可开采利用区）面积见表 2.9。

表 2.9　乌兰布和灌域沙漠带在地下水开采区上分布面积　（单位：万亩）

地下水开采区类型	农业灌溉水水质条件		
	<3 g/L	<2.5 g/L	<2 g/L
不可开采利用区	0.00	0.00	5.41
可开采利用区	88.76	88.76	83.35
合计	88.76	88.76	88.76

4. 井渠结合控制区分布及面积确定

灌区的井渠结合区是实行地表水和地下水联合运用的区域，仅实行地表水灌溉的区域称为渠灌区，仅实行地下水灌溉的区域称为井灌区。目前，就河套灌区而言，灌区的地下水补给来源以引黄灌溉入渗水量为主，这种地下水补给排泄条件决定了灌区的灌溉方式以引用黄河水进行灌溉为主，以开采地下水进行灌溉为辅，地下水的开采量应与引黄灌溉补给、少量的降雨补给和区域的地下水蒸发相平衡，以维持地下水的采补平衡，并控制地下水的合理埋深。本书定义农业灌溉地下水可开采利用区为井渠结合控制区，在井渠结合控制区内又分为井渠结合渠灌区和井渠结合井灌区，分别采用引黄灌溉和地下水灌溉；灌区内地下水质不能满足灌溉要求的农田为渠灌控制区（非井渠结合区），该区采用引黄灌溉。

结合地下水矿化度＜3 g/L、＜2.5 g/L 和＜2 g/L 三类条件下确定的农业灌溉地下水可开采区分布，以及沙漠带在不同矿化度条件下不同区域类型区的分布情况，可得到灌区井渠结合控制区分布图，如图 2.35～图 2.37 所示。灌区井渠结合控制区面积及其占灌域面积百分比的计算结果见表 2.10。

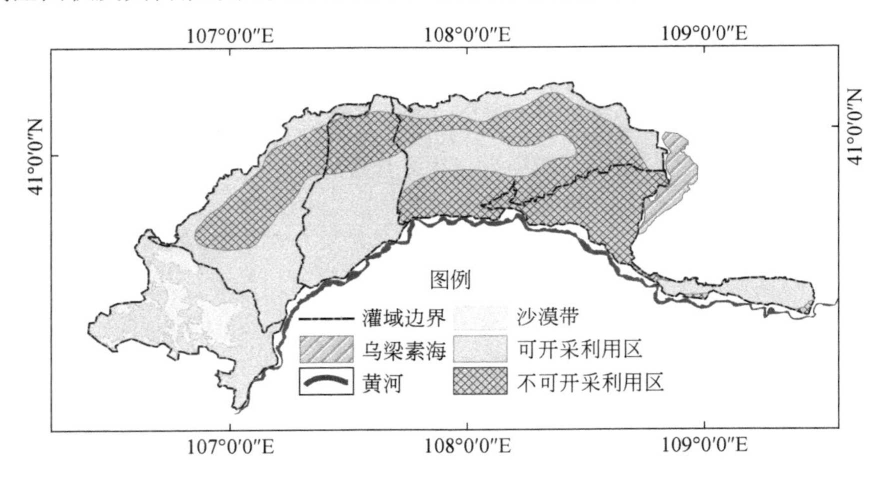

图 2.35　井渠结合控制区分布图（地下水矿化度＜3 g/L 条件）

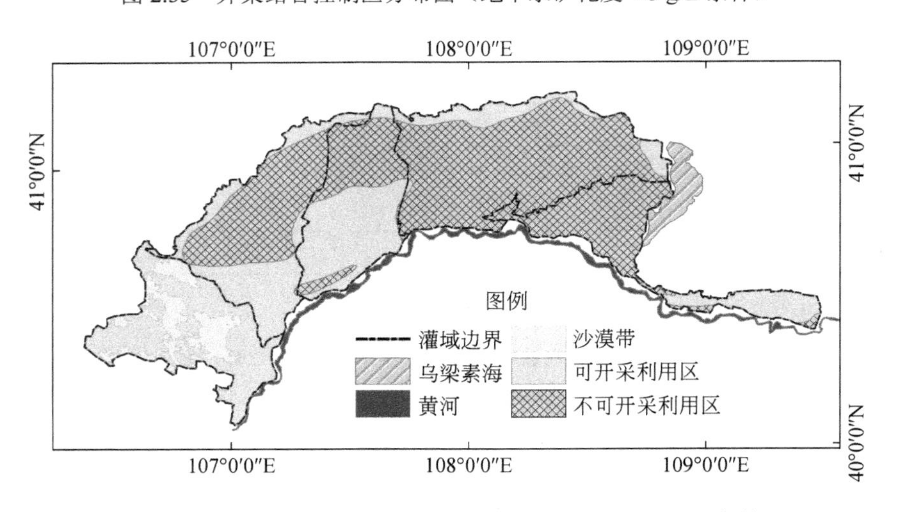

图 2.36　井渠结合控制区分布图（地下水矿化度＜2.5 g/L 条件）

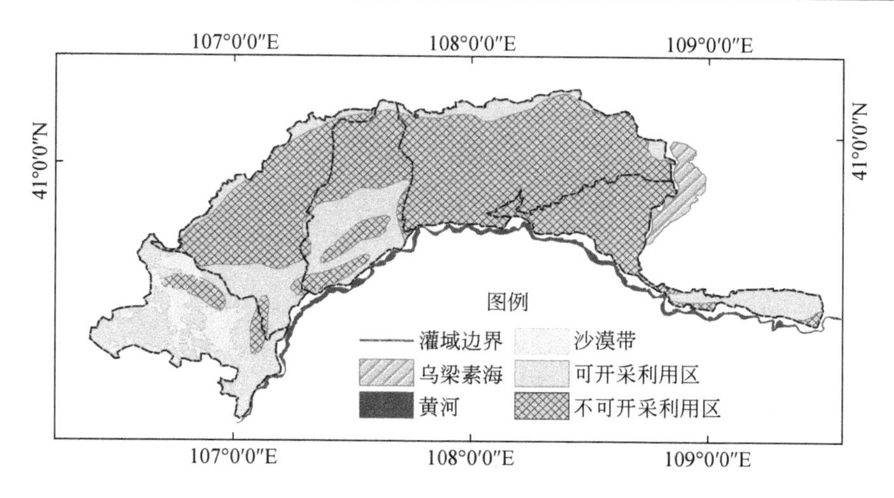

图 2.37　井渠结合控制区分布图（地下水矿化度<2 g/L 条件）

表 2.10　不同灌溉水质条件下井渠结合控制区面积及其占灌域面积百分比

灌域名称	灌域控制面积/万亩	井渠结合控制区面积/万亩			占灌域面积百分比/%		
		<3 g/L 条件	<2.5 g/L 条件	<2 g/L 条件	<3 g/L 条件	<2.5 g/L 条件	<2 g/L 条件
乌兰布和	284.42	195.66	195.66	183.37	68.79	68.79	64.47
解放闸	343.04	201.34	143.47	97.52	58.69	41.82	28.43
永济	272.30	201.41	164.21	134.14	73.97	60.30	49.26
义长	490.98	207.00	62.46	42.21	42.16	12.72	8.60
乌拉特	219.17	59.90	56.26	54.38	27.33	25.67	24.81
合计	1609.91	865.31	622.06	511.62	53.75	38.64	31.78

根据各灌域的土地利用系数和表 2.10 中所给出的井渠结合控制区面积，可以初步估计各灌域井渠结合区的灌溉面积。例如，取用渠井结合比为 3.0（渠井结合比为井渠结合区内渠灌区面积与井灌区面积之比，具体计算见第 3 章），可以得到各灌域的井灌区面积（表 2.11）。

表 2.11　不同灌溉水质条件下井渠结合区灌溉面积和井灌区面积　（单位：万亩）

灌域名称	灌域控制面积	井渠结合区灌溉面积			井渠结合井灌区面积		
		<3 g/L 条件	<2.5 g/L 条件	<2 g/L 条件	<3 g/L 条件	<2.5 g/L 条件	<2 g/L 条件
乌兰布和	284.42	87.78	87.78	82.27	21.95	21.95	20.57
解放闸	343.04	125.67	89.55	60.87	31.42	22.39	15.22

续表

灌域名称	灌域控制面积	井渠结合区灌溉面积			井渠结合井灌区面积		
		<3 g/L条件	<2.5 g/L条件	<2 g/L条件	<3 g/L条件	<2.5 g/L条件	<2 g/L条件
永济	272.30	131.38	107.11	87.50	32.84	26.78	21.88
义长	490.98	109.58	33.06	22.34	27.39	8.27	5.59
乌拉特	219.17	33.38	31.35	30.30	8.34	7.84	7.57
合计	1609.91	487.78	348.85	283.28	121.94	87.23	70.83

由以上分析可知，井渠结合控制区分布及面积的确定是通过对灌区水文地质条件、地下水深浅层矿化度、目前土地利用类型现状和农业灌溉水水质要求综合分析得到的。井渠结合控制区主要分布在乌兰布和灌域非沙漠带、解放闸灌域和永济灌域南部、义长灌域北部、乌拉特灌域南部（公庙镇、先锋镇、黑柳于乡），灌区北部沿狼山山前也有部分区域。由表 2.10 的计算结果可知，整个灌区控制面积尽管达 1609.91 万亩，但因地下水半咸水和咸水的广泛分布及乌兰布和灌域沙漠带的存在，最终确定的井渠结合控制区面积约占整个灌区控制面积的一半。根据不同的灌溉水质控制条件，灌区内可实施井渠结合的控制区面积为 511.62 万～865.31 万亩（表 2.10），根据各灌域的土地利用系数计算，灌区内可实施井渠结合膜下滴灌的灌溉面积为 283.28 万～487.78 万亩；如果取渠井结合比为 3.0，井灌区面积为 70.82 万～121.95 万亩。

5. 去除直引黄河水滴灌和海子水源滴灌的井渠结合区

基于内蒙古自治区水利科学研究院和中国水利水电科学研究院牧区水利科学研究所提供的直引黄河水滴灌和淖尔水源滴灌面积及分布，计算不同水源模式与井渠结合区相重合的面积，得到表 2.12。

表 2.12 河套灌区井渠结合区内不同水源模式的面积 （单位：万亩）

灌域名称	灌域控制面积	井渠结合区内直引滴灌控制面积			井渠结合区内淖尔水源滴灌控制面积			井渠结合区内直引和淖尔水源滴灌控制面积总和			直引滴灌控制面积	淖尔水源滴灌控制面积
		<3 g/L条件	<2.5 g/L条件	<2 g/L条件	<3 g/L条件	<2.5 g/L条件	<2 g/L条件	<3 g/L条件	<2.5 g/L条件	<2 g/L条件		
乌兰布和	284.42	1.00	0.00	0.00	19.58	20.58	19.74	20.58	20.58	19.74	0.00	31.64
解放闸	343.04	2.20	0.00	0.00	0.30	0.35	0.00	2.50	0.35	0.00	3.00	2.80
永济	272.3	6.00	0.00	0.00	1.14	0.50	0.31	7.14	0.50	0.31	7.20	1.04
义长	490.98	3.85	0.00	0.00	16.38	0.23	0.09	20.23	0.23	0.09	22.20	8.69

续表

灌域名称	灌域控制面积	井渠结合区内直引滴灌控制面积			井渠结合区内淖尔水源滴灌控制面积			井渠结合区内直引和淖尔水源滴灌控制面积总和			直引滴灌控制面积	淖尔水源滴灌控制面积
		<3 g/L 条件	<2.5 g/L 条件	<2 g/L 条件	<3 g/L 条件	<2.5 g/L 条件	<2 g/L 条件	<3 g/L 条件	<2.5 g/L 条件	<2 g/L 条件		
乌拉特	219.17	0.00	0.00	0.00	0.04	0.00	0.90	0.04	0.00	0.90	8.25	1.35
合计	1609.91	13.05	0.00	0.00	37.44	21.66	21.04	50.49	21.66	21.04	40.65	45.52

在已确定的井渠结合区的基础上，扣除灌区直引黄河水滴灌的面积和利用淖尔水进行滴灌的面积，将<3 g/L 可开采利用区、<2.5 g/L 可开采利用区、<2 g/L 可开采利用区叠加，得到最终的河套灌区井渠结合控制区的分布图，如图 2.38 所示，并计算膜下滴灌区的控制面积及灌溉面积，见表 2.13。

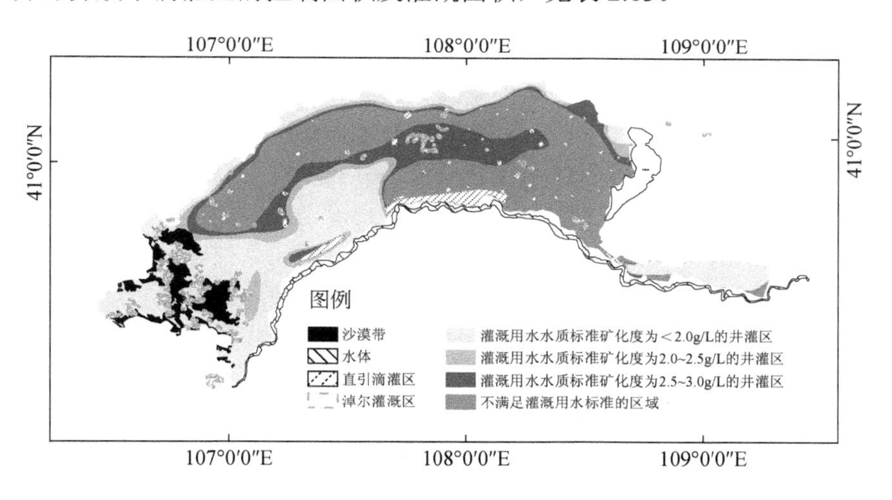

图 2.38　河套灌区井渠结合控制区分布图

表 2.13　不同水源模式的井渠结合区控制面积和灌溉面积　（单位：万亩）

灌域名称	灌域控制面积	井渠结合膜下滴灌区控制面积			井渠结合膜下滴灌的灌溉面积		
		<3 g/L 条件	<2.5 g/L 条件	<2 g/L 条件	<3 g/L 条件	<2.5 g/L 条件	<2 g/L 条件
乌兰布和	284.42	175.08	175.08	163.63	78.55	78.55	73.41
解放闸	343.04	198.84	143.12	97.52	124.11	89.33	60.87
永济	272.30	194.27	163.71	133.83	126.72	106.78	87.30
义长	490.98	186.77	62.23	42.12	100.39	32.94	22.30

续表

灌域名称	灌域控制面积	井渠结合膜下滴灌区控制面积			井渠结合膜下滴灌的灌溉面积		
		<3 g/L 条件	<2.5 g/L 条件	<2 g/L 条件	<3 g/L 条件	<2.5 g/L 条件	<2 g/L 条件
乌拉特	219.17	59.86	56.34	53.48	33.35	31.39	29.80
合计	1609.91	814.82	600.48	490.58	463.12	338.99	273.68

2.3 结　论

本章收集并整理了42幅河套灌区水文地质剖面图、内蒙古巴彦淖尔河套平原咸淡水分布图等水文地质资料，以及2003～2013年共2046个观测井样点的含水层组的底板高程和地下水质数据。基于GIS平台，对底板高程数据进行插值分析，得到不同含水层底板的空间数据，进而分别提取隶属于不同含水层的地下水矿化度数据，并绘制相应含水层的矿化度空间分布图。参考农业灌溉用水条件，得到了<3 g/L、<2.5 g/L 和<2 g/L 三种不同灌溉水质条件下可行的井渠结合区。利用内蒙古巴彦淖尔河套平原水化学图和咸淡水分布图对可开采利用区进行校正。从保证地下水矿化度能够充分满足灌溉要求的角度考虑，保留可开采利用区与咸淡水分布图中的淡水区重合的部分；并且结合水文地质条件、井样点矿化度数据和灌区土地利用现状，扣除可开采利用区范围内的沙漠区、直引黄河滴灌区和淖尔滴灌区，确定出井渠结合区的分布及控制面积，进一步利用土地利用系数折算井渠结合区的灌溉面积。结果表明，灌溉用水水质条件分别为<2 g/L、<2.5 g/L和<3 g/L 的井渠结合膜下滴灌控制面积为511.62万亩、622.06万亩和865.31万亩。相应地，灌溉用水水质条件下，扣除直引和淖尔水源滴灌的井渠结合膜下滴灌控制面积依次为490.58万亩、600.48万亩、814.82万亩。根据不同灌域的土地利用系数进行折算，得到河套灌区井渠结合膜下滴灌的灌溉面积分别为273.68万亩、338.99万亩和463.11万亩，分别接近于灌区灌溉面积的1/4、1/3和1/2。如果取渠井结合比为3.0，则井灌区面积相当于灌区灌溉面积的1/16、1/12和1/8。

基于以上计算，由于地下水灌溉水质条件<3 g/L 时，井渠结合区中有很大一部分上咸下淡区，不便于开采利用，而地下水灌溉水质<2.5 g/L 和<2 g/L 条件下的井渠结合区面积相差不大，因此，从保守角度出发，综合考虑最大经济效益，推荐采用地下水灌溉水质条件<2.5 g/L 的井渠结合区分布方案。

第 3 章　河套灌区渠井结合比与节水潜力

本章以河套灌区为研究对象，基于水均衡原理和地下水采补平衡原则建立渠井结合比解析模型，计算得到灌区和各灌域在不同灌溉方案和情景组合情况下的渠井结合比范围，确定了全灌区推荐的渠井结合比，并计算了相应的节水潜力。

3.1　渠井结合比解析模型

3.1.1　模型分区

本章以河套灌区及灌区内的 5 个灌域为研究对象，建立渠井结合比解析模型。在河套灌区实施井渠结合，首先要确定灌区和各个灌域井渠结合区的分布。矿化度是地下水的含盐量指标，可以综合反映水质对灌溉的适宜程度，因此将地下水矿化度作为确定井渠结合区的主要依据。在盐渍土地区，国家标准规定灌溉水全盐含量＜2.0 g/L；在特殊盐渍土地区，可开采地下水矿化度上限为 3.0 g/L。一般认为，矿化度＜2.0 g/L 的地下水为淡水，完全适宜灌溉；矿化度为 2.0～3.0 g/L 的地下水为微咸水，也称宜用水，如灌溉利用得当且辅以适当的排水措施则不会产生盐碱化，因此这类水也被广泛开采利用。灌区内水文地质条件复杂，含水层岩性和厚度差别较大，地下水矿化度的水平向和垂直向分布情况复杂，井渠结合区的确定需要根据水文地质和地下水矿化度等条件综合考虑。为了充分利用地下水资源，同时控制灌溉水质，根据节水需求和灌区土壤盐碱化情况，将开采地下水矿化度上限定在 2.0～3.0 g/L。依据灌区地下水矿化度分布图，同时分析大量的水文地质资料和水化学资料，本书第 2 章确定了井渠结合控制区地下水矿化度上限分别为 2.0 g/L、2.5 g/L、3.0 g/L 时，河套灌区各个灌域的井渠结合控制区分布情况（图 2.38）。井渠结合区内根据灌溉水源的不同又分为井渠结合渠灌区和井渠结合井灌区。渠灌区和井渠结合渠灌区全年引用黄河水进行灌溉，井渠结合井灌区在生育期或全年抽取地下水进行井灌。渠灌区、井渠结合渠灌区和井渠结合井灌区内都包括灌溉面积和非灌溉面积，两者呈“插花式”分布，概化分区示意图如图 3.1 所示。

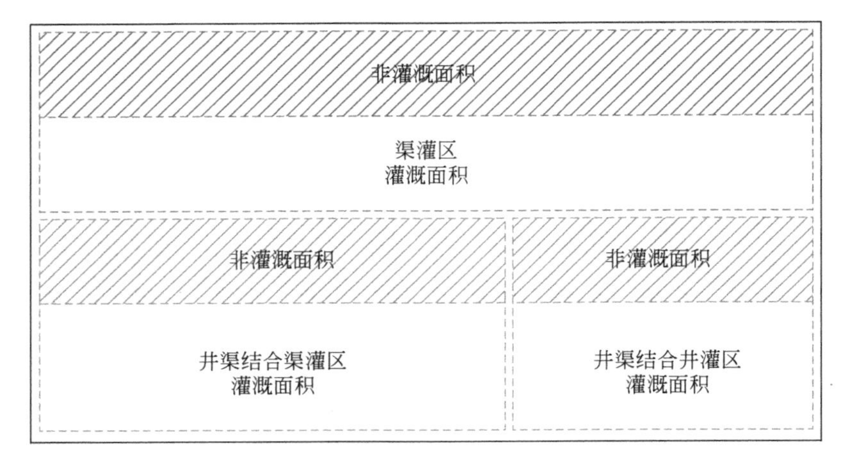

图 3.1　灌区概化分区图

3.1.2　方案设置及情景

河套灌区全年可以分为三个阶段：作物生育期、秋浇期和冻融期。冻融期土层经历季节性的冻结和融化作用，此时整个灌区停灌，因此模型中计算均衡期不考虑冻融期。根据计算均衡期和井渠结合井灌区秋浇用水来源的不同，本书建立的渠井结合比解析模型共考虑了三种方案，分别是：均衡期为生育期，称为方案1；均衡期为生育期和秋浇期，井渠结合井灌区秋浇抽取地下水灌溉，称为方案2；均衡期为生育期和秋浇期，井渠结合井灌区秋浇引用黄河水灌溉，称为方案 3。比较方案 1 和方案 2，两者的区别在于均衡期选择的不同，方案 1 均衡期为生育期，而方案 2 的均衡期为生育期和秋浇期；相同之处在于渠灌区、井渠结合渠灌区均衡期内都引黄河水灌溉，井渠结合井灌区均衡期内都抽取地下水灌溉。比较方案 2 和方案 3，两者的区别在于方案 2 井渠结合井灌区秋浇期用井水灌溉，方案 3 井渠结合井灌区秋浇期引用黄河水渠灌；相同之处在于均衡期都是生育期和秋浇期。方案 1 和方案 2 的水均衡示意图如图 3.2（a）所示，方案 3 的水均衡示意图如图 3.2（b）所示。

结合灌区内的咸淡水分布情况和灌溉水质标准，分别考虑将地下水矿化度上限为 2.0 g/L、2.5 g/L 和 3.0 g/L 的适宜抽水灌溉的区域作为井渠结合区，相应地，将灌区内地下水矿化度＜2.0 g/L、＜2.5 g/L 和＜3.0 g/L 的区域作为渠灌区，三种地下水矿化度标准对应三种情况下的井渠结合区面积。

按照井渠结合井灌区秋浇频率的不同分为三种情况，分别为一年一次、两年一次和三年一次，井渠结合井灌区两年一秋浇和三年一秋浇情况下的年平均秋浇

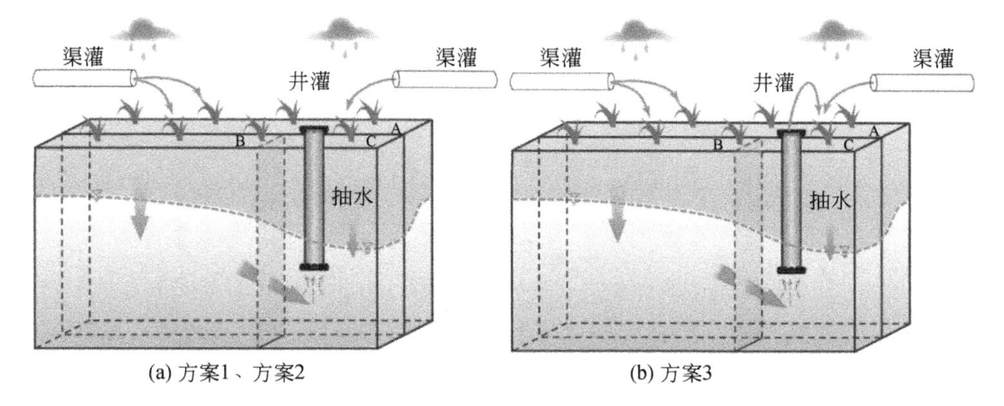

(a) 方案1、方案2　　(b) 方案3

图 3.2　不同方案的水均衡示意图

A 代表渠灌区；B 代表井渠结合渠灌区；C 代表井渠结合井灌区

水量为一年一秋浇情况的 1/2 和 1/3。井渠结合井灌区年秋浇水量越大，秋浇灌溉需水量越大，同时井渠结合井灌区灌溉对地下水的补给量也会相应增大。

灌区内各级渠道纵横交错，遍布整个灌区，将渠系输水补给视为面源补给，渠系输水损失的水量平均分配到整个灌区上。河套灌区有总干渠、干渠、分干渠、支渠、斗渠、农渠共六级固定渠道。对地下水的补给区域主要分布于总干渠的附近，且在灌区的最南侧，总干渠易消耗于蒸发蒸腾，不易补给到各个灌域，因此不考虑总干渠对各个灌域的地下水补给。总干渠以下各级渠道在输水过程中也存在由于离灌域距离远、消耗于沿途蒸发等而不能有效补给地下水的问题。因此，分析渠道输水补给时，考虑 4 种情景，分别是忽略总干渠渠道输水补给（情景 1），忽略总干渠、干渠渠道输水补给（情景 2），忽略总干渠、干渠、分干渠渠道输水补给（情景 3），忽略支渠及以上渠道输水补给（情景 4）。

综上所述，本书共考虑了 3 种方案、3 种矿化度标准、3 种秋浇频率和 4 种渠道输水补给情景，总计 108 种不同的组合情况（表 3.1）。通过分析不同方案和情景下的渠井结合比计算结果和变化趋势，可以了解影响渠井结合比计算结果的因素，并确定各个灌区和灌域的适宜渠井结合比。

表 3.1　渠井结合比解析模型考虑的方案和情景汇总

地下水矿化度上限	秋浇频率	方案	渠道输水补给情景			
2.0 g/L	1 年	方案 1	情景 1	情景 2	情景 3	情景 4
		方案 2	情景 1	情景 2	情景 3	情景 4
		方案 3	情景 1	情景 2	情景 3	情景 4

续表

地下水矿化度上限	秋浇频率	方案	渠道输水补给情景			
2.0 g/L	2 年	方案 1	情景 1	情景 2	情景 3	情景 4
		方案 2	情景 1	情景 2	情景 3	情景 4
		方案 3	情景 1	情景 2	情景 3	情景 4
	3 年	方案 1	情景 1	情景 2	情景 3	情景 4
		方案 2	情景 1	情景 2	情景 3	情景 4
		方案 3	情景 1	情景 2	情景 3	情景 4
2.5 g/L	1 年	方案 1	情景 1	情景 2	情景 3	情景 4
		方案 2	情景 1	情景 2	情景 3	情景 4
		方案 3	情景 1	情景 2	情景 3	情景 4
	2 年	方案 1	情景 1	情景 2	情景 3	情景 4
		方案 2	情景 1	情景 2	情景 3	情景 4
		方案 3	情景 1	情景 2	情景 3	情景 4
	3 年	方案 1	情景 1	情景 2	情景 3	情景 4
		方案 2	情景 1	情景 2	情景 3	情景 4
		方案 3	情景 1	情景 2	情景 3	情景 4
3.0 g/L	1 年	方案 1	情景 1	情景 2	情景 3	情景 4
		方案 2	情景 1	情景 2	情景 3	情景 4
		方案 3	情景 1	情景 2	情景 3	情景 4
	2 年	方案 1	情景 1	情景 2	情景 3	情景 4
		方案 2	情景 1	情景 2	情景 3	情景 4
		方案 3	情景 1	情景 2	情景 3	情景 4
	3 年	方案 1	情景 1	情景 2	情景 3	情景 4
		方案 2	情景 1	情景 2	情景 3	情景 4
		方案 3	情景 1	情景 2	情景 3	情景 4

3.1.3 根据地下水采补平衡建立控制方程

根据井渠结合区地下水补排平衡要求，基于地下水均衡建立渠井结合比解析模型的均衡方程。井渠结合井灌区的地下水开采量应该等于井渠结合区地下水总补给量中的可开采部分，以保证采补平衡，地下水均衡计算公式为

$$\begin{pmatrix} CR_{井渠渠3}+IR_{井渠渠1}+PR_{井渠渠3}+CR_{井渠井3} \\ +IR_{井渠井1}+PR_{井渠井3} \end{pmatrix}\rho_{井渠井}=F_{井渠井1} \tag{3.1.1}$$

式中，$CR_{井渠渠3}$、$CR_{井渠井3}$分别为井渠结合渠灌区、井渠结合井灌区控制面积上的渠系输水补给地下水的水量；$IR_{井渠渠1}$、$IR_{井渠井1}$分别为井渠结合渠灌区、井渠结合井灌区田间灌溉补给地下水的水量；$PR_{井渠渠3}$、$PR_{井渠井3}$分别为井渠结合渠灌区、井渠结合井灌区控制面积上降雨补给地下水的水量；$F_{井渠井1}$为井渠结合井灌区灌溉面积上使用地下水进行灌溉的水量，在方案 1 和方案 2 情况下该值等于井渠结合井灌区的灌溉总水量，在方案 3 情况下该值等于井渠结合井灌区生育期的灌溉水量；$\rho_{井渠井}$为井渠结合井灌区地下水可开采系数，为地下水可开采量与地下水总补给量的比值。式（3.1.1）展开后为一个以井渠结合渠灌区的灌溉面积为自变量的一元三次方程，利用单变量求解函数解方程得到井渠结合渠灌区的灌溉面积后，可以进一步得到井渠结合井灌区的灌溉面积，从而求得渠井结合比。

3.2　解析模型地下水补给与消耗项

方案 1、方案 2 和方案 3 考虑的地下水的补给项与消耗项相同，补给项为渠道输水补给、田间灌溉补给和降雨补给，消耗项为地下水开采。潜水蒸发通过地下水可开采系数、渠道输水补给系数等参数来反映。黄河侧渗补给量、山前侧渗补给量相较于地下水的总补给量很少，可以忽略不计。下文以方案 1 为例，详细说明井渠结合区内渠系输水补给、田间灌溉补给和降雨补给地下水量的计算过程及水均衡方程的建立过程，受篇幅所限，方案 2、方案 3 仅就不同之处做出说明。

3.2.1　方案 1 地下水补给与消耗

1. 渠系输水补给

3 种方案中，渠系输水补给都考虑了 4 种不同情景，分别为忽略总干渠渠道输水补给（情景 1），忽略总干渠、干渠渠道输水补给（情景 2），忽略总干渠、干渠、分干渠渠道输水补给（情景 3），忽略支渠及以上渠道输水补给（情景 4）。不同情景下渠系输水补给的计算过程存在差别，为了精简篇幅，以情景 1（忽略总干渠渠道输水补给）为例，给出渠系输水对井渠结合渠灌区和井渠结合井灌区的地下水补给量的计算公式，情景 2、情景 3 和情景 4 仅就与情景 1 的不同之处做出文字说明。在方案 1 情况下，渠系输水补给情景为情景 1 时，各个灌域的渠灌区和井渠结合渠灌区在生育期内都得到干渠到农渠的渠道输水补给，井渠结合井灌区生育期内得到干渠到支渠的渠道输水补给。方案 1 的渠系入渗补给过程如图 3.3 所示。

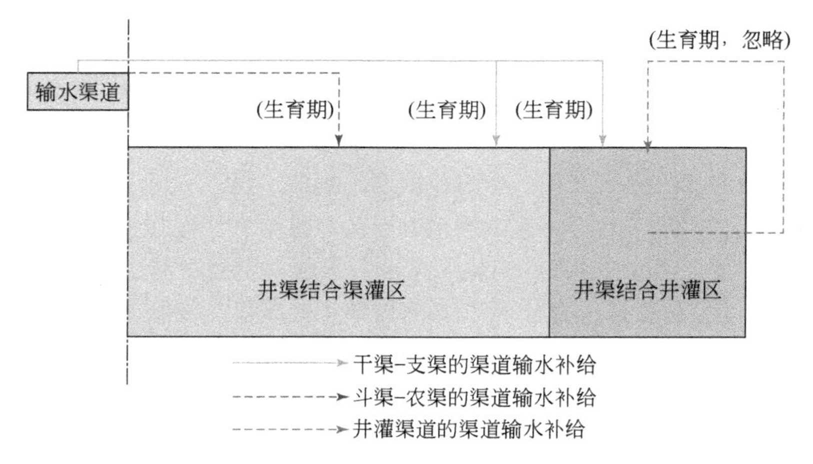

图 3.3　方案 1 渠系入渗补给过程

$$\mathrm{CR}_{井渠渠3}=\left(\frac{m_{渠净}}{\eta_{渠灌}}A_{渠i}+\frac{m_{井渠渠净}}{\eta_{井渠渠灌}}A_{井渠渠i}\right)\left[\begin{array}{l}\left(1-\eta_{干}\eta_{分干}\eta_{支}\right)\dfrac{A_{井渠渠3}}{A_{总}}+\\ \left(\eta_{干}\eta_{分干}\eta_{支}-\eta_{渠系}\right)\dfrac{A_{井渠渠3}}{A_{渠3}+A_{井渠渠3}}\end{array}\right]\alpha_{井渠渠} \tag{3.2.1}$$

$$\mathrm{CR}_{井渠井3}=\left(\frac{m_{渠净}}{\eta_{渠灌}}A_{渠i}+\frac{m_{井渠渠净}}{\eta_{井渠渠灌}}A_{井渠渠i}\right)\left[\left(1-\eta_{干}\eta_{分干}\eta_{支}\right)\frac{A_{井渠井3}}{A_{总}}\right]\alpha_{井渠井} \tag{3.2.2}$$

式中，$\alpha_{井渠渠}$、$\alpha_{井渠井}$ 为井渠结合渠灌区、井渠结合井灌区灌溉面积（或非灌溉面积）上渠系输水地下水补给系数，为渠系输水补给地下水的水量与渠系输水损失水量的比值；$m_{渠净}$、$m_{井渠渠净}$ 分别为渠灌区、井渠结合渠灌区灌溉面积上的净灌溉定额，对应均衡期选取的三种不同方案取相应值；$\eta_{渠灌}$、$\eta_{井渠渠灌}$ 分别为渠灌区、井渠结合渠灌区灌溉水利用系数，为净灌溉用水量与毛灌溉用水量的比值；$A_{渠i}$、$A_{井渠渠i}$、$A_{井渠井i}$（i=1，2，3，分别表示灌溉面积、非灌溉面积和控制面积）分别为渠灌区、井渠结合渠灌区和井渠结合井灌区的面积；$A_{总}$ 为整个灌区（域）的控制面积；$\eta_{干}$、$\eta_{分干}$、$\eta_{支}$ 分别为干渠、分干渠、支渠渠道水利用系数；$\eta_{渠系}$ 为渠系水利用系数。

式（3.2.1）和式（3.2.2）为渠系输水补给情景为情景 1 时，渠系输水对井渠结合渠灌区和井渠结合井灌区的地下水补给量的计算公式。渠系输水补给情景为情景 2、情景 3 和情景 4 时，式（3.2.1）和式（3.2.2）中的$(1-\eta_{干}\eta_{分干}\eta_{支})$分别改为$(\eta_{干}-\eta_{干}\eta_{分干}\eta_{支})$和$(\eta_{干}\eta_{分干}-\eta_{干}\eta_{分干}\eta_{支})$，其余计算过程相同。

2. 田间灌溉补给

井渠结合渠灌区和井渠结合井灌区都只有灌溉区存在田间灌溉补给。

$$\mathrm{IR}_{井渠渠1}=m_{井渠渠毛}A_{井渠渠1}\eta_{渠系}\beta_{井渠渠} \tag{3.2.3}$$

$$\mathrm{IR}_{井渠井1}=m_{井渠井毛}A_{井渠井1}\beta_{井渠井} \tag{3.2.4}$$

式中，$\beta_{井渠渠}$、$\beta_{井渠井}$分别为井渠结合渠灌区、井渠结合井灌区田间灌溉地下水补给系数，为田间灌溉补给地下水的水量与田间灌溉水量的比值；$m_{井渠渠毛}$、$m_{井渠井毛}$分别为井渠结合渠灌区、井渠结合井灌区灌溉面积上的毛灌溉定额。

3. 降雨补给

$$\mathrm{PR}_{井渠渠3}=PA_{井渠渠3}\gamma_{井渠渠} \tag{3.2.5}$$

$$\mathrm{PR}_{井渠井3}=PA_{井渠井3}\gamma_{井渠井} \tag{3.2.6}$$

式中，$\gamma_{井渠渠}$、$\gamma_{井渠井}$分别为井渠结合渠灌区、井渠结合井灌区的降雨地下水补给系数，为降雨补给地下水的水量与降水总量的比值；P 为降水量，对应均衡期选取的三种不同方案取相应值。

4. 地下水开采

$$E_{井渠井3}=(\mathrm{CR}_{井渠渠3}+\mathrm{IR}_{井渠渠1}+\mathrm{PR}_{井渠渠3}+\mathrm{CR}_{井渠井3}+\mathrm{IR}_{井渠井1}+\mathrm{PR}_{井渠井3})\rho_{井渠井} \tag{3.2.7}$$

式中，$E_{井渠井3}$为井渠结合井灌区地下水可开采量；$\rho_{井渠井}$为井渠结合井灌区地下水可开采系数，为地下水可开采量与地下水总补给量的比值。

3.2.2　方案 2 地下水补给与消耗

方案 2 渠系入渗补给过程如图 3.4 所示。方案 2 中，井渠结合渠灌区和井渠结合井灌区渠系输水补给、田间灌溉补给、降雨补给和井渠结合井灌区地下水抽水量的计算方法和公式与方案 1 相同。需要注意的是，方案 2 的均衡期为生育期和秋浇期，因此计算过程中的灌溉定额、降水量等基础数据对应的时段为生育期和秋浇期；认为方案 2 中生育期和秋浇期的渠系输水地下水补给系数和降雨地下水补给系数与方案 1 生育期的取值相等；方案 2 生育期和秋浇期的田间灌溉地下水补给系数不同，均衡期内井渠结合渠灌区和井渠结合井灌区的田间灌溉地下水补给系数计算方法见式（3.2.8）和式（3.2.9）。

$$\beta_{井渠渠}=\frac{\beta_{井渠渠（生育期）}m_{井渠渠净(生育期)}+\beta_{井渠渠（秋浇期）}m_{井渠渠净（秋浇期）}}{m_{井渠渠净(生育期)}+m_{井渠渠净（秋浇期）}} \tag{3.2.8}$$

$$\beta_{井渠井}=\frac{\beta_{井渠井（生育期）}m_{井渠井净(生育期)}+\beta_{井渠井（秋浇期）}m_{井渠井净（秋浇期）}}{m_{井渠井净(生育期)}+m_{井渠井净（秋浇期）}} \tag{3.2.9}$$

式中，$\beta_{井渠渠}$和$\beta_{井渠井}$分别为井渠结合渠灌区和井渠结合井灌区生育期和秋浇期的综合田间灌溉地下水补给系数；$\beta_{井渠渠(生育期)}$、$\beta_{井渠渠（秋浇期）}$和$\beta_{井渠井（生育期）}$、$\beta_{井渠井（秋浇期）}$分别为井渠结合渠灌区生育期、秋浇期的田间灌溉地下水补给系数和井渠结合井灌区生育期、秋浇期的田间灌溉地下水补给系数；$m_{井渠渠净（生育期）}$、$m_{井渠渠净（秋浇期）}$和$m_{井渠井净（生育期）}$、$m_{井渠井净（秋浇期）}$分别为井渠结合渠灌区生育期、秋浇期的净灌溉定额和井渠结合井灌区生育期、秋浇期的净灌溉定额。

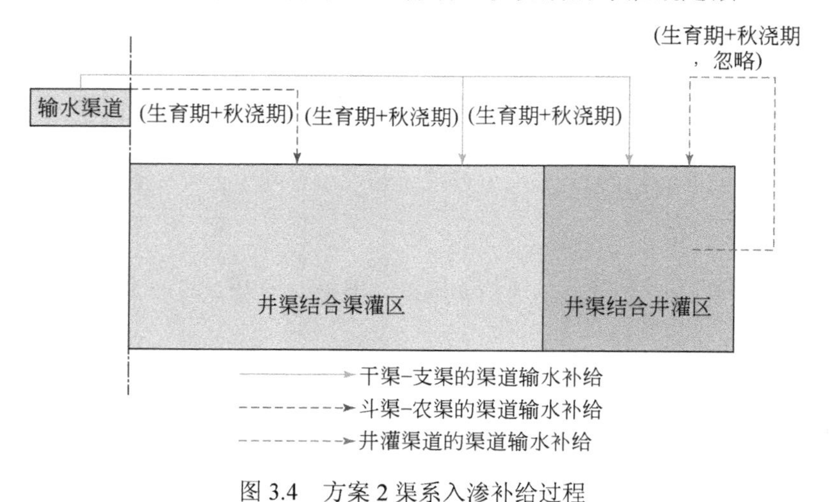

图 3.4　方案 2 渠系入渗补给过程

3.2.3　方案 3 地下水补给与消耗

方案 3 渠系入渗补给过程如图 3.5 所示。方案 3 秋浇期的引水量与方案 2 相比，增加了井渠结合井灌区秋浇用水量，因此井渠结合渠灌区和井渠结合井灌区的渠系输水损失水量计算方法与方案 2 不同，此处仅给出存在差异的项目的计算方法，公式中各项的含义与方案 2 中的相同。

$$\mathrm{CR}_{井渠渠3}=\left[\begin{array}{l}\left(\dfrac{m_{渠净(生育期)}}{\eta_{渠灌}}A_{渠1}+\dfrac{m_{井渠渠净(生育期)}}{\eta_{井渠渠灌}}A_{井渠渠1}\right)\times\\ \left[\begin{array}{l}(1-\eta_{干}\eta_{分干}\eta_{支})\dfrac{A_{井渠渠3}}{A_{总}}+\\ (\eta_{干}\eta_{分干}\eta_{支}-\eta_{渠系})\dfrac{A_{井渠渠3}}{A_{渠3}+A_{井渠渠3}}\end{array}\right]\\ +\left(\dfrac{m_{渠净(秋浇期)}}{\eta_{渠灌}}A_{渠1}+\dfrac{m_{井渠渠净(秋浇期)}}{\eta_{井渠渠灌}}A_{井渠渠1}+\dfrac{m_{井渠井净(秋浇期)}}{\eta_{井渠井灌}}A_{井渠井1}\right)\times\\ \left[\begin{array}{l}(1-\eta_{干}\eta_{分干}\eta_{支})\dfrac{A_{井渠渠3}}{A_{总}}+\\ (\eta_{干}\eta_{分干}\eta_{支}-\eta_{渠系})\dfrac{A_{井渠渠3}}{A_{渠3}+A_{井渠渠3}+A_{井渠井3}}\end{array}\right]\end{array}\right]\alpha_{井渠渠}$$

（3.2.10）

$$\mathrm{CR}_{井渠井3}=\left[\begin{array}{l}\left(\dfrac{m_{渠净(生育期)}}{\eta_{渠灌}}A_{渠1}+\dfrac{m_{井渠渠净(生育期)}}{\eta_{井渠渠灌}}A_{井渠渠1}\right)\times\\ \left[\begin{array}{l}(1-\eta_{干}\eta_{分干}\eta_{支})\dfrac{A_{井渠井3}}{A_{总}}+\\ (\eta_{干}\eta_{分干}\eta_{支}-\eta_{渠系})\dfrac{A_{井渠井3}}{A_{渠3}+A_{井渠渠3}}\end{array}\right]\\ +\left(\dfrac{m_{渠净(秋浇期)}}{\eta_{渠灌}}A_{渠1}+\dfrac{m_{井渠渠净(秋浇期)}}{\eta_{井渠渠灌}}A_{井渠渠1}+\dfrac{m_{井渠井净(秋浇期)}}{\eta_{井渠井灌}}A_{井渠井1}\right)\times\\ \left[\begin{array}{l}(1-\eta_{干}\eta_{分干}\eta_{支})\dfrac{A_{井渠井3}}{A_{总}}+\\ (\eta_{干}\eta_{分干}\eta_{支}-\eta_{渠系})\dfrac{A_{井渠井3}}{A_{渠3}+A_{井渠渠3}+A_{井渠井3}}\end{array}\right]\end{array}\right]\alpha_{井渠井}$$

（3.2.11）

式中，$m_{渠净(生育期)}$、$m_{渠净(秋浇期)}$ 分别为渠灌区生育期、秋浇期灌溉面积上的净灌溉定额，对应均衡期选取的三种不同方案取相应值；$\eta_{井渠井灌}$ 为井渠结合井灌区灌溉水利用系数。

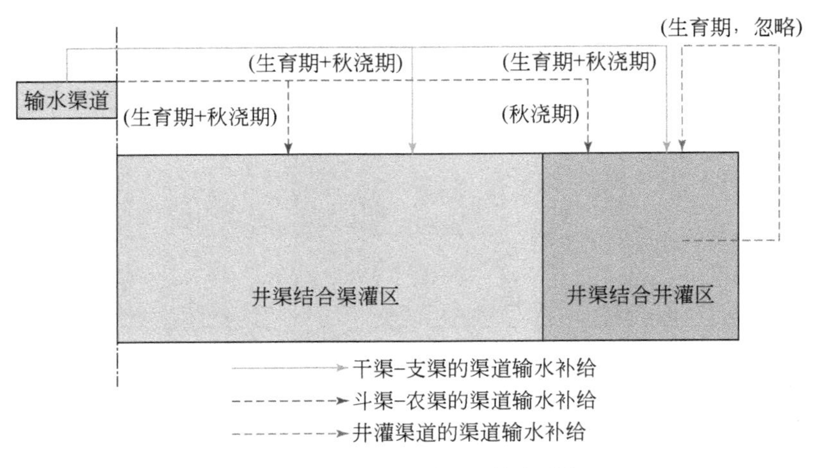

图 3.5　方案 3 渠系入渗补给过程

方案 3 与方案 2 相比，均衡期一致，井渠结合渠灌区在均衡期内均引用黄河水进行渠灌，因此两种方案井渠结合渠灌区的田间灌溉补给量的计算方法相同。其不同之处在于，方案 2 的井渠结合井灌区在生育期和秋浇期均抽取地下水井灌；方案 3 的井渠结合井灌区在生育期抽取地下水井灌，秋浇期引用黄河水渠灌。因此，方案 3 井渠结合井灌区的田间灌溉量与方案 2 相比由井灌水量和渠灌水量两部分组成，其计算公式为

$$I_{井渠井1} = m_{井渠井毛(生育期)}A_{井渠井1} + m_{井渠井毛(秋浇期)}A_{井渠井1}\eta_{渠系} \qquad (3.2.12)$$

式中，$m_{井渠井毛(生育期)}$、$m_{井渠井毛(秋浇期)}$ 分别为井渠结合井灌区生育期、秋浇期灌溉面积上的毛灌溉定额，对应均衡期选取的三种不同方案取相应值；$I_{井渠井1}$ 为井渠结合井灌区的田间灌溉量。

方案 3 井渠结合区内降雨补给地下水量的计算公式和方法与方案 2 相同。

3.2.4　数据及参数取值

1. 基础数据

灌区总控制面积 1610 万亩，其中灌溉面积 862 万亩，非灌溉面积 748 万亩，土地利用系数为 0.535。井渠结合区的控制面积随着井渠结合区地下水矿化度上限的增大而增大。各个灌域的面积、土地利用系数和不同地下水矿化度标准下的井渠结合区面积数据见表 3.2。

表 3.2　河套灌区面积分布情况统计表

指标	全灌区	乌兰布和灌域	解放闸灌域	永济灌域	义长灌域	乌拉特灌域
控制面积/万亩	1610*	285	343	272	491	219
灌溉面积/万亩	862	88	214	177	260	122
非灌溉面积/万亩	748	197	129	95	231	97
土地利用系数	0.535	0.309	0.624	0.652	0.529	0.557
井渠结合区控制面积（地下水矿化度＜2.0 g/L）/万亩	512	183	98	134	42	54
渠灌区控制面积（地下水矿化度＞2.0 g/L）/万亩	1098	101	245	138	449	165
井渠结合区控制面积（地下水矿化度＜2.5 g/L）/万亩	621	196	143	164	62	56
渠灌区控制面积（地下水矿化度＞2.5 g/L）/万亩	989	89	200	108	429	163
井渠结合区控制面积（地下水矿化度＜3.0 g/L）/万亩	865	196	201	201	207	60
渠灌区控制面积（地下水矿化度＞3.0 g/L）/万亩	745	89	142	71	284	159

*此项取整数，因此，全灌区面积与分灌域面积之和有出入。

渠灌区、井渠结合渠灌区的净灌溉定额数据来源于灌区多年的水利统计资料。对于渠灌区和井渠结合渠灌区，根据河套灌区各灌域2000～2013年的夏灌、秋灌、秋浇引水量，总干渠的输水损失量，灌溉面积和灌溉水利用系数，可以得到各灌域生育期和秋浇期的毛灌溉定额和净灌溉定额。三种方案中，井渠结合井灌区生育期的净灌溉定额取 196 m^3/亩，毛灌溉定额等于净灌溉定额除以井灌的灌溉水利用系数（0.9）。方案 2 井渠结合井灌区秋浇期抽取地下水灌溉，净灌溉定额取为 100 m^3/亩。方案 3 井渠结合井灌区秋浇期引黄河水进行灌溉，净灌溉定额取为 120 m^3/亩。表 3.3 中给出的井渠结合井灌区秋浇期净灌溉定额均对应一年一秋浇的情况，两年一秋浇时，计算时采用的灌溉定额应为一年一秋浇的一半，依此类推。灌溉定额取值见表 3.3。

表 3.3　河套灌区灌溉定额汇总表　　（单位：m^3/亩）

阶段	灌溉定额指标	全灌区	乌兰布和灌域	解放闸灌域	永济灌域	义长灌域	乌拉特灌域
生育期	井渠结合渠灌区的净灌溉定额	156	204	171	149	156	108
	井渠结合渠灌区的毛灌溉定额	362	501	388	341	360	253
	井渠结合井灌区的净灌溉定额	196	196	196	196	196	196
	井渠结合井灌区的毛灌溉定额	218	218	218	218	218	218

续表

阶段	灌溉定额指标	全灌区	乌兰布和灌域	解放闸灌域	永济灌域	义长灌域	乌拉特灌域
秋浇期	井渠结合渠灌区的净灌溉定额	70	75	71	62	77	58
	井渠结合渠灌区的毛灌溉定额	161	184	161	142	179	135
	井渠结合井灌区的净灌溉定额（方案 2）	100	100	100	100	100	100
	井渠结合井灌区的净灌溉定额（方案 3）	120	120	120	120	120	120
	井渠结合井灌区的毛灌溉定额（方案 2）	111	111	111	111	111	111
	井渠结合井灌区的毛灌溉定额（方案 3）	280	295	272	275	277	280

方案 1 的均衡期为生育期，因此在方案 1 情况下，取河套灌区各旗、县、区 2006～2013 年作物生育期（5～9 月）降水量的平均值，不包括秋浇期的降水量。方案 2 和方案 3 的均衡期为生育期和秋浇期，因此计算方案 2、方案 3 情况时，取河套灌区各旗、县、区 2006～2013 年生育期和秋浇期的降水量之和，详见表 3.4。

表 3.4　降水量　（单位：mm）

方案	全灌区	乌兰布和灌域	解放闸灌域	永济灌域	义长灌域	乌拉特灌域
方案 1	157.8	131.6	133.7	131.8	176.5	206.4
方案 2、方案 3	169.0	142.0	142.0	140.7	189.0	222.3

2. 参数取值

模型参数的取值参考巴彦淖尔市的《内蒙古自治区巴彦淖尔市水资源综合规划报告》及内蒙古河套灌区的多年研究资料。渠系输水地下水补给系数为渠系输水补给地下水的水量与渠系输水损失水量的比值，降雨地下水补给系数为降雨补给地下水的水量与降水总量的比值，田间灌溉地下水补给系数为田间灌溉补给地下水的水量与田间灌溉总量的比值，地下水可开采系数为地下水可开采量和地下水总补给量的比值。三种方案的渠系输水地下水补给系数、降雨地下水补给系数和地下水可开采系数相同。井渠结合渠灌区的渠系输水地下水补给系数取 0.50，降雨地下水补给系数取 0.10，井渠结合井灌区地下水埋深比井渠结合渠灌区大 0.5～0.8 m，土壤水亏缺量大，井渠结合井灌区渠系输水地下水补给系数比井渠结合渠灌区小 0.05，降雨地下水补给系数小 0.02。河套灌区的地下水可开采系数在 0.5～0.7，矿化度较高时推荐选用较小值，矿化度较低时推荐使用较大值（岳卫峰等，2013；杨路华等，2003）。本书研究了地下水矿化度上限分别为 2.0 g/L、2.5 g/L 和 3.0 g/L 三种情况，全灌区和各灌域的地下水可开采系数统一取值为 0.6。井渠结合渠灌区和井渠结合井灌区的渠系输水地下水补给系数、降雨地下水补给系数和地下水可开采系数取值见表 3.5。

表 3.5　各参数取值

参数	区域	全灌区	乌兰布和灌域	解放闸灌域	永济灌域	义长灌域	乌拉特灌域
渠系输水地下水补给系数	井渠结合渠灌区	0.50	0.50	0.50	0.50	0.50	0.50
	井渠结合井灌区	0.45	0.45	0.45	0.45	0.45	0.45
降雨地下水补给系数	井渠结合渠灌区	0.10	0.10	0.10	0.10	0.10	0.10
	井渠结合井灌区	0.08	0.08	0.08	0.08	0.08	0.08
地下水可开采系数	井渠结合井灌区	0.60	0.60	0.60	0.60	0.60	0.60

三种方案的田间灌溉地下水补给系数不同，并且其和秋浇灌溉水量有关。方案 1 井渠结合渠灌区的田间灌溉地下水补给系数取 0.15，井渠结合井灌区的田间灌溉地下水补给系数比井渠结合渠灌区小 0.02；方案 2 和方案 3 的田间灌溉地下水补给系数按照式（3.2.8）和式（3.2.9）进行计算。三种方案的田间灌溉地下水补给系数取值见表 3.6。

表 3.6　田间灌溉地下水补给系数

方案	指标	秋浇频率	全灌区	乌兰布和灌域	解放闸灌域	永济灌域	义长灌域	乌拉特灌域
方案 1	井渠结合渠灌区	—	0.15	0.15	0.15	0.15	0.15	0.15
	井渠结合井灌区	—	0.13	0.13	0.13	0.13	0.13	0.13
方案 2	井渠结合渠灌区	一年/两年/三年	0.20	0.19	0.19	0.19	0.20	0.20
	井渠结合井灌区	一年	0.19	0.19	0.19	0.19	0.19	0.19
		两年	0.16	0.16	0.16	0.16	0.16	0.16
		三年	0.15	0.15	0.15	0.15	0.15	0.15
方案 3	井渠结合渠灌区	一年/两年/三年	0.20	0.19	0.19	0.19	0.20	0.20
	井渠结合井灌区	一年	0.19	0.19	0.19	0.19	0.19	0.19
		两年	0.17	0.17	0.17	0.17	0.17	0.17
		三年	0.16	0.16	0.16	0.16	0.16	0.16

3.3 河套灌区渠井结合比

计算结果表明，渠井结合比与井渠结合区的控制面积大小无关，即井渠结合区的地下水矿化度为 2.0 g/L、2.5 g/L 或 3.0 g/L 时，渠井结合比的计算结果一致。

3.3.1 方案 1 渠井结合比

方案 1 的渠井结合比计算结果见表 3.7。方案 1 均衡期不考虑秋浇期，因此秋浇频率对于渠井结合比的计算结果没有影响。

表 3.7 方案 1 渠井结合比

秋浇频率	渠系输水补给情景	全灌区	乌兰布和灌域	解放闸灌域	永济灌域	义长灌域	乌拉特灌域
一年一次/两年一次/三年一次	情景 1	2.1	1.5	2.1	2.5	1.9	2.7
	情景 2	2.9	2.0	2.9	3.4	2.7	3.6
	情景 3	4.4	3.0	4.5	5.1	4.2	5.1
	情景 4	5.4	3.7	5.6	6.2	5.0	5.9

3.3.2 方案 2 渠井结合比

方案 2 的渠井结合比计算结果见表 3.8。

表 3.8 方案 2 渠井结合比

秋浇频率	渠系输水补给情景	全灌区	乌兰布和灌域	解放闸灌域	永济灌域	义长灌域	乌拉特灌域
一年一次	情景 1	2.1	1.6	2.1	2.5	1.9	2.6
	情景 2	2.9	2.1	2.9	3.4	2.6	3.5
	情景 3	4.3	3.1	4.3	4.9	3.9	4.9
	情景 4	5.2	3.8	5.3	5.9	4.7	5.7
两年一次	情景 1	1.7	1.3	1.7	2.1	1.5	2.1
	情景 2	2.4	1.8	2.4	2.8	2.1	2.9
	情景 3	3.6	2.6	3.6	4.1	3.3	4.1
	情景 4	4.4	3.2	4.4	5.0	4.0	4.8
三年一次	情景 1	1.6	1.2	1.6	1.9	1.4	2.0
	情景 2	2.2	1.7	2.2	2.6	2.0	2.7
	情景 3	3.4	2.4	3.4	3.9	3.0	3.8
	情景 4	4.1	3.0	4.2	4.7	3.7	4.5

3.3.3　方案 3 渠井结合比

方案 3 的渠井结合比计算结果见表 3.9。

表 3.9　方案 3 渠井结合比

秋浇频率	渠系输水补给情景	全灌区	乌兰布和灌域	解放闸灌域	永济灌域	义长灌域	乌拉特灌域
一年一次	情景 1	1.1	0.8	1.1	1.4	0.8	1.4
	情景 2	1.7	1.3	1.7	2.0	1.4	2.1
	情景 3	2.7	2.0	2.7	3.1	2.4	3.0
	情景 4	3.2	2.4	3.3	3.7	2.9	3.4
两年一次	情景 1	1.3	0.9	1.2	1.6	1.0	1.6
	情景 2	1.9	1.4	1.8	2.2	1.6	2.3
	情景 3	2.9	2.2	2.9	3.3	2.6	3.3
	情景 4	3.5	2.6	3.5	3.9	3.1	3.7
三年一次	情景 1	1.3	1.0	1.2	1.6	1.0	1.7
	情景 2	2.0	1.5	1.9	2.3	1.7	2.4
	情景 3	3.0	2.2	3.0	3.4	2.7	3.3
	情景 4	3.6	2.6	3.6	4.0	3.2	3.8

3.3.4　渠井结合比参数敏感性分析

各参数的取值对渠井结合比计算结果的影响程度不同，需要进一步分析确定参数的敏感性大小。进行参数敏感性分析时，设置的条件为：井渠结合区地下水矿化度标准为 2.5 g/L，井灌区的秋浇频率为两年一次，渠道输水补给情景选择情景 2 和情景 3，均衡期及灌溉方式选择方案 3。

本书采用单因素敏感性分析方法，研究某个参数的敏感性时，其他参数取值保持不变。3.2 节已经确定了各主要参数的取值，分析比较各参数变化±20%时渠井结合比的变化程度，各参数的基准值和变动后取值见表 3.10。全灌区的渠井结合比对应各个参数的变化情况如图 3.6 所示。

表 3.10　参数取值情况汇总表

区域	取值	地下水补给系数			地下水可开采系数	土地利用系数
		渠系输水	田间灌溉	降雨入渗		
井渠结合渠灌区	−20%	0.4	0.16	0.080	0.48	0.428
	基准值	0.5	0.20	0.100	0.6	0.535
	+20%	0.6	0.24	0.120	0.72	0.642
井渠结合井灌区	−20%	0.36	0.14	0.064	0.48	0.428
	基准值	0.45	0.17	0.080	0.6	0.535
	+20%	0.54	0.20	0.096	0.72	0.642

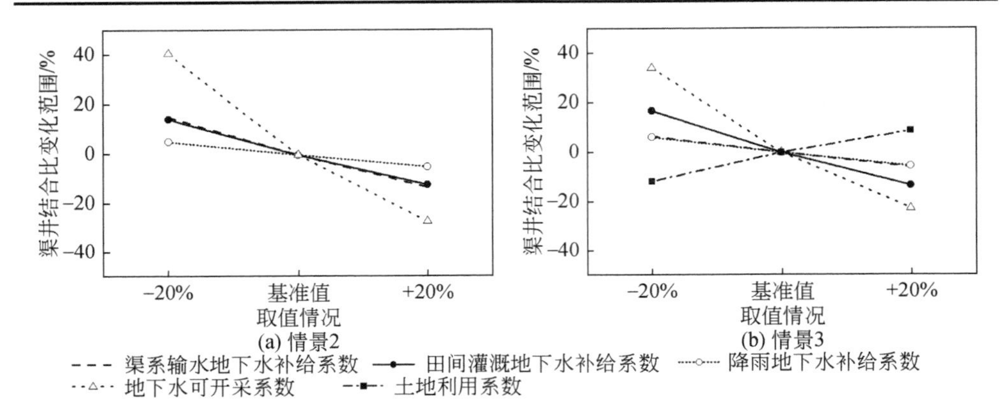

图 3.6　全灌区渠井结合比随参数变化情况

情景 2 中，渠系输水地下水补给系数、田间灌溉地下水补给系数、降雨入渗地下水补给系数、地下水可开采系数和土地利用系数变化+20%时，渠井结合比分别变化−13.2%、−12.1%、−4.9%、−27.0%和+14.7%；渠系输水地下水补给系数、田间灌溉地下水补给系数、降雨入渗地下水补给系数、地下水可开采系数和土地利用系数变化−20%时，渠井结合比分别变化+15.4%、+14.4%、+5.3%、+40.8%和−19.9%。情景 3 中，渠系输水地下水补给系数、田间灌溉地下水补给系数、降雨入渗地下水补给系数、地下水可开采系数和土地利用系数变化+20%时，渠井结合比分别变化−6.1%、−13.4%、−5.6%、−22.6%和+8.7%；渠系输水地下水补给系数、田间灌溉地下水补给系数、降雨入渗地下水补给系数、地下水可开采系数和土地利用系数变化−20%时，渠井结合比分别变化+6.6%、+16.8%、+6.2%、+33.9%和−11.8%。由上述分析可知，地下水可开采系数、田间灌溉地下水补给系数、渠系输水地下水补给系数和降雨入渗地下水补给系数与渠井结合比呈正相关，土地利用系数与渠井结合比呈负相关。

情景 2 中，参数敏感性由高到低依次为地下水可开采系数、土地利用系数、渠系输水地下水补给系数、田间灌溉地下水补给系数和降雨入渗地下水补给系数；情景 3 中，参数敏感性由高到低依次为地下水可开采系数、田间灌溉地下水补给系数、土地利用系数、渠系输水地下水补给系数和降雨入渗地下水补给系数。除地下水可开采系数外，其余参数变化±20%时，渠井结合比的变化范围都在±20%以内。地下水可开采系数变化时，渠井结合比的变化较为剧烈，因此对该参数进行取值时需要尤其慎重，以使计算结果更为准确。地下水可开采系数和渠井结合比呈负相关，即地下水可开采系数越大，渠井结合比越小，井渠结合区灌溉面积一定时井灌区面积越大，对地下水的利用越充分。因此，对地下水可开采系数进行取值时，需要依据多年的研究成果和测量数据获得比较可靠的参数。为了减少地下水超采的风险，对该值的选取宜保守，不可过大。

3.3.5　推荐方案和全灌区推荐渠井结合比确定

分析渠井结合比的计算结果，可知考虑的渠道输水补给级数越少，渠井结合比越大，即情景 4＞情景 3＞情景 2＞情景 1。四种渠道输水补给情景中，情景 1 考虑的渠道补给级数最多，容易高估渠道输水对地下水的补给，使计算得到的渠井结合比偏小，造成地下水超采；情景 4 考虑的渠道补给级数最少，容易低估渠道输水对地下水的补给，使计算得到的渠井结合比偏大，不能有效发挥井渠结合减少引黄水量的效果；情景 2 和情景 3 考虑的渠道补给级数和计算得到的渠井结合比介于情景 1、情景 4 之间，认为两者地下水超采的风险较低，且相对可以较好地发挥井渠结合的节水作用。因此，选择情景 2（忽略总干渠、干渠补给）和情景 3（忽略总干渠、干渠和分干渠补给）作为推荐的渠道输水补给情景。

方案 1、方案 2 和方案 3 在均衡时段和灌溉水源选取上的差异，导致三种方案之间最终计算所得的渠井结合比有较大差别。在其他情况相同的条件下，渠井结合比从大到小依次是方案 1＞方案 2＞方案 3。方案 1 均衡期只考虑生育期，没有考虑秋浇期的渠道输水、田间灌溉和降雨入渗带来的地下水补给，不能充分发挥灌区的节水潜力，因此是相对保守的。方案 2 井渠结合井灌区全年抽取井水灌溉，从水资源利用的角度来看最大限度地利用了地下水，同时由于地下水矿化度相对黄河水而言较高，考虑到灌区预期积盐程度，不适宜长期实施。方案 3 井渠结合井灌区生育期充分利用地下水，较之方案 1 可以更加充分地发挥井渠结合的节水潜力；秋浇期引用黄河水进行渠灌可以有效冲洗耕作层盐分，更有利于维持灌区的水盐均衡，减少土壤盐碱化风险，保证井渠结合在灌区的长期实施应用。综上，将方案 3 作为推荐方案，即均衡期为生育期和秋浇期，井渠结合井灌区秋浇期引黄河水渠灌。

井渠结合区地下水矿化度标准对渠井结合比的计算结果没有影响，但是不同的地下水矿化度标准条件下井渠结合区的面积不同，势必会影响灌区通过井渠结合减少的引黄水量。井渠结合区地下水矿化度标准分别为2.0 g/L、2.5 g/L和3.0 g/L时，井渠结合区面积和引黄水减少量依次增大。同时，利用不同矿化度标准的地下水进行灌溉时，根系层积盐情况不同。因此，地下水矿化度标准的选择需要综合考虑实际引黄水减少量的需求和井渠结合区的盐分积累情况确定。

井渠结合井灌区秋浇频率的选择要考虑井渠结合井灌区耕作层的控盐需要，秋浇频率越大，年秋浇水量越大，洗盐效果越好。实施井渠结合后，生育期灌溉定额、井渠结合井灌区地下水位对井渠结合井灌区的根系层积盐影响较小，影响较大的因素为地下水矿化度和井渠结合井灌区的秋浇频率。由于井渠结合井灌区地下水的矿化度与黄河水相比较高，生育期灌溉引入灌溉面积上的盐分是黄河水灌溉的2～3.5倍，虽然井渠结合井灌区的地下水位较低，减少了潜水蒸发导致的根系层土壤盐分的积累，但井渠结合井灌区仍需较大的秋浇水量冲洗土壤盐分。

课题组对河套灌区选择不同的井渠结合区地下水矿化度标准，并对井渠结合井灌区采取不同的秋浇频率的盐分变化过程进行了模拟，结果显示，井渠结合区的地下水矿化度标准为2.5 g/L时，作物生育期利用地下水进行灌溉，秋浇期利用黄河水进行灌溉压盐，秋浇频率为两年一次时，可以较好地将灌溉用地根系层盐分控制在较低水平以满足作物的生长需求。秋浇频率保持不变，井渠结合区的地下水矿化度标准为2.0 g/L时，控盐效果更佳，但是此时井渠结合区面积减少，不能充分发挥井渠结合减少引黄水量的效果。因此，推荐地下水矿化度标准定为2.5 g/L，井渠结合井灌区秋浇频率定为两年一次。

根据上文对渠井结合比计算结果的分析，分别选择合理的方案、地下水矿化度标准、井渠结合井灌区秋浇频率和渠道输水补给情景（表3.11）。推荐方案和情景下河套灌区与各个灌域的渠井结合比计算结果见表3.12，全灌区的渠井结合比为1.9～2.9。

表3.11　推荐方案和情景选择汇总表

指标	推荐选择	备注
渠道输水补给情景	情景2、情景3	忽略总干渠、干渠补给； 忽略总干渠、干渠、分干渠补给
方案	方案3	均衡期为生育期和秋浇期； 井渠结合井灌区秋浇期渠灌
井渠结合井灌区秋浇频率	两年一次	井渠结合井灌区秋浇期灌溉水量为一年一秋浇的1/2
地下水矿化度标准	2.5 g/L	—

表 3.12　推荐方案和情景下的渠井结合比

推荐方案	渠道输水补给情景	全灌区	乌兰布和灌域	解放闸灌域	永济灌域	义长灌域	乌拉特灌域
方案 1	情景 2	1.9	1.4	1.8	2.2	1.6	2.3
方案 2	情景 3	2.9	2.2	2.9	3.3	2.6	3.3

根据上文的计算结果进一步进行分析，推荐方案 1 和推荐方案 2 确定的全灌区的渠井结合比范围为 1.9～2.9。其中，推荐方案 1 中全灌区的渠井结合比为 1.9，各个灌域的渠井结合比范围为 1.4～2.3；推荐方案 2 中全灌区的渠井结合比为 2.9，各个灌域的渠井结合比范围为 2.2～3.3。对井渠结合后地下水位变化的模拟和盐分运移情况的研究都要在确定适宜渠井结合比的基础上进行，因此有必要确定全灌区的推荐渠井结合比。

考虑灌区强蒸发、少降雨的自然气候条件以及土壤盐碱化的防治需要，基于保障灌区生态可持续发展和减少地下水过量开采风险的原则，将全灌区的渠井结合比定为 3.0，认为在此条件下进行井渠结合，既能有效利用地下水减少引黄水量，又能将井渠结合井灌区水量超采的风险降至较低。渠井结合比计算结果的可靠性和合理性需要通过建立数值模型进一步分析地下水埋深变化情况进行验证。

3.3.6　渠井结合比小结

本节根据井渠结合区的地下水可开采量与井渠结合井灌区的灌溉用水量之间的平衡关系，基于水均衡原理建立渠井结合比解析模型。分析了 3 种方案、3 种井渠结合区地下水矿化度标准、3 种井渠结合井灌区秋浇频率和渠道输水补给的 4 种情景的不同组合情况下的渠井结合比计算结果，得到以下结论：井渠结合区的地下水矿化度标准取不同值时，渠井结合比几乎不变；考虑到渠道输水补给级数越多，渠井结合比越小，情景 4＞情景 3＞情景 2＞情景 1；渠井结合比计算结果总是方案 1＞方案 2＞方案 3；在井渠结合井灌区不同秋浇频率下，方案 1 的渠井结合比计算结果不变，方案 2 为一年一秋浇＞两年一秋浇＞三年一秋浇，方案 3 为三年一秋浇＞两年一秋浇＞一年一秋浇。确定推荐方案为井渠结合井灌区两年一秋浇，方案 3 情况下忽略总干渠、干渠渠道输水补给和忽略总干渠、干渠、分干渠渠道输水补给，此时全灌区的渠井结合比为 1.9～2.9。考虑灌区强蒸发、少降雨的自然气候条件以及土壤盐碱化的防治需要，基于保障灌区生态可持续发展和减少地下水过量开采风险的原则，将全灌区的渠井结合比定为 3.0。

对主要参数和渠井结合比的关系进行分析可知，地下水可开采系数、田间灌溉地下水补给系数、渠系输水地下水补给系数和降雨入渗地下水补给系数与渠井结合比呈正相关，土地利用系数与渠井结合比呈负相关。对主要参数进行敏感性分析可知，情景 2 中，参数敏感性由高到低依次为地下水可开采系数、土地利用系数、渠系输水地下水补给系数、田间灌溉地下水补给系数和降雨入渗地下水补给系数；情景 3 中，参数敏感性由高到低依次为地下水可开采系数、田间灌溉地下水补给系数、土地利用系数、渠系输水地下水补给系数和降雨入渗地下水补给系数；地下水可开采系数的敏感性最高，为减少地下水超采风险，对该值的选取宜保守。

3.4 河套灌区引黄水减少量

本书将在确保作物正常灌溉用水、维持现状灌溉面积、灌区地下水埋深可保证灌区生态可持续发展的条件下，将灌区（域）实施井渠结合后从渠首减少的引黄水量定义为引黄水减少量，用以评估井渠结合对于减少黄河水引水量的效果。

井渠结合膜下滴灌实施前，整个灌区全部引黄河水进行渠灌，引水量为作物生长期与秋浇期的引水量之和［式（3.4.1）］。井渠结合实施后，不同方案的引水量计算方法不同。方案 1 计算渠井结合比时只考虑生育期，计算引水量时与方案 3 相同，引水量为渠灌区、井渠结合渠灌区生育期与秋浇期及井渠结合井灌区秋浇期引水量之和［式（3.4.2）］；方案 2 引水量为渠灌区、井渠结合渠灌区生长期与秋浇期引水量之和［式（3.4.3）］。井渠结合实施前后的引水量之差即井渠结合引黄水减少量［式（3.4.4）］。

$$Q_{前}=\frac{m_{渠净(生育期)}+m_{渠净(秋浇期)}}{\eta_{渠灌}}(A_{渠1}+A_{井渠渠1}+A_{井渠井1}) \tag{3.4.1}$$

$$Q_{后}=\frac{m_{渠净(生育期)}+m_{渠净(秋浇期)}}{\eta_{渠灌}}(A_{渠1}+A_{井渠渠1})+\frac{m_{井渠井净(秋浇期)}}{\eta_{渠灌}}A_{井渠井1} \tag{3.4.2}$$

$$Q_{后}=\frac{m_{渠净(生育期)}+m_{渠净(秋浇期)}}{\eta_{渠灌}}(A_{渠1}+A_{井渠渠1}) \tag{3.4.3}$$

$$Q_{节}=Q_{前}-Q_{后} \tag{3.4.4}$$

式中，$Q_{前}$、$Q_{后}$分别为井渠结合实施前、后的引水量；$Q_{节}$为井渠结合膜下滴灌引黄水减少量。

3.4.1　引黄水减少量计算结果

地下水矿化度标准分别为 2.0 g/L、2.5 g/L 和 3.0 g/L 时，不同秋浇频率、不同方案和不同渠道输水补给情景下的引黄水减少量计算结果见表 3.13～表 3.15。

表 3.13　地下水矿化度标准为 2.0 g/L 时的引黄水减少量　（单位：亿 m^3）

秋浇频率	方案	渠道输水补给情景	全灌区	乌兰布和灌域	解放闸灌域	永济灌域	义长灌域	乌拉特灌域
一年一次	方案 1	情景 1	2.3	0.9	0.6	0.5	0.2	0.1
		情景 2	1.8	0.7	0.4	0.4	0.2	0.1
		情景 3	1.3	0.6	0.3	0.3	0.1	0.1
		情景 4	1.1	0.5	0.3	0.3	0.1	0.0
	方案 2	情景 1	4.9	1.5	1.1	1.2	0.4	0.3
		情景 2	3.9	1.2	0.9	1.0	0.3	0.3
		情景 3	2.9	0.9	0.6	0.7	0.2	0.2
		情景 4	2.4	0.8	0.5	0.6	0.2	0.2
	方案 3	情景 1	3.5	1.3	0.9	0.8	0.3	0.1
		情景 2	2.6	1.0	0.6	0.6	0.2	0.1
		情景 3	1.9	0.7	0.5	0.4	0.2	0.1
		情景 4	1.7	0.7	0.4	0.4	0.2	0.1
两年一次	方案 1	情景 1	3.6	1.2	0.8	0.9	0.3	0.2
		情景 2	2.9	1.0	0.7	0.7	0.2	0.2
		情景 3	2.1	0.8	0.5	0.5	0.2	0.1
		情景 4	1.7	0.7	0.4	0.4	0.1	0.1
	方案 2	情景 1	5.6	1.7	1.3	1.4	0.5	0.4
		情景 2	4.5	1.4	1.0	1.1	0.4	0.3
		情景 3	3.3	1.1	0.7	0.8	0.3	0.2
		情景 4	2.8	0.9	0.6	0.7	0.2	0.2
	方案 3	情景 1	5.0	1.6	1.2	1.2	0.5	0.3
		情景 2	3.9	1.3	0.9	1.0	0.3	0.2
		情景 3	2.8	1.0	0.6	0.7	0.2	0.2
		情景 4	2.5	0.9	0.6	0.6	0.2	0.2

续表

秋浇频率	方案	渠道输水补给情景	全灌区	乌兰布和灌域	解放闸灌域	永济灌域	义长灌域	乌拉特灌域
三年一次	方案 1	情景 1	4.0	1.3	0.9	1.0	0.3	0.2
		情景 2	3.2	1.1	0.7	0.8	0.3	0.2
		情景 3	2.3	0.8	0.5	0.6	0.2	0.1
		情景 4	1.9	0.7	0.4	0.5	0.2	0.1
	方案 2	情景 1	5.9	1.8	1.3	1.5	0.5	0.4
		情景 2	4.7	1.5	1.1	1.2	0.4	0.3
		情景 3	3.5	1.1	0.8	0.9	0.3	0.2
		情景 4	3.0	1.0	0.6	0.7	0.3	0.2
	方案 3	情景 1	5.5	1.7	1.3	1.3	0.5	0.3
		情景 2	4.2	1.3	1.0	1.1	0.4	0.3
		情景 3	3.1	1.0	0.7	0.8	0.3	0.2
		情景 4	2.7	0.9	0.6	0.7	0.2	0.2

表 3.14　地下水矿化度标准为 2.5 g/L 时的引黄水减少量　（单位：亿 m^3）

秋浇频率	方案	渠道输水补给情景	全灌区	乌兰布和灌域	解放闸灌域	永济灌域	义长灌域	乌拉特灌域
一年一次	方案 1	情景 1	2.8	0.9	0.8	0.6	0.3	0.1
		情景 2	2.2	0.8	0.6	0.5	0.2	0.1
		情景 3	1.6	0.6	0.5	0.4	0.2	0.1
		情景 4	1.3	0.5	0.4	0.3	0.1	0.0
	方案 2	情景 1	5.9	1.6	1.6	1.5	0.6	0.3
		情景 2	4.7	1.3	1.3	1.2	0.5	0.3
		情景 3	3.5	1.0	0.9	0.9	0.4	0.2
		情景 4	3.0	0.9	0.8	0.7	0.3	0.2
	方案 3	情景 1	4.1	1.3	1.2	0.9	0.5	0.1
		情景 2	3.2	1.0	0.9	0.7	0.4	0.1
		情景 3	2.3	0.8	0.7	0.5	0.3	0.1
		情景 4	2.0	0.7	0.6	0.5	0.2	0.1
两年一次	方案 1	情景 1	4.3	1.3	1.2	1.1	0.5	0.2
		情景 2	3.4	1.1	1.0	0.8	0.4	0.2
		情景 3	2.5	0.8	0.7	0.6	0.3	0.1
		情景 4	2.1	0.7	0.6	0.5	0.2	0.1

续表

秋浇频率	方案	渠道输水补给情景	全灌区	乌兰布和灌域	解放闸灌域	永济灌域	义长灌域	乌拉特灌域
两年一次	方案 2	情景 1	6.8	1.8	1.8	1.7	0.7	0.4
		情景 2	5.4	1.5	1.5	1.4	0.6	0.3
		情景 3	4.0	1.1	1.1	1.0	0.4	0.2
		情景 4	3.4	1.0	0.9	0.9	0.4	0.2
	方案 3	情景 1	6.0	1.7	1.7	1.4	0.7	0.3
		情景 2	4.6	1.3	1.3	1.1	0.5	0.2
		情景 3	3.4	1.0	0.9	0.9	0.4	0.2
		情景 4	3.0	0.9	0.8	0.7	0.3	0.2
三年一次	方案 1	情景 1	4.9	1.4	1.3	1.2	0.5	0.2
		情景 2	3.9	1.2	1.1	1.0	0.4	0.2
		情景 3	2.8	0.9	0.8	0.7	0.3	0.2
		情景 4	2.4	0.8	0.6	0.6	0.2	0.1
	方案 2	情景 1	7.1	1.9	1.9	1.8	0.8	0.4
		情景 2	5.7	1.6	1.5	1.4	0.6	0.3
		情景 3	4.2	1.2	1.1	1.1	0.4	0.3
		情景 4	3.6	1.0	1.0	0.9	0.4	0.2
	方案 3	情景 1	6.6	1.8	1.8	1.6	0.7	0.3
		情景 2	5.1	1.4	1.4	1.3	0.6	0.3
		情景 3	3.8	1.1	1.0	0.9	0.4	0.2
		情景 4	3.3	1.0	0.9	0.8	0.4	0.2

表 3.15　地下水矿化度标准为 3.0 g/L 时的引黄水减少量（单位：亿 m^3）

秋浇频率	方案	渠道输水补给情景	全灌区	乌兰布和灌域	解放闸灌域	永济灌域	义长灌域	乌拉特灌域
一年一次	方案 1	情景 1	3.8	0.9	1.1	0.8	0.9	0.1
		情景 2	3.0	0.8	0.9	0.6	0.7	0.1
		情景 3	2.2	0.6	0.6	0.4	0.6	0.1
		情景 4	1.9	0.5	0.5	0.4	0.5	0.1
	方案 2	情景 1	8.0	1.6	2.2	1.8	2.0	0.4
		情景 2	6.5	1.3	1.8	1.4	1.6	0.3
		情景 3	4.8	1.0	1.3	1.1	1.2	0.2
		情景 4	4.1	0.9	1.1	0.9	1.0	0.2

续表

秋浇频率	方案	渠道输水补给情景	全灌区	乌兰布和灌域	解放闸灌域	永济灌域	义长灌域	乌拉特灌域
一年一次	方案 3	情景 1	5.5	1.3	1.6	1.1	1.4	0.1
		情景 2	4.3	1.0	1.3	0.9	1.1	0.1
		情景 3	3.2	0.8	0.9	0.7	0.8	0.1
		情景 4	2.8	0.7	0.8	0.6	0.7	0.1
两年一次	方案 1	情景 1	5.9	1.3	1.6	1.3	1.4	0.2
		情景 2	4.7	1.1	1.3	1.0	1.1	0.2
		情景 3	3.4	0.8	0.9	0.7	0.8	0.1
		情景 4	2.9	0.7	0.8	0.6	0.7	0.1
	方案 2	情景 1	9.1	1.8	2.5	2.0	2.2	0.4
		情景 2	7.4	1.5	2.0	1.6	1.8	0.3
		情景 3	5.5	1.1	1.5	1.2	1.4	0.3
		情景 4	4.8	1.0	1.3	1.1	1.2	0.2
	方案 3	情景 1	8.0	1.7	2.3	1.7	2.0	0.3
		情景 2	6.3	1.3	1.8	1.4	1.6	0.3
		情景 3	4.7	1.0	1.3	1.0	1.2	0.2
		情景 4	4.2	0.9	1.1	0.9	1.1	0.2
三年一次	方案 1	情景 1	8.7	1.8	2.4	1.9	2.2	0.4
		情景 2	6.9	1.4	1.9	1.5	1.7	0.3
		情景 3	5.2	1.1	1.4	1.2	1.3	0.2
		情景 4	4.6	1.0	1.2	1.0	1.2	0.2
	方案 2	情景 1	8.7	1.8	2.4	1.9	2.2	0.4
		情景 2	6.9	1.4	1.9	1.5	1.7	0.3
		情景 3	5.2	1.1	1.4	1.2	1.3	0.2
		情景 4	4.6	1.0	1.2	1.0	1.2	0.2
	方案 3	情景 1	8.7	1.8	2.4	1.9	2.2	0.4
		情景 2	6.9	1.4	1.9	1.5	1.7	0.3
		情景 3	5.2	1.1	1.4	1.2	1.3	0.2
		情景 4	4.6	1.0	1.2	1.0	1.2	0.2

图 3.7 为井渠结合区地下水矿化度标准分别为 2.0 g/L、2.5 g/L 和 3.0 g/L 时，全灌区在不同渠道输水补给情景、不同方案和井渠结合井灌区不同秋浇频率下的

引黄水减少量计算结果。井渠结合区的地下水矿化度标准为 2.0 g/L、2.5 g/L 和 3.0 g/L 时，井渠结合区的控制面积依次增大，引黄水减少量增加。限于篇幅，下文只对井渠结合区地下水矿化度标准为 2.5 g/L 时的计算结果进行分析。

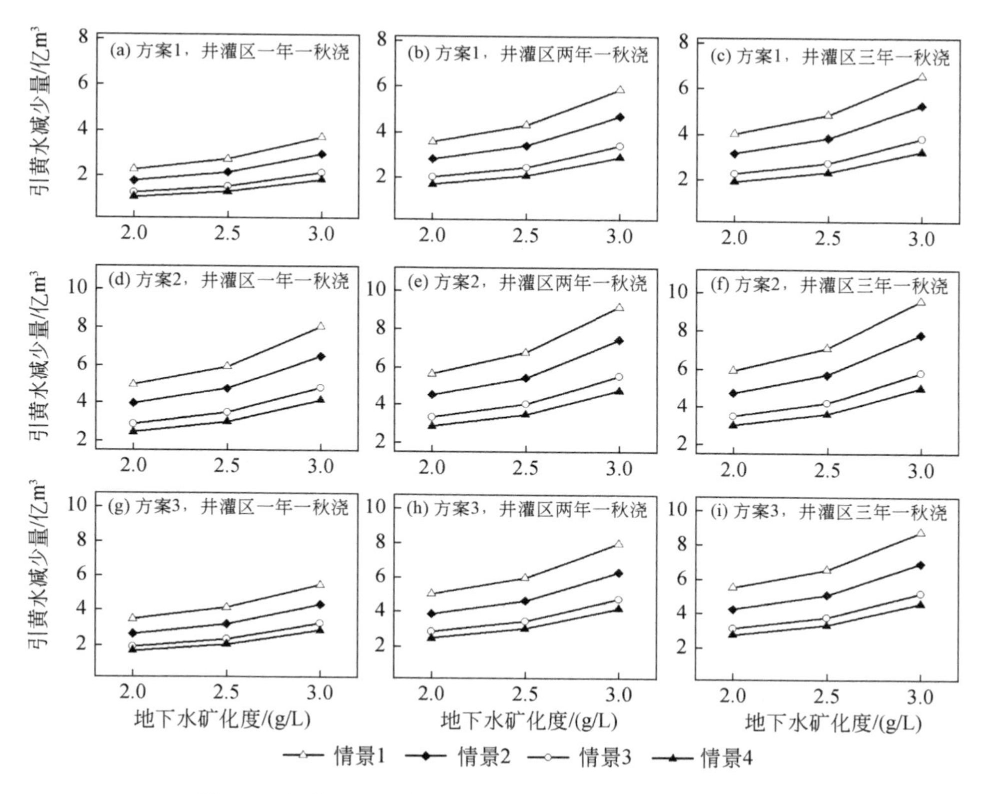

图 3.7 全灌区不同地下水矿化度标准下的引黄水减少量

图 3.8 为井渠结合区地下水矿化度标准为 2.5 g/L 时，全灌区的引黄水减少量计算结果。在不同秋浇频率和不同方案中，引黄水减少量计算结果总是情景 1＞情景 2＞情景 3＞情景 4，即考虑的渠道输水补给级数越多，引黄水减少量越大。在其他因素不变的情况下，考虑的渠道输水补给的级数越多，井渠结合区的地下水补给量越大，地下水可开采量越大，引黄水减少量越大。井渠结合区地下水矿化度标准为 2.0 g/L 和 3.0 g/L 时，可得到相同结论。

图 3.9 为井渠结合区地下水矿化度标准为 2.5 g/L 时，全灌区不同方案下的引黄水减少量计算结果。在不同秋浇频率和不同渠道输水补给情景中，引黄水减少量计算结果总是方案 2＞方案 3＞方案 1。

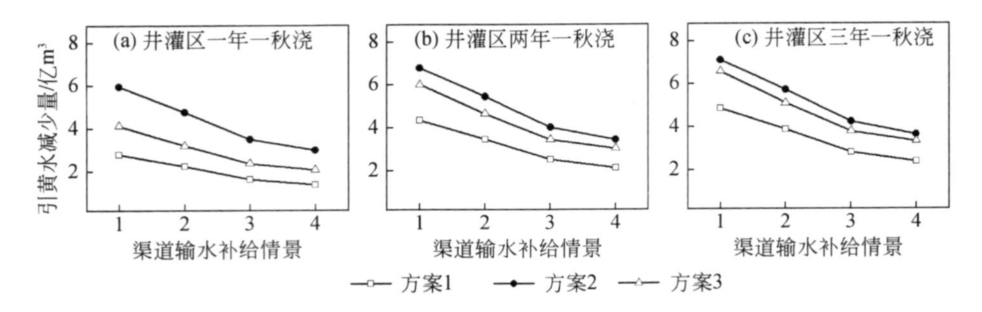

图 3.8　不同渠道输水补给情景下的引黄水减少量

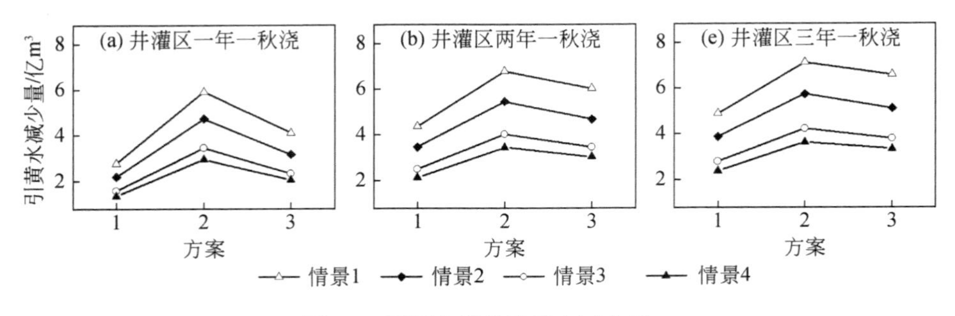

图 3.9　不同方案的引黄水减少量

由方案 1 计算得到的渠井结合比和引黄水减少量结果是相对保守的，原因在于方案 1 均衡期只考虑生育期，没有考虑秋浇期渠道输水带来的地下水补给。方案 2 和方案 3 都考虑了生育期和秋浇期两个时段的地下水均衡，区别在于方案 2 井渠结合井灌区秋浇用井水灌溉，而方案 3 井渠结合井灌区秋浇用黄河水灌溉。方案 2 的地下水利用程度大于方案 3，因此方案 2 引黄水减少量相对更大。井渠结合区地下水矿化度标准为 2.0 g/L 和 3.0 g/L 时，可得到相同结论。

图 3.10 为井渠结合区地下水矿化度标准为 2.5 g/L 时，全灌区井渠结合井灌区不同秋浇频率下的引黄水减少量计算结果。渠道输水灌溉补给的 4 种情景下，引黄水减少量在井渠结合井灌区不同秋浇频率下的变化趋势一致。不同方案在不同秋浇频率下的变化趋势相同，三种方案下的引黄水减少量一年一秋浇＜两年一秋浇＜三年一秋浇。方案 1 和方案 3 计算引黄水减少量时，井渠结合井灌区秋浇期均引用黄河水渠灌，井渠结合井灌区秋浇频率分别为一年一次、两年一次、三年一次时，井渠结合井灌区年均秋浇水量依次减少，秋浇消耗的引黄水量越少，引黄水减少量越大。方案 2 井渠结合井灌区秋浇期抽取地下水灌溉，井渠结合井灌区秋浇频率分别为一年一次、两年一次、三年一次时，渠井结合比依次减小，井渠结合区面积不变时，井渠结合井灌区的灌溉面积增加，井渠结合渠灌区的灌

溉面积减少，引黄水减少量增大。渠井结合比在井渠结合区地下水矿化度标准为 2.0 g/L 和 3.0 g/L 时，可得到相同结论。

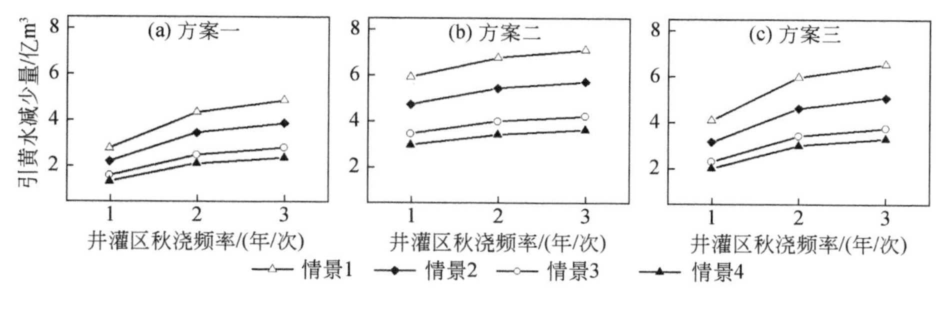

图 3.10　不同秋浇频率下的引黄水减少量

3.4.2　引黄水减少量小结

本节介绍了引黄水减少量的计算方法，分析了 3 种方案、3 种井渠结合区地下水矿化度标准、3 种井渠结合井灌区秋浇频率和渠道输水补给的 4 种情景的不同组合情况下的引黄水减少量计算结果，得出以下结论：①井渠结合区的地下水矿化度标准为 2.0 g/L、2.5 g/L 和 3.0 g/L 时，井渠结合区的控制面积依次增大，引黄水减少量增加；②考虑的渠道输水补给级数越多，引黄水减少量越大，情景 1＞情景 2＞情景 3＞情景 4；③引黄水减少量计算结果方案 2＞方案 3＞方案 1；④引黄水减少量随井渠结合井灌区秋浇频率的变化趋势为：一年一秋浇＜两年一秋浇＜三年一秋浇。

推荐方案 1 和推荐方案 2 的渠井结合比为 1.9～2.9，全灌区的引黄水减少量为 3.4 亿～4.6 亿 m^3。渠井结合比为 3.0 时，井渠结合的引黄水减少量为 3.4 亿 m^3。

灌区井渠结合实施阶段的最终渠井结合比的确定，应该是各方因素权衡考量的结果，需要综合考虑节水形势、土壤盐碱化程度、地下水埋深变化情况及气候变化等因素，在不同的阶段和形势下重点不同。本章给出了对应不同方案、地下水矿化度标准、秋浇频率和渠道输水情景下的引黄水减少量计算结果，不仅是为了评估目前推荐的井渠结合方式下，全灌区渠井结合比取 3.0 时引黄水减少程度，也是为了给河套灌区后续的井渠结合规划提供参考。

3.5　结　　论

本章以河套灌区发展井渠结合灌溉为研究背景，基于水均衡原理和地下水的采补平衡原则建立了渠井结合比解析模型和简化模型，计算得到灌区和各灌域在不同情况下的渠井结合比范围。通过对不同方案和情景的渠井结合比计算结果进行比较，综合考虑灌区耕作层的控盐需求，确定井渠结合方案为：井渠结合渠灌区生育期和秋浇期均引用黄河水渠灌；井渠结合井灌区生育期抽取地下水井灌，秋浇期引用黄河水渠灌洗盐。现状条件下，推荐井渠结合区的地下水矿化度标准上限为 2.5 g/L，井灌区的秋浇频率为两年一次，计算渠系输水补给时忽略总干渠、干渠补给或忽略总干渠、干渠和分干渠补给。

根据保障灌区生态可持续发展和减少地下水过量开采风险的原则，本书给出全灌区渠井结合比的推荐值为 3.0，此时的引黄水减少量为 3.4 亿 m^3。

第4章 井渠结合膜下滴灌实施后地下水位变化趋势预测

本章利用水均衡法和解析法研究井渠结合实施后，灌区不同区域（非井渠结合区、井渠结合区、井渠结合渠灌区和井渠结合井灌区）的地下水位变化趋势，模型概念清晰，涉及参数较少，利用区域上的宏观观测数据，可以宏观把握不同区域间水位的变化特征，适合于对河套灌区的地下水位进行预测。水均衡法计算原理简单，物理意义明确，各均衡项也较容易确定，结果较为可靠，适合预测大区域地下水位；其缺点是无法描绘区域地下水位的具体分布，尤其是井灌区周围地下水位变化较剧烈的地区。解析法物理意义明确，能够较好地描绘出抽水井附近的相对地下水位分布，对于小区域地下水开采条件下的地下水位预测具有较好的应用价值。

4.1 现状条件下灌区平均地下水埋深

4.1.1 水均衡模型

河套灌区地势平坦，地下水流动性小，地下水运动以垂向为主，属于典型的灌溉入渗-蒸发排泄型。现状条件下，灌区地下水补给量包括引黄灌溉入渗补给、降雨入渗补给、山前地表径流入渗补给、山前侧向补给、黄河侧向补给等，其中引黄灌溉入渗补给和降雨入渗补给占总补给量的80%以上，对灌区地下水位变化起决定性作用；地下水主要排泄量包括潜水蒸发量、地下水排出量及工业生活用水的地下水开采量。以河套灌区地下水为研究对象，根据水量平衡原理，可建立如下水均衡方程：

$$I_0 + P_0 - E(h_0) + Q_{\text{in}} - Q_{\text{out}} = 0 \tag{4.1.1}$$

式中，I_0为灌区引黄灌溉入渗补给量，亿 m^3；P_0为灌区降雨入渗补给量，亿 m^3；h_0为灌区地下水埋深，m；E（h_0）为灌区潜水蒸发量，亿 m^3；Q_{in} 为灌区地表径流入渗、地下径流及黄河侧渗等其他入渗补给量，亿 m^3；Q_{out} 为灌区地下水排出量、已有地下水开采等其他地下水消耗量，亿 m^3。

4.1.2 参数取值

1. 引黄灌溉入渗补给量

河套灌区引黄灌溉主要发生在生育期和秋浇期两个灌溉期，引黄灌溉入渗补给量由引黄灌溉水量和综合灌溉入渗补给系数决定，其公式如下所示：

$$I_0 = \alpha_i Q_i \tag{4.1.2}$$

式中，I_0 为灌区引黄灌溉入渗补给量，亿 m^3；α_i 为综合灌溉入渗补给系数，取值 0.35；Q_i 为引黄灌溉水量，亿 m^3。

2. 降雨入渗补给量

降雨入渗补给量由降水量和降雨入渗补给系数决定：

$$P_0=\alpha_P Q_P \tag{4.1.3}$$

式中，P_0 为灌区降雨入渗补给量，亿 m^3；α_P 为降雨入渗补给系数，取值 0.1；Q_P 为河套灌区平均年降水量，亿 m^3。

3. 灌区其他入渗补给量

根据《巴盟河套灌区水资源现状及预测》，多年平均流入河套灌区的山前地表径流约为 1.288 亿 m^3，地表径流入渗补给系数为 0.2，则地表径流入渗补给量约为 0.258 亿 m^3；山前地下径流流入量为 1.407 亿 m^3；黄河侧渗量为 0.008 亿 m^3；综上可知，灌区其他入渗补给量 Q_{in} 为 1.673 亿 m^3。

4. 灌区其他地下水消耗量

河套灌区 2000～2013 年多年平均排水量为 3.644 亿 m^3，《内蒙古自治区巴彦淖尔市水资源综合规划报告》中指出，河套灌区排水中地下水所占比例约为 0.30，故灌区地下水排出量约为 1.093 亿 m^3。参考《内蒙古自治区巴彦淖尔市水资源综合规划报告》和 2002～2013 年的巴彦淖尔市水资源公报，1990～2013 年灌区平均已利用地下水量约为 2.372 亿 m^3。综上可知，河套灌区内其他地下水消耗量 Q_{out} 约为 3.465 亿 m^3。

5. 潜水蒸发量

潜水蒸发量由水面蒸发和地下水埋深决定，河套灌区潜水蒸发采用王亚东推荐的潜水蒸发量计算公式：

$$E = 0.6601E_0 \exp(-0.898h) \tag{4.1.4}$$

式中，E 为潜水蒸发量，mm；E_0 为水面蒸发，书中取灌区平均值 1257.677 mm（由灌区各站点 20 cm 蒸发皿数据与转换系数 0.56 得到）；h 为地下水埋深，m。

4.1.3　参数验证

为了验证参数取值的合理性，利用灌区 1990～2013 年的水利统计资料，将采用水均衡法计算的区域地下水埋深与实测地下水埋深相比较，结果见表 4.1 和图 4.1。

表 4.1　现状条件下区域平均地下水埋深

年份	控制面积/万亩	引黄灌溉入渗补给量/亿 m^3	降雨入渗补给量/亿 m^3	灌区其他入渗补给量/亿 m^3	灌区其他地下水消耗量/亿 m^3	潜水蒸发量/亿 m^3	水均衡计算地下水埋深/m	观测地下水埋深/m
1990	1609.91	18.641	1.950	1.673	2.865	19.398	1.698	1.641
1991	1609.91	18.918	1.632	1.673	2.490	19.733	1.679	1.828
1992	1609.91	17.841	2.060	1.673	2.676	18.898	1.727	1.708
1993	1609.91	18.547	1.179	1.673	2.777	18.621	1.744	1.708
1994	1609.91	17.508	2.351	1.673	3.431	18.100	1.775	1.629
1995	1609.91	17.087	2.607	1.673	3.678	17.688	1.801	1.582
1996	1609.91	17.471	1.976	1.673	3.212	17.908	1.787	1.588
1997	1609.91	17.758	2.139	1.673	3.356	18.214	1.768	1.639
1998	1609.91	18.497	1.768	1.673	3.324	18.614	1.744	1.717
1999	1609.91	19.057	1.284	1.673	3.149	18.865	1.729	1.798
2000	1609.91	18.124	1.241	1.673	3.170	17.868	1.790	1.899
2001	1609.91	17.134	2.039	1.673	3.271	17.575	1.808	1.810
2002	1609.91	17.741	1.766	1.673	3.496	17.683	1.801	1.869
2003	1609.91	14.355	2.291	1.673	3.837	14.482	2.024	1.859
2004	1609.91	15.851	2.214	1.673	3.688	16.049	1.909	1.791
2005	1609.91	17.285	0.806	1.673	3.475	16.289	1.893	1.916
2006	1609.91	17.075	1.700	1.673	3.200	17.249	1.829	1.956
2007	1609.91	16.840	2.094	1.673	3.355	17.252	1.829	1.820
2008	1609.91	15.631	2.482	1.673	3.467	16.319	1.891	1.830
2009	1609.91	18.372	1.228	1.673	3.322	17.951	1.785	1.899
2010	1609.91	16.938	1.667	1.673	3.462	16.816	1.857	2.007
2011	1609.91	15.883	0.774	1.673	3.399	14.932	1.990	2.144
2012	1609.91	14.127	2.989	1.673	3.741	15.048	1.981	1.880
2013	1609.91	16.506	1.428	1.673	3.715	15.892	1.920	1.936

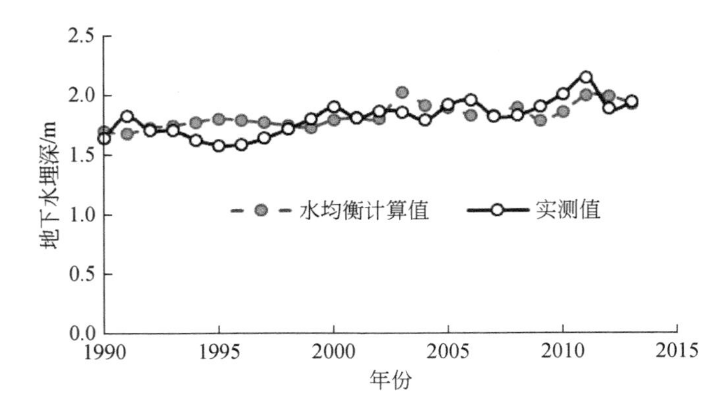

图 4.1　河套灌区现状条件下采用水均衡法计算的地下水埋深与实测地下水埋深

由表 4.1 和图 4.1 可知，采用水均衡法计算的地下水埋深与实测地下水埋深较为接近，两者最大误差为 0.219 m，多年平均误差为 0.022 m。由此可知，水均衡模型中现有参数取值较为合理。

4.1.4　现状条件下灌区平均地下水埋深

1. 引黄灌溉入渗补给量

根据河套灌区 2000～2013 年水利资料，统计出各灌域历年夏灌、秋灌和秋浇等灌溉季的引水量和灌溉面积，可知现状条件下河套灌区生育期综合净灌溉定额为 156 m^3/亩，秋浇期综合净灌溉定额为 70 m^3/亩，河套灌区井渠结合前引黄水量为 47.594 亿 m^3，当综合灌溉入渗补给系数取 0.35 时，井渠结合前引黄灌溉入渗补给量为 16.658 亿 m^3。

2. 降雨入渗补给量

灌区多年平均降水量为 17.657 亿 m^3，降雨入渗补给系数仍取值 0.1，则降雨入渗补给系数为 1.766 亿 m^3。

3. 其他

河套灌区多年平均流入河套灌区的山前地表径流约为 1.288 亿 m^3，地表径流入渗补给系数为 0.2，则地表径流入渗补给量约为 0.258 亿 m^3；山前地下径流流入量 1.407 亿 m^3；黄河侧渗量 0.008 亿 m^3；综上可知，灌区其他入渗补给量 Q_{in} 为 1.673 亿 m^3。

河套灌区 2000～2013 年多年平均排水量为 3.644 亿 m^3，排水中地下水所占比例约为 0.30，故灌区地下水排出量约为 1.093 亿 m^3；1990～2013 年灌区平均已利用地下水量约为 2.372 亿 m^3；综上可知，河套灌区内其他地下水消耗量 Q_{out} 约为 3.465 亿 m^3。

4. 现状条件下灌区平均地下水埋深

井渠结合前引黄灌溉入渗补给量为 16.658 亿 m^3，降雨入渗补给量为 1.766 亿 m^3，灌区其他入渗补给量为 1.673 亿 m^3，其他地下水消耗量为 3.465 亿 m^3，由水量平衡方程式（4.1.1）可知，灌区潜水蒸发量为 16.652 亿 m^3，利用王亚东推荐的潜水蒸发量计算公式进行反推可得，井渠结合前灌区平均地下水埋深为 1.870 m。

4.1.5　结果验证

根据灌区 1990～2013 年水利统计资料，灌区引水量和降水量之和与地下水埋深间存在如下统计关系：

$$\begin{aligned} Q &= -29.187h + 120.23 \\ R^2 &= 0.6489 \end{aligned} \tag{4.1.5}$$

式中，Q 为灌区引水量与降水量之和，亿 m^3；h 为灌区地下水埋深，m。

井渠结合前，灌区引黄水量为 47.594 亿 m^3，降水量为 17.657 亿 m^3，由式（4.1.5）可知，灌区平均地下水埋深约为 1.884 m。

综上可知，现状条件下，采用水均衡法计算的地下水埋深为 1.870 m，采用相关系数法计算的地下水埋深为 1.884 m，相对误差小于 2 cm，两者计算结果较为接近，因此可以认为采用水均衡法计算地下水埋深是较为准确的。

4.2　井渠结合膜下滴灌实施后灌区平均地下水埋深

根据井渠结合引黄水减少量的研究结果，井渠结合后黄河引水量包括三个部分：第一部分是非井渠结合区的作物生育期和秋浇期的灌溉水量；第二部分是井渠结合渠灌区的作物生育期和秋浇期的灌溉水量；第三部分是井渠结合井灌区的秋浇期灌溉水量。井渠结合后黄河引水量计算公式如下：

$$Q_{\text{引后}} = (m_{\text{非渠}} + m_{\text{非秋}})A_{\text{非}} / \eta_{\text{渠灌}} + (m_{\text{结渠}} + m_{\text{结渠秋}})A_{\text{结渠}} / \eta_{\text{渠灌}} + (m_{\text{结井秋}} / 2)A_{\text{结井}} / \eta_{\text{渠灌}} \tag{4.2.1}$$

式中，$Q_{\text{引后}}$为井渠结合后黄河引水量，万 m^3；$m_{\text{非渠}}$为非井渠结合区生育期综合净灌溉定额，m^3/亩；$m_{\text{非秋}}$为非井渠结合区秋浇期综合净灌溉定额，m^3/亩；$m_{\text{结渠}}$为井渠结合渠灌区生育期综合净灌溉定额，m^3/亩；$m_{\text{结渠秋}}$为井渠结合渠灌区秋浇期综合净灌溉定额，m^3/亩；$m_{\text{结井秋}}$为井渠结合井灌区秋浇期综合净灌溉定额，m^3/亩；$A_{\text{非}}$为非井渠结合区灌溉面积，万亩；$A_{\text{结渠}}$为井渠结合渠灌区灌溉面积，万亩；$A_{\text{结井}}$为井渠结合井灌区灌溉面积，万亩；$\eta_{\text{渠灌}}$为渠灌灌溉水利用系数。

根据井渠结合面积和现状条件下的灌溉定额等基础数据，得到井渠结合实施后的黄河引水量（表 4.2）。

表 4.2　井渠结合后黄河引水量

项目	全灌区	乌兰布和灌域	解放闸灌域	永济灌域	义长灌域	乌拉特灌域
非井渠结合区生育期综合净灌溉定额/（m^3/亩）	156	204	171	149	156	108
非井渠结合区秋浇期综合净灌溉定额/（m^3/亩）	70	75	71	62	77	58
井渠结合渠灌区生育期综合净灌溉定额/（m^3/亩）	156	204	171	149	156	108
井渠结合渠灌区秋浇期综合净灌溉定额/（m^3/亩）	70	75	71	62	77	58
井渠结合井灌区秋浇期综合净灌溉定额/（m^3/亩）	120	120	120	120	120	120
非井渠结合区灌溉面积/万亩	564.67	25.81	131.97	89.19	226.87	90.83
井渠结合渠灌区灌溉面积/万亩	222.66	46.48	61.61	66.32	24.78	23.47
井渠结合井灌区灌溉面积/万亩	74.22	15.49	20.54	22.11	8.26	7.82
渠灌灌溉水利用系数	0.4091	0.4067	0.4415	0.4366	0.4328	0.4291
非井渠结合区引黄水量/亿 m^3	31.195	1.771	7.234	4.310	12.214	3.514
井渠结合渠灌区引黄水量/亿 m^3	12.300	3.189	3.377	3.205	1.334	0.908
井渠结合井灌区秋浇引黄水量/亿 m^3	1.089	0.229	0.279	0.304	0.115	0.109
总引水量/亿 m^3	44.583	5.188	10.890	7.819	13.662	4.531

注：表中全灌区的引水量是通过公式（4.2.1）与表中前 9 行的数据计算得到，因此全灌区引水量不等于各个灌域引水量之和。

4.2.1　水均衡模型

井渠结合膜下滴灌实施后，地下水补给量包括引黄灌溉入渗补给量、井渠结合井灌区灌溉回归入渗补给量、降雨入渗补给量及黄河侧渗等其他入渗补给量，地下水消耗量包括井灌区地下水开采、潜水蒸发及其他地下水排出量。根据水量平衡原理，其均衡方程可表示为以下形式：

$$I_{渠灌} + I_{井灌} + P - E(h) - Q_c + Q_{in} - Q_{out} = 0 \tag{4.2.2}$$

式中，$I_{渠灌}$为灌区引黄灌溉入渗补给量，亿 m^3；$I_{井灌}$为井渠结合井灌区灌溉回归入渗补给量，亿 m^3；P 为灌区降雨入渗补给量，亿 m^3；E（h）为灌区潜水蒸发量，亿 m^3；Q_c 为井渠结合井灌区地下水开采量，亿 m^3；Q_{in} 为灌区地表径流入渗、地下径流及黄河侧渗等其他入渗补给量，亿 m^3；Q_{out} 为灌区地下水排出量、已有地下水开采等其他地下水消耗量，亿 m^3；h 为灌区地下水埋深，m。

4.2.2　参量计算

1. 引黄灌溉入渗补给量

由表 4.2 可知，井渠结合膜下滴灌实施后，非井渠结合区引黄水量为 31.195 亿 m^3，综合灌溉入渗补给系数取值 0.35，非井渠结合区引黄灌溉入渗补给量为 10.918 亿 m^3；井渠结合渠灌区引黄水量为 12.30 亿 m^3，综合灌溉入渗补给系数取值 0.35，井渠结合渠灌区引黄灌溉入渗补给量为 4.305 亿 m^3；井渠结合井灌区秋浇引黄水量为 1.089 亿 m^3，由于秋浇期引黄灌溉入渗补给系数较大，取值 0.38，则井渠结合井灌区秋浇灌溉入渗补给量为 0.414 亿 m^3；综上可知，井渠结合膜下滴灌实施后，全灌区引黄灌溉入渗补给量为 15.637 亿 m^3。

2. 井渠结合井灌区灌溉回归入渗补给量

井灌区生育期采用膜下滴灌进行灌溉，净灌溉定额为 196 m^3/亩，灌溉水利用系数为 0.9，灌溉回归入渗补给系数取值 0.1，则井渠结合井灌区灌溉回归入渗补给量见表 4.3。

表 4.3　井渠结合井灌区灌溉回归入渗补给量

膜下滴灌净灌溉定额/（m^3/亩）	井灌区面积/万亩	灌溉水利用系数	灌溉回归入渗补给系数	井灌区灌溉回归入渗补给量/亿 m^3
196	74.215	0.9	0.1	0.162

3. 降雨入渗补给量

井渠结合实施前后，降水量未发生变化，降雨入渗补给系数仍取值 0.1，则井渠结合实施后降雨入渗补给系数仍为 1.766 亿 m^3。

4. 井渠结合井灌区地下水开采量

灌区地下水开采量由井渠结合井灌区面积和井灌区生育期膜下滴灌的灌溉定额决定，当井渠结合面积比为 3.0 时，灌区井灌区地下水开采量为 1.616 亿 m^3。

5. 其他

假设井渠结合膜下滴灌实施前后灌区其他补给量不变，即地表径流入渗补给、地下径流及黄河侧渗量等灌区其他入渗补给量 Q_{in} 仍取值 1.673 亿 m^3；灌区地下水排出量和已开采地下水利用量等其他地下水消耗量 Q_{out} 仍取值 3.465 亿 m^3。

4.2.3　井渠结合膜下滴灌实施后灌区平均地下水埋深

综上可知，井渠结合膜下滴灌实施后，灌区引黄水量减少至 44.583 亿 m^3，引黄灌溉入渗补给量为 15.637 亿 m^3；井灌区灌溉回归入渗补给量为 0.162 亿 m^3；降雨入渗补给量为 1.766 亿 m^3；地下水开采量为 1.616 亿 m^3；灌区其他入渗补给量为 1.673 亿 m^3；其他地下水消耗量为 3.465 亿 m^3。根据水量平衡原理，由式(4.2.2)可知，井渠结合膜下滴灌实施后，灌区潜水蒸发量减少至 14.149 亿 m^3，由潜水蒸发公式反推可得灌区平均地下水埋深为 2.050 m，灌区平均地下水位下降 0.18 m。

4.3 井渠结合膜下滴灌实施后非井渠结合区平均地下水埋深

4.3.1 水均衡模型

假设非井渠结合区和井渠结合区无水量交换，则非井渠结合区地下水补给量主要包括渠灌区引黄灌溉入渗补给量、降雨入渗补给量、地表径流入渗补给量、地下径流及黄河侧渗补给量等；地下水排泄量主要包括潜水蒸发量、地下水排水量及已有地下水开采量等，其均衡方程可表示为

$$I_1 + P_1 - E(h_1) + Q_{\text{in}}^1 - Q_{\text{out}}^1 = 0 \tag{4.3.1}$$

式中，I_1 为非井渠结合区引黄灌溉入渗补给量，亿 m^3；P_1 为非井渠结合区降雨入渗补给量，亿 m^3；$E(h_1)$为非井渠结合区潜水蒸发量，亿 m^3；Q_{in}^1 为非井渠结合区地表径流入渗、地下径流及黄河侧渗等其他入渗补给量，亿 m^3；Q_{out}^1 为非井渠结合区地下水排出量、已有地下水开采等其他地下水消耗量，亿 m^3；h_1 为非井渠结合区地下水埋深，m。

4.3.2 参量计算

1. 非井渠结合区面积

河套灌区内灌溉面积与非灌溉面积插花分布，灌区总土地面积 1609.91 万亩，灌溉面积 861.54 万亩，其中井渠结合区控制面积为 523.89 万亩，灌溉面积为 296.86 万亩，则非井渠结合区面积分布见表 4.4。

表 4.4 河套灌区非井渠结合区面积分布 （单位：万亩）

项目	灌溉面积	非灌溉面积	控制面积
非井渠结合区	564.68	521.34	1086.02

2. 非井渠结合区引黄灌溉入渗补给量

非井渠结合区灌溉面积为 564.68 万亩，灌溉方式采用渠灌，生育期综合净灌溉定额为 156 m^3/亩，秋浇期综合净灌溉定额为 70 m^3/亩，灌溉水利用系数为

0.4091，引黄灌溉综合灌溉入渗补给系数为 0.35，则非井渠结合区引黄灌溉入渗补给量见表 4.5。

表 4.5　非井渠结合区引黄灌溉入渗补给量

生育期综合净灌溉定额/（m^3/亩）	秋浇期综合净灌溉定额/（m^3/亩）	灌溉面积/万亩	灌溉水利用系数	综合灌溉入渗补给系数	引黄灌溉入渗补给量/亿 m^3
156	70	564.68	0.4091	0.35	10.918

3. 降雨入渗补给量

假设降雨平均分布在整个灌区，全灌区降水量为 17.657 亿 m^3，按照面积加权非井渠结合区降水量为 11.911 亿 m^3，降雨入渗补给系数仍取值 0.1，则非井渠结合区降雨入渗补给量为 1.191 亿 m^3。

4. 其他

井渠结合膜下滴灌实施后，地表径流入渗补给、地下径流及黄河侧渗量等灌区其他入渗补给量 Q_{in} 为 1.673 亿 m^3；灌区地下水排出量和已开采地下水利用量等其他地下水消耗量 Q_{out} 为 3.465 亿 m^3。将其水量按照面积加权平均分布到非井渠结合区和井渠结合区，则非井渠结合区其他入渗补给量 Q_{in}^1 为 1.12 亿 m^3，其他地下水消耗量 Q_{out}^1 为 2.34 亿 m^3。

4.3.3　井渠结合膜下滴灌实施后非井渠结合区平均地下水埋深

综上可知，井渠结合膜下滴灌实施后，非井渠结合区引黄灌溉入渗补给量为 10.918 亿 m^3，降雨入渗补给量为 1.191 亿 m^3，灌区其他入渗补给量为 1.128 亿 m^3，其他地下水消耗量为 2.342 亿 m^3。根据水量平衡方程式（4.3.1）可知，井渠结合膜下滴灌实施后，非井渠结合区潜水蒸发量为 10.896 亿 m^3，由潜水蒸发公式反推可得非井渠结合区平均地下水埋深为 1.902 m，地下水位较井渠结合膜下滴灌实施前下降 0.032 m。

4.4　井渠结合膜下滴灌实施后井渠结合区平均地下水埋深

4.4.1　水均衡模型

忽略井渠结合区之间以及与非井渠结合区之间的水量交换，井渠结合区内地下水补给量包括井渠结合渠灌区引黄灌溉入渗补给量、井渠结合井灌区灌溉回归入渗补给量、降雨入渗补给量、地表径流补给、地下径流及黄河侧渗等；地下水排泄量包括潜水蒸发量、井灌区地下水开采量、地下水排出量及已有地下水开采量。根据水量平衡原理，井渠结合区水量平衡方程可表示为

$$I_{21}+I_{22}+I'_{22}+P_2-E(h_2)-Q_c+Q_{in}^2-Q_{out}^2=0 \tag{4.4.1}$$

式中，I_{21} 为井渠结合渠灌区引黄灌溉入渗补给量，亿 m^3；I_{22} 为井渠结合井灌区灌溉回归入渗补给量，亿 m^3；I'_{22} 为井渠结合井灌区秋浇灌溉入渗补给量，亿 m^3；P_2 为井渠结合区降雨入渗补给量，亿 m^3；$E(h_2)$为井渠结合区潜水蒸发量，亿 m^3；Q_c 为井渠结合井灌区地下水开采量，亿 m^3；Q_{in}^2 为井渠结合区地表径流入渗、地下径流及黄河侧渗等其他入渗补给量，亿 m^3；Q_{out}^2 为井渠结合区地下水排出量、已有地下水开采等其他地下水消耗量，亿 m^3；h_2 为井渠结合区地下水埋深，m。

4.4.2 参量计算

1. 井渠结合区面积

由于受地下水矿化度的影响，河套灌区内井渠结合区呈现零星分布。考虑到井渠结合膜下滴灌实际运行管理的便利性和已有井灌区的控制区域大小，可将一个斗渠的控制面积作为井灌区、周围其他三个斗渠作为渠灌区，河套灌区的调查资料显示，斗渠的平均控制面积以 1 万亩为宜，故此处井渠结合区控制面积以 4 万亩计算。由于井渠结合区内灌溉面积较为集中，井渠结合区内土地利用系数取值 0.6，则井渠结合区面积分布见表 4.6。

表 4.6 井渠结合区面积分布 （单位：万亩）

项目	灌溉面积	非灌溉面积	总面积
井渠结合渠灌区	1.8	1.2	3
井渠结合井灌区	0.6	0.4	1
井渠结合区	2.4	1.6	4

2. 井渠结合渠灌区引黄灌溉入渗补给量

井渠结合渠灌区灌溉方式采用渠灌，灌溉定额与井渠结合前保持一致，生育期综合净灌溉定额为 156 m^3/亩，秋浇期综合净灌溉定额为 70 m^3/亩，灌溉水利用系数仍取值 0.4091，综合灌溉入渗补给系数为 0.35，灌溉面积为 1.8 万亩，井渠结合渠灌区引黄灌溉入渗补给量见表 4.7。

表 4.7　井渠结合渠灌区引黄灌溉入渗补给量

生育期综合净灌溉定额/（m^3/亩）	秋浇期综合净灌溉定额/（m^3/亩）	灌溉面积/万亩	灌溉水利用系数	综合灌溉入渗补给系数	引黄灌溉入渗补给量/亿 m^3
156	70	1.8	0.4091	0.35	0.0348

3. 井渠结合井灌区灌溉回归入渗补给量

井渠结合井灌区生育期采用膜下滴灌方式进行灌溉，灌溉水利用系数为 0.9，灌溉回归入渗补给系数取值 0.1，生育期净灌溉定额为 196 m^3/亩，灌溉面积为 0.6 万亩，则井渠结合井灌区灌溉回归入渗补给量见表 4.8。

表 4.8　井渠结合井灌区灌溉回归入渗补给量

井灌生育期净灌溉定额/（m^3/亩）	井灌区灌溉面积/万亩	灌溉水利用系数	灌溉回归入渗补给系数	井灌区灌溉回归入渗补给量/亿 m^3
196	0.6	0.9	0.1	0.0013

4. 井渠结合井灌区秋浇灌溉入渗补给量

井渠结合井灌区秋浇采用渠灌进行灌溉，井灌区灌溉面积为 0.6 万亩，灌溉水利用系数为 0.4091，综合灌溉入渗补给系数取值 0.38；由于井灌区每两年进行一次秋浇，灌水定额为 120 m^3/亩，等效于每年秋浇净灌溉定额为 60 m^3/亩；综上可知，井渠结合井灌区秋浇灌溉入渗补给量见表 4.9。

表 4.9　井渠结合井灌区秋浇灌溉入渗补给量

井灌秋浇净灌溉定额/（m^3/亩）	井灌区灌溉面积/万亩	灌溉水利用系数	综合灌溉入渗补给系数	井灌区秋浇灌溉入渗补给量/亿 m^3
60	0.6	0.4091	0.38	0.0033

5. 降雨入渗补给量

河套灌区多年平均降雨入渗补给量为 1.766 亿 m^3，假设降雨平均分布在全灌区，井渠结合区控制面积为 4 万亩，按照面积加权计算可得井渠结合区内降雨入渗补给量为 0.0044 亿 m^3。

6. 井灌区地下水开采量

井渠结合井灌区灌溉面积为 0.6 万亩，膜下滴灌净灌溉定额为 196 m^3/亩，灌溉水利用系数为 0.9，则井灌区地下水开采量为 0.0131 亿 m^3。

7. 其他

将灌区地表径流、地下径流、黄河侧渗、地下水排出量及已有地下水开采量等水量平均分布到全灌区，将面积加权可知，井渠结合区其他地下水补给量 Q_{in}^2 为

0.0042 亿 m^3，其他地下水消耗量 Q_{out}^2 为 0.0086 亿 m^3。

4.4.3 井渠结合膜下滴灌实施后井渠结合区平均地下水埋深

综上可知，井渠结合膜下滴灌实施后，井渠结合渠灌区引黄灌溉入渗补给量为 0.0348 亿 m^3，井渠结合井灌区灌溉回归入渗补给量为 0.0013 亿 m^3，井渠结合井灌区秋浇入渗补给量为 0.0033 亿 m^3，降雨入渗补给量为 0.0044 亿 m^3，井灌区地下水开采量为 0.0131 亿 m^3，灌区其他入渗补给量为 0.0042 亿 m^3，其他地下水消耗量为 0.0086 亿 m^3。根据水量平衡方程式（4.4.1）可知，井渠结合膜下滴灌实施后，井渠结合区潜水蒸发量为 0.0263 亿 m^3，由潜水蒸发公式反推可得区域平均地下水埋深为 2.373 m，地下水位较井渠结合膜下滴灌实施前下降 0.503 m。

4.5 井渠结合渠灌区和井渠结合井灌区平均地下水埋深

4.5.1 模型建立

为了防止局部地区地下水开采过大，初步假定井渠结合区内井灌区采用均匀布置模式，即井渠结合区内渠灌区与井灌区以 3∶1 的比例均匀分布，如图 4.2 所示。

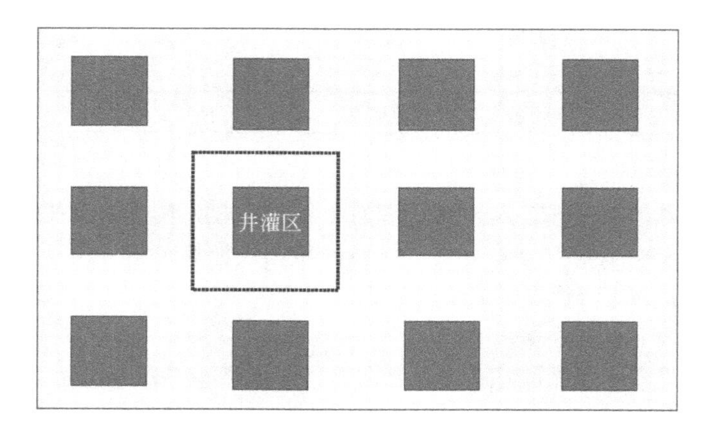

图 4.2 井渠结合区内井灌区分布

图 4.2 中阴影部分为井灌区，其他区域为井渠结合渠灌区，渠井面积比为 3∶1。井渠结合渠灌区生育期和秋浇期均引黄河水灌溉，灌溉入渗补给强度记为 $\varepsilon_{渠灌溉}$。井

灌区生育期抽地下水进行膜下滴灌，地下水开采强度为$\varepsilon_{开采}$；秋浇期引黄河水灌溉，灌溉入渗补给强度记为$\varepsilon_{井秋浇}$。降雨入渗补给和潜水蒸发则分布在整个区域，降雨入渗补给强度记为$\varepsilon_{降雨}$，潜水蒸发强度记为$\varepsilon_{潜水}$。灌区地表径流、地下径流、黄河侧渗、地下水排出量及已有地下水开采量等平均分布在全灌区内，此处表示为其他净入渗补给强度$\varepsilon_{其他}$。

4.5.2　求解方法

假定各井灌区面积相等、开采量相同，根据对称原理，图 4.2 中虚线部分可表示为图 4.3 所示的简化模型。

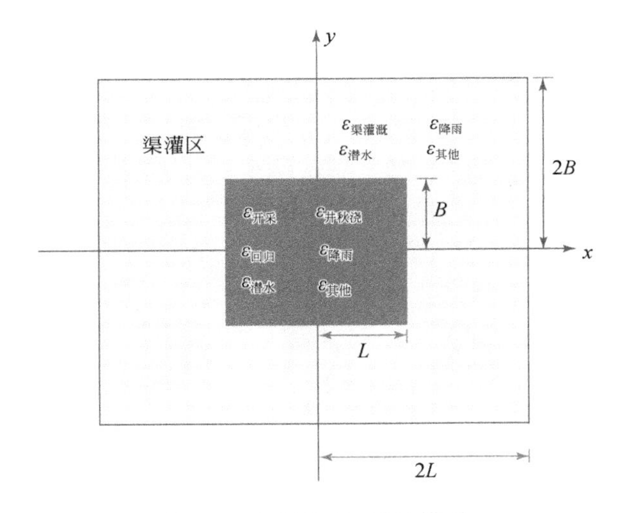

图 4.3　井渠结合区简化模型

令

$$\varepsilon_{净补给}=\varepsilon_{渠灌溉}+\varepsilon_{降雨}+\varepsilon_{其他}-\varepsilon_{潜水} \tag{4.5.1}$$

$$\varepsilon_{净抽水}=\varepsilon_{开采}+\varepsilon_{潜水}-\varepsilon_{回归}-\varepsilon_{井秋浇}-\varepsilon_{降雨}-\varepsilon_{其他} \tag{4.5.2}$$

则图 4.3 中的简化模型可概化为如下有入渗补给且四周隔水条件下的方形集中开采区［图 4.4（a）］。

令

$$\varepsilon_{等效补给}=\varepsilon_{净补给} \tag{4.5.3}$$

$$\varepsilon_{等效抽水}=\varepsilon_{净抽水}+\varepsilon_{净补给} \tag{4.5.4}$$

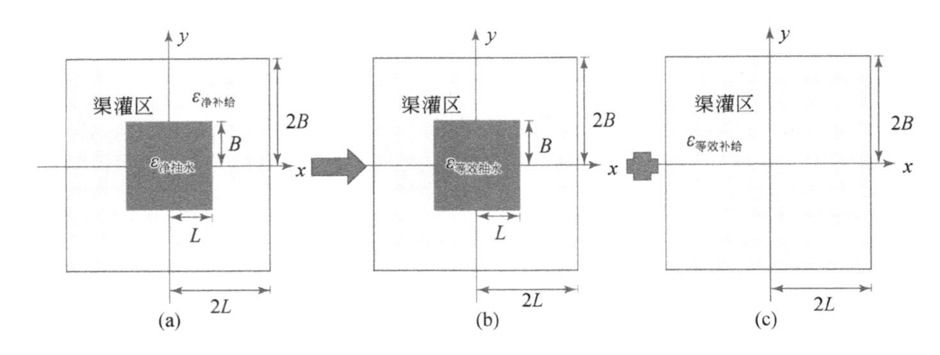

图 4.4 （a）有入渗补给且四周隔水条件下的方形集中开采区；（b）无补给条件下隔水边界方形集中开采区；（c）区域均匀补给示意图

根据叠加原理，将图 4.4（a）所示有补给条件下隔水边界方形集中开采区等效为无补给条件下隔水边界方形集中开采区［图 4.4（b）］和区域均匀补给［图 4.4（c）］两项之和。根据镜像原理，图 4.4（b）无补给条件下隔水边界方形集中开采区可等效为图 4.5 所示无限个（本书取为 9 个）无补给无限边界方形集中开采区的效果叠加。

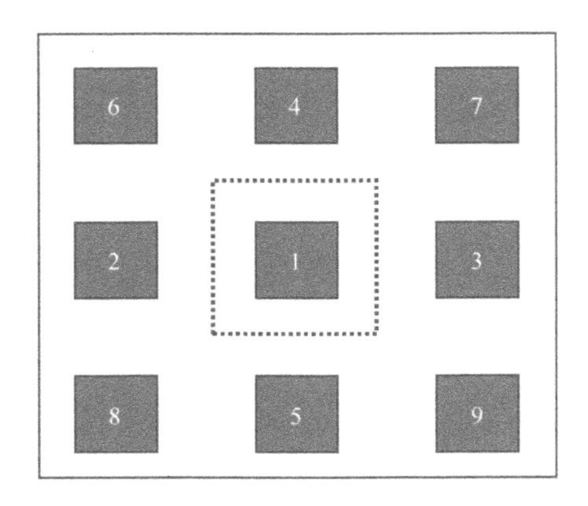

图 4.5 无补给条件下隔水边界方形集中开采区镜像示意图

张蔚臻院士在《地下水非稳定流计算和地下水资源评价》中指出，均质等厚无限含水层中，长方形集中开采区的地下水降深公式为

$$S_0(x,y,t)=\frac{\varepsilon t}{\mu}\frac{1}{4}\left[\begin{array}{l}S^*\left(\dfrac{L+x}{2\sqrt{at}},\dfrac{B+y}{2\sqrt{at}}\right)+S^*\left(\dfrac{L+x}{2\sqrt{at}},\dfrac{B-y}{2\sqrt{at}}\right)\\+S^*\left(\dfrac{L-x}{2\sqrt{at}},\dfrac{B+x}{2\sqrt{at}}\right)+S^*\left(\dfrac{L-x}{2\sqrt{at}},\dfrac{B-y}{2\sqrt{at}}\right)\end{array}\right] \tag{4.5.5}$$

$$S^*(\alpha,\beta)=\int_0^1 \operatorname{erf}\left(\frac{\alpha}{\sqrt{\tau}}\right)\operatorname{erf}\left(\frac{\beta}{\sqrt{\tau}}\right)\mathrm{d}\tau \tag{4.5.6}$$

式中，ε 为开采区平均开采强度，m/d；μ 为含水层给水度；a 为压力传导系数，$\mathrm{m^2/d}$；L 为开采区长度的一半，m；B 为开采区宽度的一半，m；t 为时间，d。

由图 4.5 可知，以井灌区 1 为研究对象，则无补给条件下隔水边界集中开采区的降深应由图中 9 个井灌区叠加而成，即

$$S_1(x,y,t)=\sum_{i=1}^{9}\frac{\varepsilon_{等效抽水}t}{\mu}\frac{1}{4}\left[\begin{aligned}&S^*\left(\frac{L+x_i}{2\sqrt{at}},\frac{B+y_i}{2\sqrt{at}}\right)+S^*\left(\frac{L+x_i}{2\sqrt{at}},\frac{B-y_i}{2\sqrt{at}}\right)\\&+S^*\left(\frac{L-x_i}{2\sqrt{at}},\frac{B+y_i}{2\sqrt{at}}\right)+S^*\left(\frac{L-x_i}{2\sqrt{at}},\frac{B-y_i}{2\sqrt{at}}\right)\end{aligned}\right] \tag{4.5.7}$$

$$x_1=x,y_1=y \tag{4.5.8}$$

$$x_2=x+4L,y_2=y \tag{4.5.9}$$

$$x_3=x-4L,y_3=y \tag{4.5.10}$$

$$x_4=x,y_4=y-4B \tag{4.5.11}$$

$$x_5=x,y_5=y+4B \tag{4.5.12}$$

$$x_6=x+4L,y_6=y-4B \tag{4.5.13}$$

$$x_7=x-4L,y_7=y-4B \tag{4.5.14}$$

$$x_8=x+4L,y_8=y+4B \tag{4.5.15}$$

$$x_9=x-4L,y_9=y+4B \tag{4.5.16}$$

当补给量均匀分布在整个研究区域内时，补给强度可作为一个汇源项，故补给条件下隔水边界集中开采区的降深公式为

$$S_2(x,y,t)=S_1(x,y,t)-\varepsilon_{等效补给}t/\mu \tag{4.5.17}$$

式中，$\varepsilon_{等效补给}$ 为区域平均补给强度，m/d；μ 为给水度。

综上所述，井渠结合膜下滴灌实施后，井渠结合井灌区地下水位降深公式为

$$S(x,y,t)=\sum_{i=1}^{9}\frac{\varepsilon_{等效抽水}t}{\mu}\frac{1}{4}\left[\begin{aligned}&S^*\left(\frac{L+x_i}{2\sqrt{at}},\frac{B+y_i}{2\sqrt{at}}\right)+S^*\left(\frac{L+x_i}{2\sqrt{at}},\frac{B-y_i}{2\sqrt{at}}\right)\\&+S^*\left(\frac{L-x_i}{2\sqrt{at}},\frac{B+y_i}{2\sqrt{at}}\right)+S^*\left(\frac{L-x_i}{2\sqrt{at}},\frac{B-y_i}{2\sqrt{at}}\right)\end{aligned}\right]-\frac{\varepsilon_{等效补给}t}{\mu} \tag{4.5.18}$$

4.5.3 参量计算

1. 水文地质参数

根据含水层的水文地质特点和埋藏条件，第一含水层组下段含盐量小、埋藏较浅且富水性大，具有较好的开发利用价值。该含水层顶板深度为 5～20 m，含水层厚度为 50～120 m，属于半承压水。根据内蒙古水文队的勘测试验，平均给水度取值 0.044。根据巴彦淖尔地区钻孔资料，河套灌区渗透系数取值 10 m/d。

模型中，含水层厚度 M 取值 100 m，渗透系数 K 取值 10 m/d，给水度 μ 取值 0.044，则压力传导系数为

$$a = \frac{KM}{\mu} = \frac{1000}{0.044} = 22727.27 \text{ m}^2/\text{d} \tag{4.5.19}$$

2. 井灌区形状参数

为了简化计算，模型中假设井灌区为正方形，即 $L = B$。考虑到井渠结合膜下滴灌实际运行管理的便利性和已有井灌区的控制区域大小，可将一个斗渠的控制面积作为井灌区，周围其他三个斗渠作为渠灌区，河套灌区的调查资料显示，斗渠的平均控制面积以 10000 亩为宜，故模型中将井灌区面积设置为 10000 亩，则 $L=B=1291.3$ m。

3. 降雨入渗补给强度

河套灌区控制面积为 1609.91 亿 m^3，多年平均降水量约为 17.657 亿 m^3，降雨入渗补给系数取值 0.1，则全年降雨入渗补给量约为 1.766 亿 m^3。假设降雨在时空尺度均匀分布，则降雨入渗补给强度为 0.000045 m/d。

4. 井渠结合渠灌区灌溉入渗补给强度

井渠结合渠灌区生育期综合净灌溉定额为 156 m^3/亩，秋浇期综合净灌溉定额为 70 m^3/亩，灌溉水利用系数为 0.4091，综合灌溉入渗补给系数为 0.35，土地利用系数为 0.6，将灌溉入渗补给量平均到全年，则井渠结合渠灌区灌溉入渗补给强度见表 4.10。

表 4.10 井渠结合渠灌区灌溉入渗补给强度

渠灌区生育期综合净灌溉定额/(m^3/亩)	渠灌区秋浇期综合净灌溉定额/(m^3/亩)	灌溉水利用系数	综合灌溉入渗补给系数	土地利用系数	井渠结合渠灌区灌溉入渗补给强度/(m/d)
156	70	0.4091	0.35	0.6	0.000353

5. 井渠结合井灌区秋浇灌溉入渗补给强度

井渠结合井灌区秋浇期引用黄河水进行渠灌，秋浇期综合净灌溉定额为 60 m^3/亩（采用两年一次秋浇），田间灌溉水利用系数为 0.4091，综合灌溉入渗补给系数为

0.38，土地利用系数为 0.6，则井渠结合井灌区秋浇灌溉入渗补给强度见表 4.11。

表 4.11　井渠结合井灌区秋浇灌溉入渗补给强度

井灌区秋浇期综合净灌溉定额/（m^3/亩）	井灌区秋浇田间灌溉水利用系数	秋浇综合灌溉入渗补给系数	土地利用系数	井灌区秋浇灌溉入渗补给强度/（m/d）
60	0.4091	0.38	0.6	0.000137

6. 井渠结合井灌区灌溉回归入渗补给强度

井渠结合井灌区生育期采用膜下滴灌进行灌溉，综合净灌溉定额为 196 m^3/亩，灌溉水利用系数为 0.9，灌溉回归入渗补给系数取值 0.1，土地利用系数仍取值 0.6，则井渠结合井灌区灌溉回归入渗补给强度见表 4.12。

表 4.12　井渠结合井灌区灌溉回归入渗补给强度

膜下滴灌综合净灌溉定额/（m^3/亩）	灌溉水利用系数	灌溉回归入渗补给系数	土地利用系数	井灌区灌溉回归入渗补给强度/（m/d）
196	0.9	0.1	0.6	0.000054

7. 地下水开采强度

井渠结合井灌区地下水开采强度由生育期灌溉定额与灌溉面积决定，生育期膜下滴灌灌溉定额为 196 m^3/亩，灌溉水利用系数为 0.9，土地利用系数为 0.6，将地下水开采量平均到全年，则地下水开采强度为 0.000537 m/d。

8. 潜水蒸发强度

由地下水均衡模型可知，井渠结合膜下滴灌实施后，井渠结合区平均地下水埋深由 1.87 m 增至 2.373 m，潜水蒸发量随之由高到低递减，此处以井渠结合前后地下水埋深均值所对应的潜水蒸发强度作为代表，采用王亚东潜水蒸发公式，则潜水蒸发强度见表 4.13。

表 4.13　井渠结合区潜水蒸发强度

井渠结合区平均地下水埋深/m	井渠结合区潜水蒸发量/mm	井渠结合区潜水蒸发强度/（m/d）
2.12	133.955	0.000339

9. 其他净入渗补给强度

灌区地表径流入渗补给量约为 0.258 亿 m^3，山前地下径流流入量为 1.407 亿 m^3，黄河侧渗量为 0.008 亿 m^3，故灌区其他入渗补给量 Q_{in} 为 1.673 亿 m^3；灌区地下水排出量约为 1.093 亿 m^3，已利用地下水量约为 2.372 亿 m^3，故灌区内其他地下水消耗量 Q_{out} 约为 3.465 亿 m^3，净补给量为−1.792 亿 m^3。将其水量平均到全年可得其他净入渗补给强度 $\varepsilon_{其他}$为−0.0000459 m/d。

4.5.4 模型求解

为了更清楚地显示井渠结合区内地下水位分布，分别对模型中 A、B、C、D、E 5 个点的地下水位降深进行求解，如图 4.6 所示。

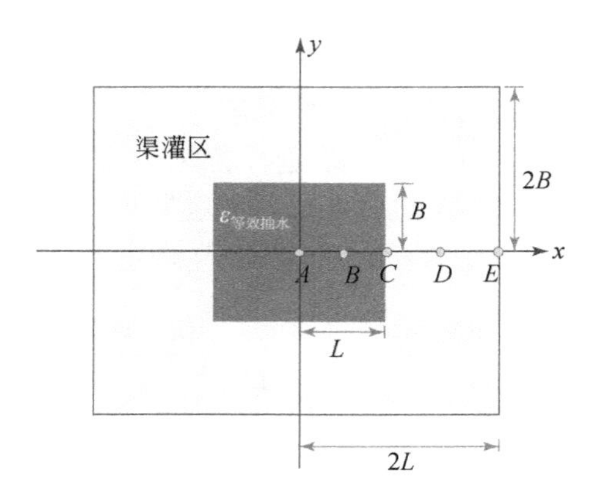

图 4.6 求解点分布

以井灌区中心点 A 为例，当 t 分别取 365、730 和 1095 时，其地下水位降深分别为 0.908 m、1.137 m 和 1.149 m。由该结果可知，当 t=1095 d（即 3 年后）时，井灌区中心点 A 地下水位降深较 750 d（2 年后）仅增大 0.012 m，变化幅度小于 2 cm，故可近似认为井渠结合膜下滴灌实施 3 年后，井渠结合区地下水位接近稳定状态。

1. 点 A 的地下水位降深

当 L=B=1291.3 m，点 A 的坐标为（0，0），将此坐标值代入降深公式，则点 A 的地下水位降深计算结果见表 4.14。由表 4.14 可知，对于点 A 而言，周围井灌区对其降深影响程度排序为：中心井灌区 1 对其影响最大，井灌区 2、3、4、5 对点 A 造成的降深影响相同，而井灌区 6、7、8、9 对点 A 影响最小。井灌区中心点 A 的地下水位总降深约为 1.149 m。

表 4.14 点 A 的地下水位降深

周围井灌区编号	横坐标/m	纵坐标/m	S_i/m	S_1/m	S_2/m
1	0	0	1.876	4.552	1.149
2	5165.2	0	0.437		
3	−5165.2	0	0.437		
4	0	−5165.2	0.437		

续表

周围井灌区编号	横坐标/m	纵坐标/m	S_i/m	S_1/m	S_2/m
5	0	5165.2	0.437		
6	5165.2	−5165.2	0.232		
7	−5165.2	−5165.2	0.232	4.552	1.149
8	5165.2	5165.2	0.232		
9	−5165.2	5165.2	0.232		

注：S_i（i=1，…，9）指无补给条件下，第 i 个井渠区影响下 A 点的降深；S_1 指无补给条件下，9 个井灌区叠加影响下 A 点的降深；S_2 指均匀补给条件下，9 个井灌区叠加影响下 A 点的降深。

2. 井渠结合区地下水位分布

其他各点的地下水埋深的计算方法与点 A 相同，仅是点位的坐标不一样。井渠结合区计算点（A、B、C、D、E）的地下水位降深分布见表 4.15。由表 4.15 可知，井渠结合区地下水位呈现漏斗状，地下水位由渠灌区向井灌区方向逐渐降低。井渠结合渠灌区地下水位降深最小值为 0.408 m，最大值为 0.812 m；井渠结合井灌区地下水位降深最小值为 0.812 m，最大值为 1.149 m。由此可得，井渠结合渠灌区平均地下水位降深为 0.607 m，井渠结合井灌区平均地下水位降深为 0.982 m，两者地下水位差约 0.375 m。

表 4.15　井渠结合区计算点地下水埋深

点	横坐标/m	地下水位降深/m
A	0	1.149
B	645.65	0.985
C	1291.3	0.812
D	1936.95	0.601
E	2582.6	0.408

4.5.5　井渠结合渠灌区和井渠结合井灌区平均地下水埋深

将上述解析法与均衡法相结合，井渠结合膜下滴灌实施后，井渠结合渠灌区和井渠结合井灌区的平均地下水埋深满足如下关系：

$$\begin{cases} h_{22} - h_{21} = \Delta h \\ \dfrac{A_1 h_{21} + A_2 h_{22}}{A_1 + A_2} = h^* \end{cases} \tag{4.5.20}$$

式中，h_{21} 为井渠结合渠灌区平均地下水埋深，m；h_{22} 为井渠结合井灌区平均地下水埋深，m；Δh 为井渠结合井灌区与井渠结合渠灌区地下水位差，m；A_1 为井渠结合渠灌区控制面积，万亩；A_2 为井渠结合井灌区控制面积，万亩；h^*为井渠结合区平均地下水埋深，m。

当井渠结合面积比为 1∶3 时，井渠结合渠灌区控制面积为 3 万亩，井渠结合井灌区控制面积为 1 万亩，井渠结合区平均地下水埋深为 2.373 m，井渠结合井灌区与井渠结合渠灌区平均地下水位差为 0.375 m，将上述参量代入式（4.5.20）可知，井渠结合渠灌区平均地下水埋深 h_{21} 为 2.279 m，井渠结合井灌区平均地下水埋深 h_{22} 为 2.654 m。

4.6 典型区井渠结合区地下水埋深验证

4.6.1 典型区概况

隆胜试验区地处河套灌区中部的临河区隆胜乡境内，地理坐标为 107°28′E、40°51′N，海拔 1037 m，如图 4.7 所示。试验区属于永刚分干渠的西济支渠灌域，西北以永刚分干沟为界，东至永成支沟，南临永刚分干渠，南北长 10.5 km，东西宽约 3.8 km。试验区渠灌区土地面积 3667 hm^2，约 5.5 万亩，灌溉面积 2800 hm^2，约 4.2 万亩。井灌区位于隆胜试验区的西南角，控制面积约 900 hm^2，约 1.35 万亩，灌溉面积 466.66 hm^2，约 0.7 万亩。试验区内干旱少雨，多年平均降水量约 165 mm，多年平均蒸发量约 2237 mm。试验区土壤质地以壤土为主，沙土和壤土插花分布，其中壤土面积占总土地面积的 40%～60%。土壤容重一般为 1.45～1.55 g/cm^3，孔隙度为 46.43%～49.73%，田间持水量为 25%～30%。从土壤剖面看，0～20 cm 以壤土、沙壤土为主；20～60 cm 以沙壤土为主，夹有黏土层；80～100 cm 以沙壤土为主，夹有细沙土；100 cm 以沙土为主。地下水矿化度为 0.6～2.0 g/L。

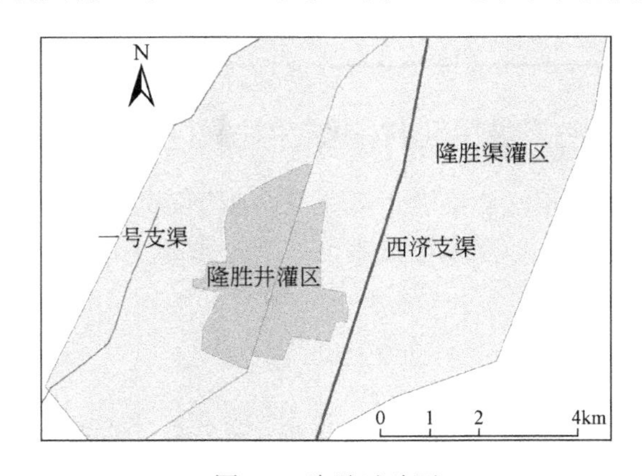

图 4.7 隆胜试验区

4.6.2 模型建立

由图 4.7 可知，隆胜试验区井灌区为一个多边形开采区，为了简化模型，按照井灌区已有的形状特点，将原开采区简化为矩形开采区，该矩形开采区控制面积约 900 hm^2，矩形边长为 3663.470 m×2458.557 m。隆胜试验区井灌区周围均为渠灌区，每年大量的黄河引水灌溉为井灌区的地下水开采提供了补给保证，因此可将隆胜试验区井灌区概化为有补给条件的无限含水层的长方形集中开采区。

4.6.3 参量计算

1. 水文地质参数

根据巴彦淖尔地区钻孔资料，含水层厚度 M 仍取值 100 m，渗透系数 K 取值 10 m/d，给水度 μ 取值 0.044，则压力传导系数 a 为 22727.27 m^2/d。

2. 井灌区形状参数

矩形开采区边长为 3663.470 m×2458.557 m，L=1831.735 m，B=1229.279 m。

3. 降雨入渗补给强度

试验区多年平均降雨 165 mm，将降水量平均分布到全年，则降雨入渗补给强度为 0.000045 m/d。

4. 渠灌区灌溉入渗补给强度

河套灌区渠灌区生育期综合净灌溉定额为 156 m^3/亩，秋浇期综合净灌溉定额为 70 m^3/亩，灌溉水利用系数为 0.4091，综合灌溉入渗补给系数为 0.35。将灌溉入渗补给量平均到渠灌区的控制面积上，则渠灌区灌溉入渗补给强度见表 4.16。

表 4.16　渠灌区灌溉入渗补给强度

渠灌区生育期综合净灌溉定额/（m^3/亩）	渠灌区秋浇期综合净灌溉定额/（m^3/亩）	灌溉水利用系数	综合灌溉入渗补给系数	渠灌区灌溉面积/万亩	渠灌区控制面积/万亩	井渠结合渠灌区灌溉入渗补给强度/（m/d）
156	70	0.4091	0.35	4.2	5.5	0.000606

5. 井灌区地下水开采强度

根据调查发现，隆胜井灌区净灌溉定额约 300 m^3/亩，井灌区灌溉面积为 0.7 万亩，控制面积约为 1.35 万亩，灌溉水利用系数取值 0.8，将其平均到控制面积上，则井灌区地下水开采强度为 0.000798 m/d。

6. 井灌区灌溉回归入渗补给强度

隆胜试验区抽取地下水后仍以漫灌方式进行灌溉，因此井灌区灌溉回归入渗补给系数与渠灌田间灌溉入渗补给系数相等，取值 0.15，井灌区净灌溉定额取值

300 m^3/亩，灌溉水利用系数取值 0.8，则灌溉回归入渗补给强度见表 4.17。

表 4.17　井灌区灌溉回归入渗补给强度

井灌区净灌溉定额/（m^3/亩）	灌溉水利用系数	灌溉回归入渗补给系数	井灌区灌溉面积/万亩	井灌区控制面积/万亩	井灌区灌溉回归入渗补给强度/（m/d）
300	0.8	0.15	0.7	1.35	0.000120

7. 潜水蒸发强度

根据隆胜试验区的观测井资料，井灌区建设前后试验区平均地下水埋深由 1.445 m 增至 2.33 m，此处以井灌区建设前后地下水埋深均值所对应的潜水蒸发强度作为代表，采用王亚东推荐的潜水蒸发量计算公式，试验区的潜水蒸发强度为 0.000415 m/d。

8. 其他净入渗补给强度

灌区地表径流入渗补给、山前地下径流、黄河侧渗等其他入渗补给量 Q_{in} 为 1.673 亿 m^3；灌区地下水排出量、已利用地下水量等其他地下水消耗量 Q_{out} 约为 3.465 亿 m^3，净补给量为-1.792 亿 m^3。将其水量平均到全年可得其他净入渗补给强度$\varepsilon_{其他}$为-0.0000459 m/d。

4.6.4　模型求解

在隆胜试验区概化矩形开采区模型中设置了 A、B、C、D 等 4 个计算点，计算点具体分布如图 4.8 所示。

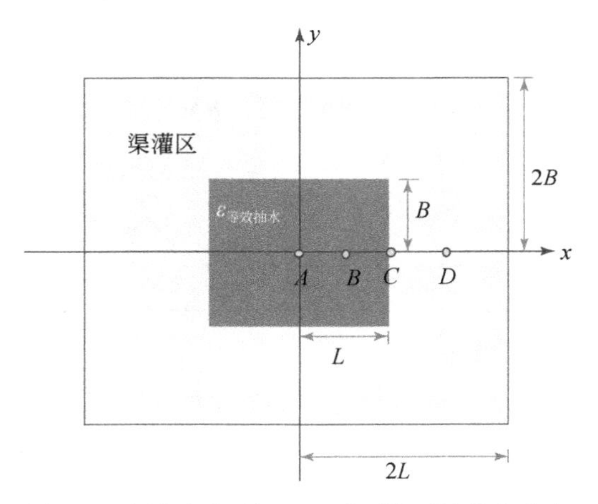

图 4.8　隆胜试验区矩形开采区模型计算点分布

各计算点的地下水位降深计算结果见表 4.18。由表 4.18 中结果可知，隆胜试验区井灌区建设后，试验区井灌区平均地下水位降深为 0.689 m，渠灌区平均地下水位降深约为 0.141 m，井灌区与渠灌区地下水位差约 0.548 m。

表 4.18　隆胜试验区矩形开采区模型计算点降深

点	横坐标/m	地下水位降深 S/m
A	0	1.017
B	915.868	0.832
C	1831.735	0.219
D	2014.909	0.062

4.6.5　结果比较

根据隆胜试验区 2004～2012 年观测井资料，井灌区建设后，井灌区与渠灌区平均地下水位差约 0.53 m，与模型计算值 0.548 m 较为接近，因此可以认为解析法可以较好地估计井渠结合区域的地下水位差，为模拟井灌与渠灌联合运用地区的地下水位相对分布提供了参考。

4.7　结　　论

根据上述分析，主要得到以下结论：

(1)井渠结合膜下滴灌实施后,灌区平均地下水埋深由 1.87 m 增加至 2.050 m，地下水位下降 0.18 m。

（2）井渠结合膜下滴灌实施后，非井渠结合区地下水埋深由 1.870 m 增至 1.902 m，地下水位下降 0.032 m。

（3）井渠结合膜下滴灌实施后，井渠结合区地下水埋深由 1.870 m 增至 2.373 m，地下水位下降 0.503 m。

（4）井渠结合膜下滴灌实施后，井渠结合渠灌区的地下水埋深由 1.870 m 增至 2.279 m，地下水位下降 0.409 m；井渠结合井灌区的地下水埋深由 1.870 m 增加至 2.654 m，地下水位下降 0.784 m；井渠结合井灌区与井渠结合渠灌区的地下水位差为 0.375 m。

（5）以隆胜试验区为例，建立了矩形开采区模型，并将模型计算值与实测值做比较，结果表明，井灌区与渠灌区的水位差模型计算值与实测值相差 0.018 m，验证了解析法可以较好地估计井渠结合区域的地下水位差，其对于模拟井渠结合区相对地下水位是可行性。

第5章　河套灌区井渠结合膜下滴灌地下水动态预测

本章根据河套灌区季节性冻融特点，建立灌区冻融期地下水补排模型，与三维地下水数值模型相结合，构建适用于季节性冻融灌区的生育期-冻融期全周年地下水动态模拟模型，采用该模型预测了河套灌区井渠结合膜下滴灌条件下地下水动态。

5.1　河套灌区生育期-冻融期地下水动态模型

5.1.1　地下水动态模型原理

三维有限差分地下水流模型（modular three-dimensional finite-difference groundwater flow model，MODFLOW）是美国地质调查局（USGS）的 Mc Donald 和 Harbaugh 于 20 世纪 80 年代开发的地下水模拟代码。MODFLOW 采用有限差分法进行地下水运动的离散求解，具有可靠的理论背景，同时在实际应用中也十分便利，受到国际同行的普遍认可。

Visual MODFLOW 地下水流数学模型控制方程如式（5.1.1）所示：

$$\begin{cases} \dfrac{\partial}{\partial x}\left(K_{xx}\dfrac{\partial h}{\partial x}\right)+\dfrac{\partial}{\partial y}\left(K_{yy}\dfrac{\partial h}{\partial y}\right)+\dfrac{\partial}{\partial z}\left(K_{zz}\dfrac{\partial h}{\partial z}\right)+W=S_s\dfrac{\partial h}{\partial t} & x,y,z\in\Omega,t\geqslant 0 \\ h(x,y,z,t)\big|_{t=0}=h_0(x,y,z) & x,y,z\in\Omega,t=0 \\ K_n\dfrac{\partial h}{\partial n}\bigg|_{s2}=q(x,y,z,t) & x,y,z\in\Gamma_0,t\geqslant 0 \end{cases} \tag{5.1.1}$$

式中，K_{xx}、K_{yy}、K_{zz} 分别为 x、y、z 方向的主渗透系数（LT^{-1}）；h 为水头（L）；W 为源汇项，即单位时间进入单位体积含水层的流量体积（L^3T^{-1}）；S_s 为储水率（L^{-1}）；t 为时间（T^{-1}）；h_0 为水头初始值（L）；$s2$ 为渗流区域的第二类边界；n 为第二类边界的外法线方向；K_n 为边界法线方向的渗透系数（LT^{-1}）；Ω 为渗流区域；Γ_0 为渗流上边界。

Visual MODFLOW 根据水均衡原理和达西定律，基于每个网格点建立有限差分形式的水均衡方程。联立所有网格上的均衡方程，得到一个大型的线性方程组，并通过迭代方法求解每个离散网格点上的水头值。1994 年，中国地质大学李国敏（1994）对地下水模拟软件的研究与开发现状进行了简单评述，指出 Visual MODFLOW 在地下水模拟软件中应用最为广泛。张斌（2013）利用 Visual MODFLOW 对陕西省黄土原灌区的地下水的影响进行了评估。马玉蕾（2014）运用 Visual MODFLOW 分析了黄河三角洲浅层地下水与植被的相关关系。龚亚兵（2015）建立河套盆地的地下水数值模型，并分析了盆地内地下水位变化对盐碱化控制的影响，由于区域较大，河套灌区部分资料不够全面，因此精度不够高。本章选用 Visual MODFLOW 对河套灌区地下水变化情况进行模拟，以分析预测井渠结合方式实施后灌区地下水位的变化情况。

5.1.2　冻融期地下水补排简化模型

冻融期地下水的运移机理十分复杂，它不再取决于降水、灌溉、蒸发及地下水开采等源汇项，而是土壤内部多种驱动力综合作用的结果（Hansson et al.，2004；Kung and Steenhuis，1986；Newman and Wilson，1995）。研究表明，冻融期地下水动态的主要影响因素是土壤温度（雷志栋等，1998；李瑞平，2007；尚松浩等，1999）。河套灌区 11 月中旬至次年 3 月初一般为土壤封冻期，随着温度降低，土壤自表层开始逐渐向下冻结，冻结速度随冻结深度增加而减小，直至 3 月初，冻结速度趋近于 0，冻结深度达到最大。由于冻结区土壤水势降低，在此期间地下水不断向上补给土壤水，地下水埋深持续增加。3 月上旬，气温回升，地表温度由负转正，进入融冻期，冻结土壤从表层开始融化；3 月中旬左右，下层冻土也开始消融，融化水重新补给地下水，地下水埋深减小；至 4 月中旬，上下两层土壤融化锋面相交，土壤完全融冻。土壤封冻与融冻的直接影响因素是土壤温度，土壤温度受外界气温影响而变化（陈超和周广胜，2014；康双阳等，1987；刘佳帅等，2017），具有以年为周期波动的特点，其波动程度随土壤深度增加而衰减，即越靠近地表，外界气温对土壤温度的影响越明显。土壤温度的变化相对于气温的变化存在滞后现象，且滞后时间随着土壤深度的增加而增大（王晓巍，2010）。

分析河套灌区多年冻融期气温与地下水埋深数据，发现两者都存在明显的周期性，分别用周期函数拟合气温-时间曲线和地下水埋深-时间曲线，如式（5.1.2）、式（5.1.3）所示。

$$T = \alpha_T \cos\left(\frac{2\pi t}{T_0} + \beta_T\right) + \gamma_T \tag{5.1.2}$$

$$H = H_0 + \alpha_H \cos\left(\frac{2\pi t}{T_0} + \beta_H\right) + \gamma_H \tag{5.1.3}$$

式中，T 为气温，℃；t 为时间，d；H 为地下水埋深，mm；H_0 为冻融期初地下水埋深，mm；T_0 为周期，取为 365 d；[α_T，β_T，γ_T] 为气温向量，℃；[α_H，β_H，γ_H] 为埋深向量，mm。两组曲线周期相同，相位不同，可以通过余弦变换相互转换，可以理解为冻融期地下水埋深和气温具有相同的变化周期，两者的相位差即气温对地下水埋深的影响在时间上的滞后天数。

由式（5.1.2）、式（5.1.3）可求得地下水埋深对气温的导数，如上所述，某天的地下水埋深与 n 天前的气温相关，因此求导过程中，需使用 n 天前的气温数据。考虑到每天气温在局部时段内相对波动明显，为便于模型求导，将实测气温曲线进行平滑，作为冻融期模型的计算数据。在某一时段埋深对气温导数已知的情况下，可求得该时段的地下水埋深变化值，其计算公式如下：

$$\tau = \alpha_H \sin\left(\frac{2\pi t_k}{T_0} + \beta_H\right) \Big/ \alpha_T \sin\left(\frac{2\pi t_{k-n}}{T_0} + \beta_T\right) \tag{5.1.4}$$

$$n = (\beta_T - \beta_H) \cdot T_0 / 2\pi \tag{5.1.5}$$

$$H_k - H_{k-1} = \tau \cdot \left(T_{k-n} - T_{k-n-1}\right) \tag{5.1.6}$$

式中，τ 为地下水埋深对气温的导数；n 为气温对地下水埋深影响的滞后天数；H_k 为第 k 天的地下水埋深，mm；T_k 为第 k 天平滑后的气温值，℃。

将计算所得的某时段的地下水埋深变化值乘以该区域的给水度，得到该区域在该时段内的地下水补排变化量，地下水补排变化量与气温的关系如式（5.1.7）所示：

$$W_k = \mu \cdot \tau \cdot \left(T_{k-n} - T_{k-n-1}\right) \tag{5.1.7}$$

式中，W_k 为第 t_k 天的地下水补排变化量，mm；μ 为对应区域的给水度。

对不同灌溉控制区的气温和地下水埋深分别进行参数拟合，气温数据使用临河气象站和乌拉特中旗气象站 2000～2013 年日平均气温值，其中乌兰布和灌域、解放闸灌域和永济灌域内的灌溉控制区气温值使用临河气象站数据，义长灌域、乌拉特灌域内的灌溉控制区气温值使用乌拉特中旗气象站数据，设定冻融期从 12

月1日开始，至来年4月30日结束；地下水埋深数据使用2000～2013年各个灌溉控制区内观测井5日一测实测值的平均值。

各个灌溉控制区的气温向量和埋深向量见表5.1。两个气象站数据拟合的气温向量振幅仅相差1℃，说明整个灌区冻融期气温的空间差异不大；埋深向量振幅反映了该灌溉控制区地下水埋深的多年平均波动程度，振幅越大，表示该区域地下水埋深波动越剧烈。计算结果表明，不同灌溉控制区气温对地下水埋深影响的滞后时间不同，河套灌区气温对地下水埋深影响的滞后时间为36～57天，平均为48天。全灌区冻融期多年平均地下水埋深与48天前的气温关系如图5.1所示，两者吻合良好，说明用该地下水补排模型预测冻融期地下水补排水量合理可行。

表5.1　各灌溉控制区气温向量和埋深向量

灌溉控制区	所属灌域	气温向量/℃	埋深向量/mm	滞后时间/d
一干渠	乌兰布和	[17.074，2.915，9.001]	[-823.801，2.190，-112.354]	42
大滩渠			[-1351.900，2.048，88.080]	50
乌拉河	解放闸	[17.074，2.915，9.001]	[-1055.500，2.095，-24.910]	48
杨家河			[-1334.100，2.102，-54.600]	47
黄洋渠			[-581.680，2.090，-0.479]	48
黄济渠			[-1042.400，2.005，73.710]	53
永济渠	永济	[17.074，2.915，9.001]	[-938.306，1.984，37.247]	54
合济渠			[-1013.100，1.933，122.700]	57
南边渠			[-817.622，2.018，110.174]	52
北边渠			[-817.622，2.018，110.174]	52
丰济渠	义长	[18.151，2.913，6.326]	[-847.049，2.032，59.574]	51
复兴渠			[-1157.200，2.059，28.100]	48
义和渠			[-1103.100，2.086，-24.540]	48
通济渠			[-1237.300，2.108，-46.930]	47
南三支			[-1199.200，2.288，-270.300]	36
长塔渠	乌拉特	[18.151，2.913，6.326]	[-1147.100，2.180，-126.800]	43
四闸渠			[-789.761，2.138，-178.120]	45
华惠渠			[-1147.100，2.180，-126.800]	43
全灌区		[17.610，2.914，2.094]	[-996.733，2.094，-43.718]	48

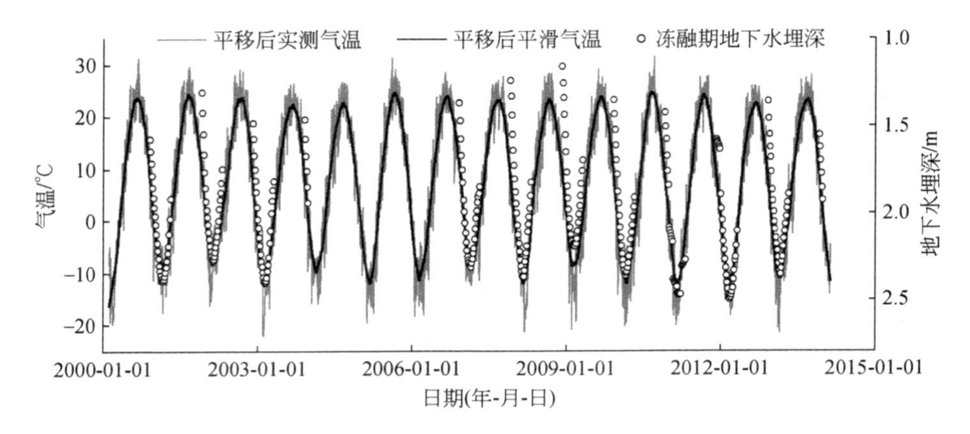

图 5.1　全灌区冻融期地下水埋深与 48 天前的气温对比

5.2　河套灌区地下水动态模拟

5.2.1　基础资料整理

本书的研究通过现场试验、分析历史资料以及收集相关文献得到了河套灌区的地理水文信息、地下水位、地质资料、气象数据、灌溉排水数据等资料，从而为地下水建模奠定基础。

地理水文信息包括灌区边界信息、土地利用、河道以及渠系等相关信息。利用 Google Earth、ERDAS 遥感软件以及 ArcGIS 对区域内的地理水文信息进行处理，获得灌区范围、渠系分布、城镇及荒地位置、黄河流域和乌梁素海面积等信息，沿灌区黄河水位的变化过程由巴彦高勒、三湖河口、头道拐三个水文站的长期观测资料确定。

根据灌区内 200 多眼地下水长期观测井获得月均地下水位系列。考虑到区内土地利用情况以及数据的完整性，本书的研究取 2006 年以后的观测数据用于模拟研究。

气象数据主要指区内的降雨、蒸发、风速、气温等内容，该部分资料通过河套灌区内的气象监测站和全国科技信息网的国家长期观测数据获得，其中河套灌区气象观测站的蒸发数据是 20 cm 蒸发皿的观测数据，需要乘以折算系数转化为水面蒸发值。

地质资料包括含水层岩性、构造特征、分层规律以及水文地质参数等内容。前三者通过相关的地质勘探报告以及实地钻孔资料得来，水文地质参数则是通过利用长期的地下水观测资料，由地下水模拟分析反演率定获得。

灌溉排水数据是所有资料中最为重要的部分，本次共收集了包括一干渠、杨家河、长塔渠、永济渠等 18 条干渠、分干渠多年引水量数据以及各主要排干沟、总排干的排水数据，并进行了数据的检验和统计分析。为统一研究时间，只取 2006 年以后数据进行应用研究。

1. 模拟范围及网格剖分

根据模拟要求，模拟区域为整个河套灌区，其东部以乌梁素海东岸为界，西部与乌兰布和沙漠带接壤，南部以黄河为界，北部至狼山和乌拉山山麓。研究区边界通过 ArcGIS 在 Google Earth 地图上勾画，并导入 Visual MODFLOW 作为底图。由于模拟区域较大，且南北窄，东西宽，因此在模型中将整个区域划分为 81000 个长 1000 m、宽 500 m 大小的网格，其中 37500 个为有效网格。

根据地质勘探资料，按照河套灌区内埋藏条件和含水层水文地质特点，可将含水层划分为第一含水层组和第二含水层组，其中第一含水层组厚度为 50～280 m，平均厚度约 180 m，以冲积湖积相和冲积洪积相为主，是与地表进行密切水量交换的主要含水层。第一含水层组上部土壤主要由黏性土、粉砂细砂层等弱透水性土组成，厚度为 2～18 m；下部为以砂层和沙砾层为主的主要含水层。第一含水层组在垂向上具有明显的二元结构，上部为弱透水层，下部为主要开采层。因此，该模型在垂向上分为三层，弱透水层为第一层，厚度为 3～18 m，剩下的部分再均分为两层以便模型迭代计算，弱透水层和主要含水层在不同点的厚度由地质勘探井的地层数据确定。

2. 边界概化

边界条件的确定是模型建立中最重要的步骤之一，合理的边界概化和正确的处理才能保证模型合理、计算结果准确。将不同边界概化为何种类型是由模拟区内与模拟区外的水力联系决定的。同一类型的边界在 MODFLOW 中有多种表示方法，选择何种表示方法取决于计算精度要求以及掌握资料的精细程度。

1）东边界

河套灌区的东部为乌梁素海，其形状表现为北宽南窄，湖底呈碟形，湖泊水位超过海拔 1017.0 m 时，湖泊的库容和湖面面积会迅速的增大。其东北至西南较长，约 35km，宽度为 4～12km，湖岸线长 130km 左右，湖水深度为 0.5～3.2 m，湖面高程多年平均值约为 1018.5 m，该模型湖面高程取多年水位平均值 1018.5 m，水深取平均值 0.8 m，湖底高程取 1017.7 m。

乌梁素海补水来源主要为河套灌区的排水，乌梁素海西岸自北至南有总排干、通济渠、八排干、长济渠、九排干、塔布渠和十排干等主要灌溉渠道和排水沟与湖体相连，其次还有工业废水、生活污水、山洪、降雨、地下水补给等入湖水源。

在乌梁素海水资源紧缺时，为保证乌梁素海的生态安全，灌区会根据实际需要利用黄河凌汛水对其进行补充。乌梁素海的水分消耗主要为蒸发以及乌毛计闸的泄水。乌梁素海各项进出水量平均值见表 5.2。

表 5.2　乌梁素海各项进出水量

项目	总排干	八排干	九排干	黄河补水	降水量	山洪	乌毛计闸	蒸发量	渗漏量
年平均水量/亿 m^3	4.80	0.48	0.24	0.52	0.66	0.58	−1.40	−5.89	0.58

2）西边界

河套灌区西部为乌兰布和沙漠，面上主要为自然降雨和蒸发，不同时期地下水状态比较稳定，水平向流动较弱，因此概化为不透水边界。

3）北边界

河套灌区北部自西向东分别为狼山、色尔腾山和乌拉山，北边界补给主要为山前侧渗补给。由于河套灌区北部远离南部黄河，位于引水渠道末梢，因此灌溉用水往往难以满足作物灌溉用水需求。据河套灌区内抽水井不完全统计，北边界附近存在大量抽水井抽取地下水灌溉。由于北部山前侧渗量相较于灌溉水量较少，且缺乏抽水井的准确抽水资料，因此模型中将其进行简化，认为山前侧渗和抽水两者平衡，山前边界概化为不透水边界。

4）南边界

黄河自河套灌区南部流过，与南部的地下水之间存在一定水力联系，可将黄河设为河流边界。近些年来，黄河上游来水逐渐减少，该段河道淤积严重，河床上升比较明显。巴彦高勒水文站位于磴口县粮台乡南套子村，坐标为 107°02′E、40°19′N；三湖河口水文站位于内蒙古乌拉持前旗公庙镇兰湖河口村，坐标为 108°46′E、40°37′N；头道拐水文站地点为内蒙古准格尔旗十二连城乡东城村，坐标为 111°04′E、40°16′N。本次模拟中，所计算的黄河区段主要处于巴彦高勒和三湖河口两个水文站之间，同时三湖河口至头道拐水文站的部分河段也在模拟区范围内。2006～2011 年巴彦高勒和三湖河口水文站测得的黄河水位见表 5.3。

表 5.3　黄河水位表　（单位：m）

站点	月份	2006 年	2007 年	2008 年	2009 年	2010 年	2011 年
巴彦高勒	1	1052.9	1052.9	1052.7	1052.7	1053.1	1053.1
	2	1052.7	1052.7	1053.0	1052.7	1052.8	1052.8
	3	1050.9	1050.9	1051.9	1051.3	1051.6	1051.6
	4	1050.9	1050.9	1051.1	1051.3	1051.3	1051.3

续表

站点	月份	2006 年	2007 年	2008 年	2009 年	2010 年	2011 年
巴彦高勒	5	1050.8	1050.8	1050.6	1050.7	1050.6	1050.6
	6	1050.5	1050.9	1050.8	1050.5	1050.7	1050.7
	7	1050.9	1050.9	1050.3	1050.3	1050.6	1050.6
	8	1051.1	1051.1	1051.2	1050.8	1051.0	1051.0
	9	1051.1	1051.3	1051.1	1051.3	1051.0	1051.0
	10	1050.4	1050.8	1050.9	1050.6	1050.3	1050.3
	11	1050.6	1051.0	1050.7	1050.5	1050.6	1050.6
	12	1051.5	1051.2	1051.8	1051.9	1051.8	1051.8
三湖河口	1	1020.2	1020.2	1020.3	1020.4	1020.6	1020.6
	2	1020.4	1020.4	1020.7	1020.6	1020.7	1020.7
	3	1019.8	1019.8	1020.3	1020.0	1020.4	1020.4
	4	1018.9	1018.9	1019.1	1019.3	1019.3	1019.3
	5	1018.6	1018.6	1018.4	1018.6	1018.7	1018.7
	6	1019.0	1019.0	1018.8	1018.7	1019.0	1019.0
	7	1019.0	1019.0	1018.5	1018.7	1018.9	1018.9
	8	1019.2	1019.2	1019.2	1018.8	1019.2	1019.2
	9	1019.6	1019.6	1019.2	1019.5	1019.3	1019.3
	10	1019.2	1019.2	1018.8	1018.8	1018.7	1018.7
	11	1019.4	1019.4	1018.9	1019.2	1018.8	1018.8
	12	1019.7	1019.7	1019.6	1020.1	1019.4	1019.4

由黄河 2006～2011 年在巴彦高勒和三湖河口两个水文站测得的水位观测资料可知，黄河在该河段内各年间相同月份的水位变幅小于 0.5 m，而黄河年内各个月份水位最大变幅超过 2 m。由此可见，黄河水量年际变化较小，月变化较大，率定时采用实际水位，验证期和预测年份的各个月份黄河水位可取已知年份水位数据的均值。在不考虑黄河冲淤的情况下，黄河每年相同月份的侧渗量基本不变，不同月份内黄河与河套灌区的水量交换变化较大。

模型中，河流宽度设为 350 m、河流深度平均 2.5 m、河流底部弱透水层厚度设为 3 m。渗透系数小于 0.0001 cm/s 时，黄河渗漏量迅速增大，之后便增加缓慢。这是由于河套灌区地下水位较高，当黄河渗漏量达到一定值时，地下水位与黄河水位接近，因此渗漏量不再增加。

黄河底部弱透水层土质不同于乌梁素海的淤泥土，其以砂质黄土、泥质黄土为主，渗透系数较大，根据毛昶熙《堤防工程手册》所给渗透系数经验值，黄河底部弱透水层渗透系数为 0.000001～0.001 cm/s，另据相关实验测得黄河底部渗透系数为 0.00025～0.0008 cm/s（李红良等，2013），两者范围较为接近，模型中取 0.0005 cm/s。根据黄河渗漏量与渗透系数的计算分析结果，初步估计黄河渗透量为 2.4 亿 m^3 左右。

3. 地下水位及参数初值

本次地下水模拟分析利用 2006～2010 年区内（225 眼观测井）的地下水位实测数据反演模型水文地质参数，利用 2011～2013 年的地下水位实测数据进行验证。因此，率定期和验证期相应的初始水位分别由 2006 年 1 月 1 日和 2011 年 1 月 1 日的地下水位实测值插值得到，其中率定期的初始地下水位插值结果如图 5.2 所示。从图 5.2 中可以看出，区内有两个明显的漏斗，一个位于灌区东北部的德岭山附近，据 2013 年地下水观测资料，乌拉特中旗德岭山一带形成区域性开采漏斗，漏斗中心埋深 21.48 m，漏斗面积 180.5 km^2。另一个则位于灌区中南部的临河区附近。

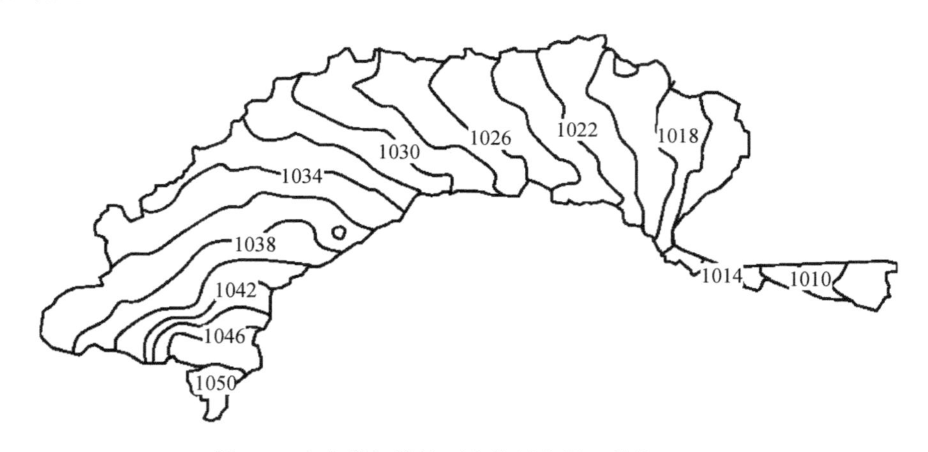

图 5.2　率定期初始地下水位插值图（单位：m）

各种岩性土层的给水度经验值见表 5.4，各种岩性土层的弹性释水率经验值如表 5.5 所示。

表 5.4　给水度经验值

岩性	给水度	岩性	给水度
黏土	0.01～0.02	粉砂	0.13～0.17
亚黏土	0.02～0.04	细砂	0.09～0.13
粉砂质亚黏土	0.04～0.05	中砂	0.105～0.15
亚砂土	0.05～0.07	粗砂	0.06～0.08

表 5.5　弹性释水率经验值

岩性	弹性释水率/m^{-1}	岩性	弹性释水率/m^{-1}
塑性黏土	$2.4\times10^{-4}\sim1.9\times10^{-3}$	密实沙层	$1.9\times10^{-5}\sim1.3\times10^{-6}$
固结黏土	$1.2\times10^{-4}\sim2.4\times10^{-4}$	密实沙砾	$9.4\times10^{-6}\sim4.6\times10^{-6}$
稍硬黏土	$8.5\times10^{-5}\sim1.2\times10^{-4}$	裂隙岩层	$1.9\times10^{-6}\sim3\times10^{-7}$
松散砂层	$4.6\times10^{-5}\sim9.4\times10^{-5}$	固结岩层	3.0×10^{-6} 以下

给水度及弹性释水率按不同灌域进行调参，分区方法如图 5.3 所示。总干渠南部与黄河北部之间的区域由于位置特殊，因此作为独立分区进行调参。初始给水度设置为 0.05，初始弹性释水率为 0.00001 m^{-1}。

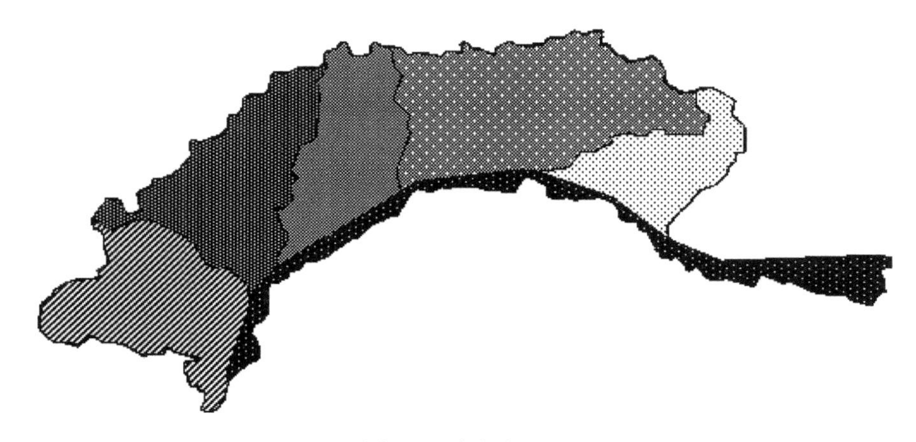

图 5.3　给水度分区

弹性释水系数等于弹性释水率乘以土壤厚度。河套灌区内共有 114 个钻孔点的抽水试验数据，数据表明，第一层弱透水层在套区空间分布有较大变异性，平均的给水度约为 0.02。结合地质资料，河套灌区弱透水层以黏性土为主，因此该层给水度取 0.01～0.04 是较为合理的，为方便参数反演，结合灌域分布情况将给水度分为 6 个区域进行赋值（图 5.3）。第一含水层给水度相对于弱透水层要大，抽水试验数据得到的平均给水度约为 0.04。结合地质资料，河套灌区第一含水层有较厚的沙层，因此该层给水度取 0.04～0.07 是较为合理的，弹性释水率参考密实沙层的经验值，取值为 $1.3\times10^{-6}\sim1.9\times10^{-5}$ m^{-1}，分区与弱透水层一致。总干渠南部与黄河北部之间的区域由于位置特殊，因此作为独立分区进行调参。初始给水度设置为 0.04，初始弹性释水率为 0.00001 m^{-1}。

渗透系数是表征含水层水流流动能力的指标。随着内蒙古高原的隆起，河套断陷为沉降盆地，逐渐为黄河冲积物所填，因此区内土壤以粗砂、粉砂、壤土以及黏土为主。根据河套灌区 200 多眼地质勘探孔的地层岩性资料，通过土壤性质及对应的渗透系数经验值，将井位处的土壤岩性的类型及渗透系数值输入 Visual MODFLOW 中，利用反向插值方法得到全区渗透系数的初值。河套灌区渗透系数初值的整体趋势大致为从南到北逐渐减小，数值上从南边最大的 27.0 m/d 降至北边的 3.0 m/d。

4. 灌溉及降雨入渗

1）灌溉入渗

河套灌区地下水主要补给源为灌溉和降雨，将灌溉入渗与降雨入渗合并输入。河套灌区现有总干渠 1 条、干渠 13 条、分干渠 48 条、支渠 372 条，斗、农、毛渠 8.6 万多条，斗、农渠在平面上基本上均匀密布，引水量较均匀地平铺在灌溉区域上，因此将灌溉补给以面状补给的形式输入。利用 ArcGIS 地理绘图软件，依据灌区内排水沟和引水渠道分布情况，将排水沟作为各个分区的分界，划分各渠道灌溉控制区域。因为河套灌区区域广阔，鉴于模拟难度及资料掌握情况，将干渠、分干渠灌溉控制区域作为分区单位，将整个河套灌区分成 18 个灌溉控制区域，如图 5.4 所示。各个干渠的灌溉控制区域的面积及其年平均引水量见表 5.6。其他低级渠道由于分布密集，因此将对应的渠系入渗合并到田间入渗中。降雨入渗单独计算，渠系入渗与田间入渗的水量合并计算，三种来源的入渗水量整合为一个等效的补给量，赋予到每个干渠对应的灌溉控制区域内。

表 5.6　渠道综合信息表

渠名	一干渠	大滩渠	乌拉河	杨家河	黄济渠	黄洋渠	永济渠
引水量/亿 m^3	5.796	0.583	1.936	4.002	4.977	0.169	6.284
面积/km^2	1060	116.8	440.5	673	893	83	1243
单位面积上灌溉量/m	0.547	0.499	0.44	0.595	0.557	0.204	0.506
渠名	合济渠	南边渠	北边渠	南三支	丰济渠	复兴渠	义和渠
引水量/亿 m^3	1.216	0.628	0.093	0.288	4.343	4.473	2.752
面积/km^2	256	175.2	108	138.5	1143	827	713
单位面积上灌溉量/m	0.475	0.358	0.086	0.208	0.38	0.541	0.386
渠名	通济渠	长塔渠	华惠渠	四闸渠			总计
引水量/亿 m^3	2.125	6.138	0.209	0.731			46.743
面积/km^2	510	806	158.5	562			9906.5
单位面积上灌溉量/m	0.417	0.762	0.132	0.13			0.47

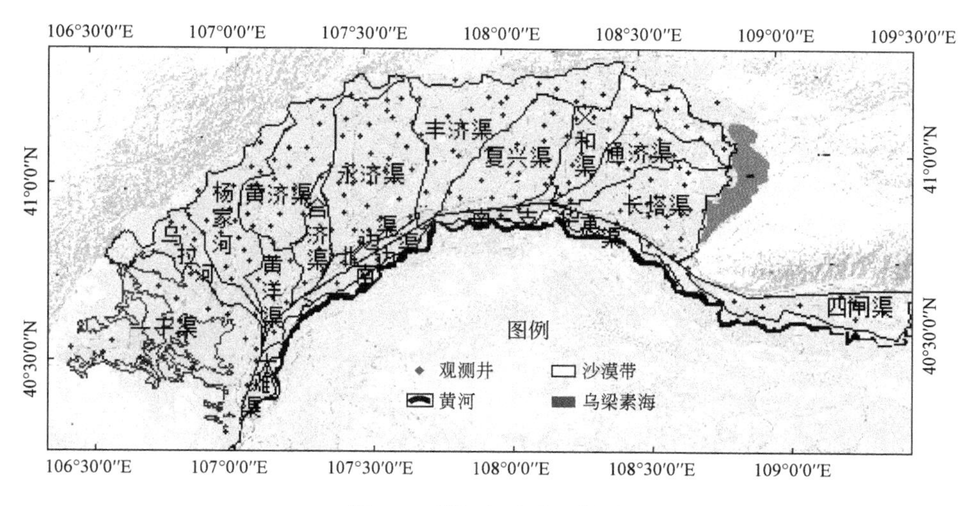

图 5.4　灌溉入渗分区划分

单位面积上灌溉水量的大小与该分区内部的耕作面积、作物需水量有关。从表 5.6 中可以看出，大部分分区的单位面积补给水量较为均匀，为 300～600 mm。其中，北边渠、华惠渠、四闸渠、黄洋渠、南三支的单位面积灌溉水量偏小，是由于这些分区位于总干渠或黄河周边，补给较为丰富，且部分分区内有大量的非种植区域。

单位面积上地下水入渗补给量计算如下所示：

$$q_{\mathrm{i}}=Q_{\mathrm{r}}/S \tag{5.2.1}$$

$$q=q_{\mathrm{i}}\times\varphi_1+q_{\mathrm{r}}\times\varphi_2 \tag{5.2.2}$$

式中，q_r、q_i 分别为单位灌溉控制面积上的灌溉水量和降水量；Q_r 为渠道灌溉引水量；S 为对应渠道的灌溉控制面积；φ_1、φ_2 分别为降雨入渗系数和灌溉综合入渗系数，降雨入渗系数取 0.1，灌溉综合入渗系数通过数值反演率定。

2）降雨入渗

尽管河套灌区降雨较少，但是降雨入渗依旧是灌区内地下水系统的重要补给源，由于 Visual MODFLOW 中每个网格只能输入一个入渗值，因此将降雨入渗和灌溉入渗合并后在一起输入。河套灌区各雨量站统计的降雨情况如图 5.5 所示。

将整个河套灌区按灌域分为五部分，灌域内部取相同大小的降水量，降水量的大小则由灌域内及灌域附近的雨量站决定。依据区内的雨量站点分布情况，乌兰布和灌域的降雨强度采用磴口站降雨数据，解放闸灌域采用杭后站降雨数据，永济灌域采用临河站降雨数据，义长灌域采用五原站数据；乌拉特灌域采用乌前旗站降雨数据。

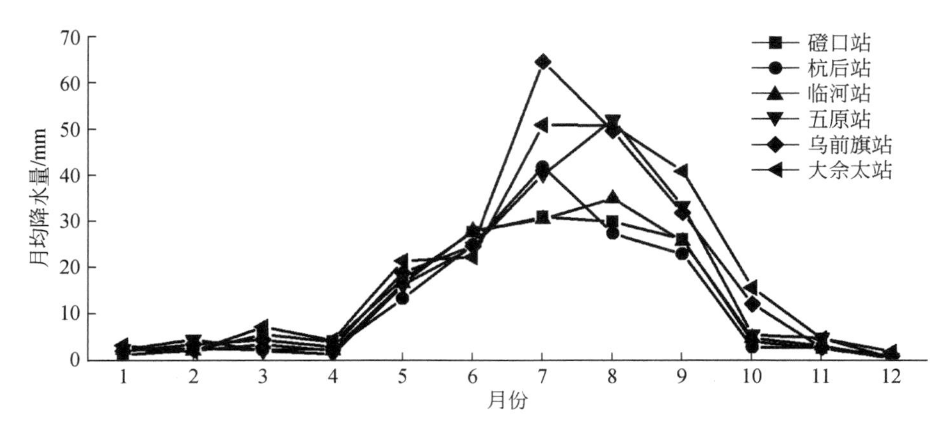

图 5.5 各雨量站月均降水量

降雨入渗系数指的是降雨入渗的水量占降水总量的比例，其大小不仅取决于降雨强度和土壤质地，而且与地形地貌、地下水埋深、前期土壤含水量、植被等多种因素有关。本章根据黄莹等（2010）在永济地区地下水模拟结果，取降雨入渗系数 0.1。

5. 潜水蒸发

1）地表蒸发及分区

本书的研究收集了模拟区内及附近磴口蒸发站（40°20′N，107°00′E）、杭后蒸发站(40°54′N,107°08′E)、临河蒸发站(40°46′N,107°24′E)、五原蒸发站(41°06′N,108°17′E)、乌前旗蒸发站(40°44′N,108°39′E)、大佘太蒸发站(41°01′N,109°08′E) 6 个站点的蒸发数据，如图 5.6 所示。输入时与入渗一样，采用面状分区输入，利用泰森多边形分区方法进行蒸发量分区，分区结果如图 5.7 所示。

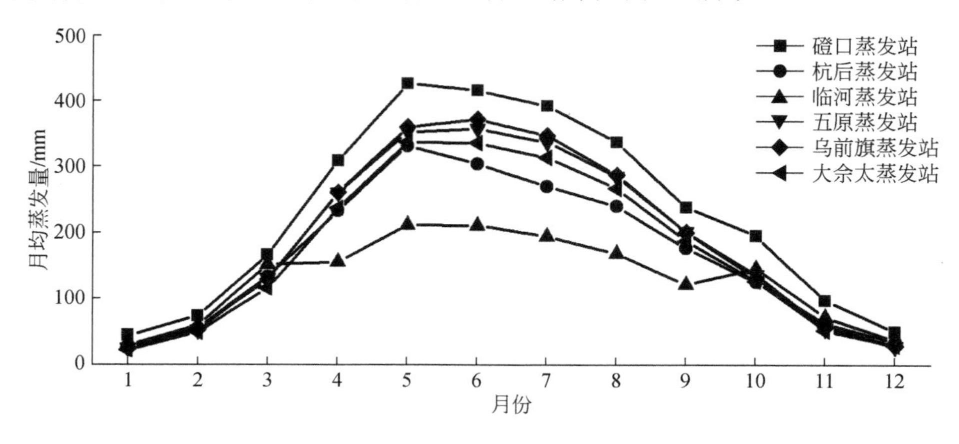

图 5.6 各蒸发站月均蒸发量

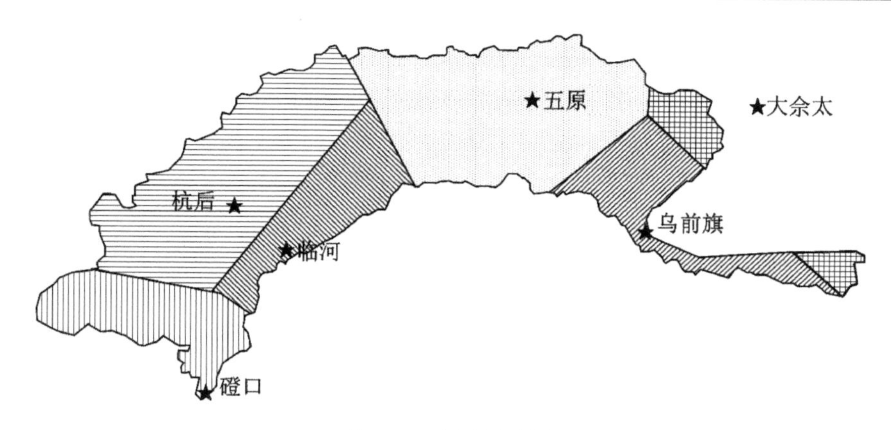

图 5.7　蒸发量分区

潜水蒸发量由自然水体蒸发量（水面蒸发量）和潜水蒸发系数之积得到，本地区的蒸发观测数据由 20 cm 蒸发皿测得，需要将 20 cm 蒸发皿的数据折算转化为自然水体蒸发量。黄河水利委员会水文局根据巴彦高勒蒸发实验站观测的蒸发资料，分析了不同型号蒸发器的蒸发变化规律，并求出了各种型号蒸发观测值的折算系数（钱云平等，1998），折算系数计算公式如下：

$$K = \frac{E_1}{E_2} \tag{5.2.3}$$

式中，E_1 为自然水体蒸发量；E_2 为 20 cm 蒸发皿的蒸发量观测值。

冻融期由于地表土壤冻结，不适合用该方法计算潜水蒸发，采用冻融期补排水量模型计算综合补排水量，生育期和秋浇期蒸发量由式（5.2.3）计算。河套灌区 5～11 月的蒸发折算系数取值见表 5.7。

表 5.7　蒸发折算系数

蒸发折算系数	5 月	6 月	7 月	8 月	9 月	10 月	11 月
K	0.438	0.478	0.516	0.567	0.6	0.592	0.594

2）潜水蒸发系数

潜水蒸发指的是潜水通过包气带向上运动并通过土表蒸发及植物蒸腾到大气的过程，这部分损失的水量即潜水蒸发量，该水量与相同时段的水面蒸发量的比值即潜水蒸发系数。

潜水蒸发系数的影响因素很多，主要有作物种植情况、土壤岩性、地下水埋深等。在河套灌区解放闸沙壕渠试验中（王亚东，2002），根据地中渗透仪测定法测得了沙壤土和黏土不同埋深下的潜水蒸发值，并由各个埋深中的潜水蒸发量与水面蒸发的比值得到沙壤土与黏土的潜水蒸发系数。从土壤质地方面，河套灌区主要土壤类型为粉细砂、沙壤土及黏土，其中黏土约占 38.0%，而沙壤土及粉细沙共约占 62.0%。结合土壤类型加权平均后得到该地区的潜水蒸发系数，如图 5.8 所示。

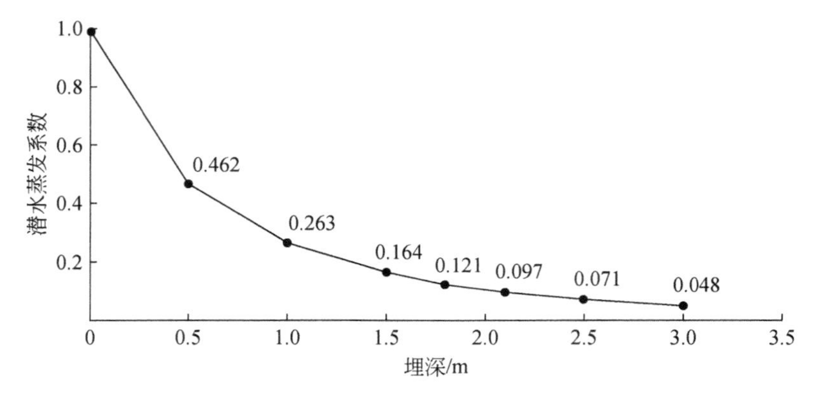

图 5.8　潜水蒸发系数

地下水埋深为 3 m 时，潜水蒸发系数值约为 0.048，已接近零蒸发。地下水埋深大于 3 m 时没有实测数据，根据趋势进行推断，取极限埋深为 4 m。

6. 排水沟设置

河套灌区内分布有密集的排水系统，由于模型区域较大，本书的研究只设置分干沟级别以上的排水沟，空间布置情况及排水沟参数如图 5.9 和表 5.8 所示。利用排水沟子程序包模拟灌区主要排水沟系统。若含水层水头低于排水沟底部，则

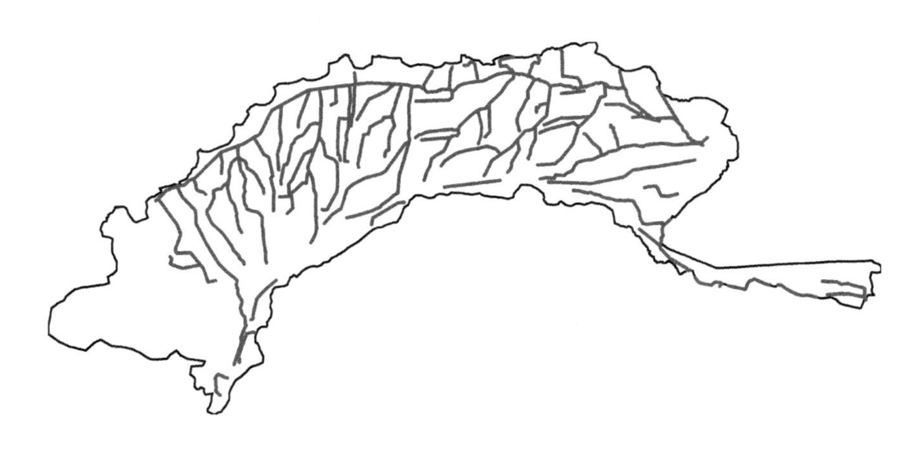

图 5.9　排水沟设置

排水量为 0；若高于排水沟底部，则有排水。通过查阅《灌区农水渠系设置手册》，将总排干沟深设为 4 m，干沟深设为 2 m，排水沟水力传导度是一个综合系数，它反映了排水沟与地下水系统之间的水力传导性质，设置见表 5.8。

表 5.8　排水沟参数设置

级别	沟深/m	水力传导度/（m^2/d）
总排水沟	4	500
干沟	2	300

5.2.2　参数率定和验证

灌区地下水流模型中的主要参数有渗透系数、给水度、潜水蒸发系数、渠系渗漏补给系数、降雨补给系数和田间入渗补给系数。其中，潜水蒸发系数和降雨补给系数将大量的试验研究成果作为已知项输入，渠系渗漏补给系数和田间入渗补给系数合并为综合入渗参数进行率定。综合入渗系数率定结果见表 5.9，河套灌区全区入渗系数生育期平均为 0.281、秋浇期平均为 0.344，全年平均为 0.301，各分区之间稍有差别，其中总干渠南部分区由于总干渠渗漏影响，综合补给系数较大。另外，生育期 5 月由于月初冻土融化对地下水补充的影响，也相应地增大了该月份的入渗系数。给水度和弹性释水率见表 5.10，第一层弱透水层给水度为 0.02～0.03，第二、第三层给水度为 0.04～0.06，弹性释水率为 0.0000005～0.000005 m^{-1}，结果表明，除南部沿河区域土质偏沙土、给水度偏大而释水系数偏小外，各分区差别不大。该参数结果符合地下水文土壤参数指标，结果可信。全区整个含水层的水平渗透系数如图 5.10 所示，全区大致趋势为南部大、北部小，数值为 2～13 m/d。

表 5.9　综合入渗系数

生育阶段		一干渠	大滩渠	乌拉河	杨家河	黄济渠	黄洋渠	永济渠	合济渠	南边渠
生育期	5 月	0.4	0.5	0.4	0.42	0.4	0.4	0.3	0.3	0.4
	6 月	0.3	0.4	0.3	0.3	0.3	0.3	0.2	0.3	0.25
	7 月	0.21	0.4	0.23	0.25	0.2	0.2	0.2	0.2	0.25
	8 月	0.21	0.4	0.23	0.25	0.2	0.2	0.2	0.2	0.25
	9 月	0.21	0.4	0.23	0.25	0.2	0.2	0.2	0.2	0.25
秋浇期	10 月	0.33	0.6	0.35	0.35	0.33	0.35	0.33	0.33	0.4
	11 月	0.33	0.6	0.35	0.35	0.33	0.35	0.33	0.33	0.4

续表

生育阶段		北边渠	南三支	丰济渠	复兴渠	义和渠	通济渠	长塔渠	华惠渠	四闸渠
生育期	5月	0.4	0.5	0.4	0.4	0.4	0.5	0.4	0.5	0.5
	6月	0.25	0.4	0.3	0.3	0.3	0.3	0.3	0.4	0.4
	7月	0.25	0.4	0.2	0.2	0.2	0.2	0.2	0.3	0.3
	8月	0.25	0.4	0.2	0.2	0.2	0.2	0.2	0.3	0.3
	9月	0.25	0.4	0.2	0.2	0.2	0.2	0.2	0.3	0.3
秋浇期	10月	0.4	0.6	0.35	0.33	0.33	0.33	0.33	0.5	0.38
	11月	0.4	0.6	0.35	0.33	0.33	0.33	0.33	0.5	0.38

表 5.10　给水度及弹性释水率

项目	分区	给水度	弹性释水率/m^{-1}	有效孔隙度	孔隙度
弱透水层	乌兰布和灌域	0.02	0.000005	0.3	0.5
	解放闸灌域	0.02	0.000005	0.3	0.5
	永济灌域	0.025	0.000005	0.3	0.5
	义长灌域	0.02	0.000005	0.3	0.5
	乌拉特灌域	0.025	0.000005	0.3	0.5
	黄河沿岸	0.03	0.000001	0.3	0.5
第一含水层	乌兰布和灌域	0.04	0.000002	0.35	0.5
	解放闸灌域	0.045	0.000002	0.35	0.5
	永济灌域	0.05	0.000002	0.35	0.5
	义长灌域	0.045	0.000002	0.35	0.5
	乌拉特灌域	0.05	0.000002	0.35	0.5
	黄河沿岸	0.06	0.0000005	0.35	0.5

图 5.10　水平渗透系数（单位：m/d）

5.2.3　地下水流场

为分析河套灌区地下水流场、地下水埋深的时空分布与实际流场是否相符，本书的研究取率定期 2010 年 1 月 1 日、5 月 1 日、10 月 1 日、12 月 1 日的计算结果，它们分别代表年初、冻融期末、生育期末、年底 4 个具有代表性的时间点的计算水头，与实测水头进行对比，对比结果如图 5.11 所示。从计算水头和实测

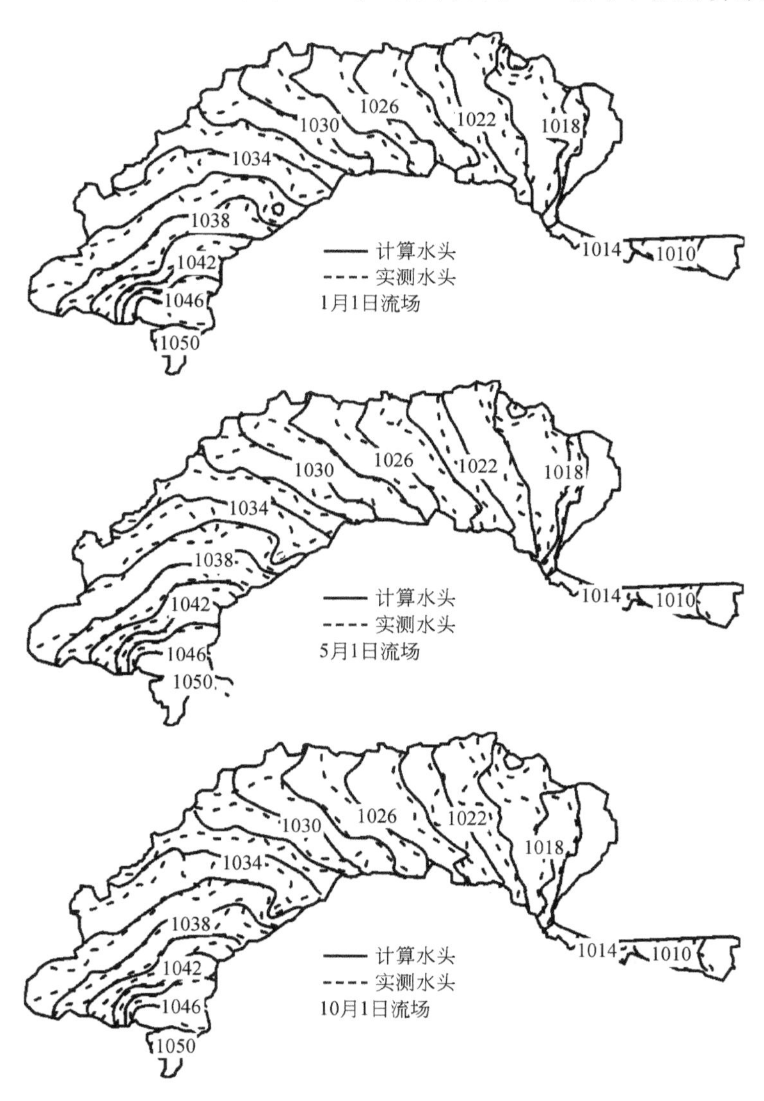

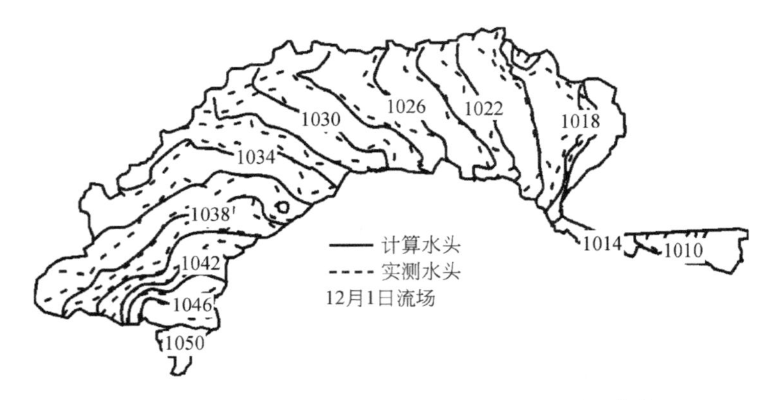

图 5.11 不同时期计算水头与实测水头分布对比图（单位：m）

水头的对比可以看出，模型计算结果与实际水头比较接近，模拟效果较好。模拟区内的水流流场表现为，在乌兰布和灌域，水流流动方向大致为由南向北流动，至解放闸灌域、永济灌域，以及义长灌域，水流方向逐渐变为西南流向东北方，最终至乌拉特灌域，水流方向大致呈由西向东趋势。由于排水沟和抽水的影响，德岭山、临河区等局部地区有下降漏斗，形成局部汇流之势。

5.2.4 地下水位动态

利用2006～2010年河套灌区内219口观测井的地下水位观测数据进行参数率定，选用2011～2013年的地下水资料进行验证，以月为应力期，率定期共60个应力期，验证期共36个应力期。

图5.12、图5.13为率定期和验证期全灌区地下水位计算值与观测值对比，从该结果可以看出，验证期地下水位的模拟结果相对率定期误差稍大，个别区出现了模拟值偏离实测值较多的情况，但大部分区域依旧较为接近。从全灌区来看，全区的计算平均地下水位与观测平均地下水位十分接近。

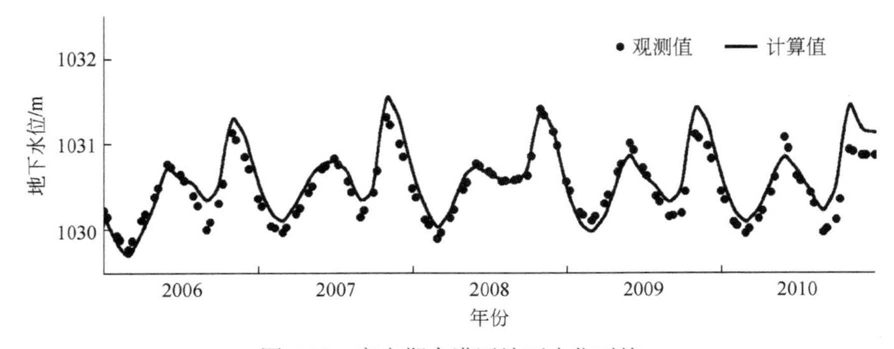

图 5.12 率定期全灌区地下水位对比

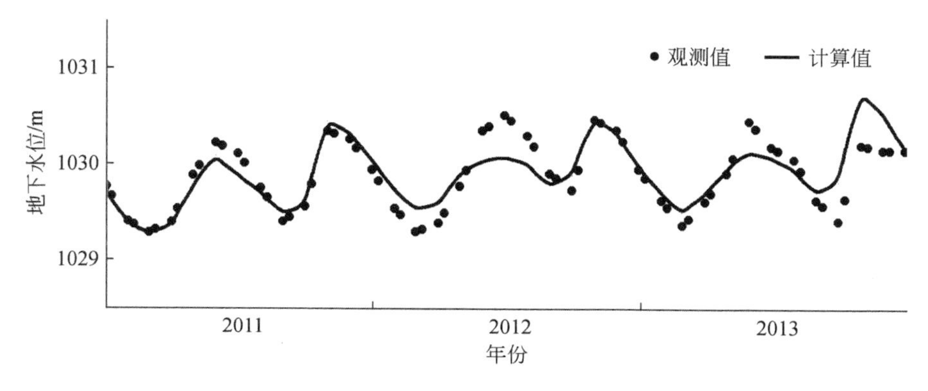

图 5.13　验证期全灌区地下水位对比

图 5.14、图 5.15 为率定期和验证期各分区地下水位计算值与观测值随时间变化的对比结果，从各个分区以及整个河套灌区的计算水位和观测水位的对比可以看出，整个河套灌区地下水位的变化规律十分明显，即一年中两次上升两次下降，土壤冻结期间，由于温度梯度的作用，地下水逐渐向土壤冻层移动，地下水位呈现下降的趋势；土壤融解期，冻层土壤逐渐融化，在重力作用下，融化水补给地下水，地下水位呈现上升趋势；作物生长灌溉期，尽管灌区引用大量的灌溉水量，但此期间，作物腾发量大，消耗水量多，地下水位呈现下降的趋势；秋浇期间，灌溉水量大，时间集中，作物耗水量小，地下水得到补给而使得地下水位迅速上升。模拟结果较好地反映了全灌区及各分区地下水位的动态变化规律。

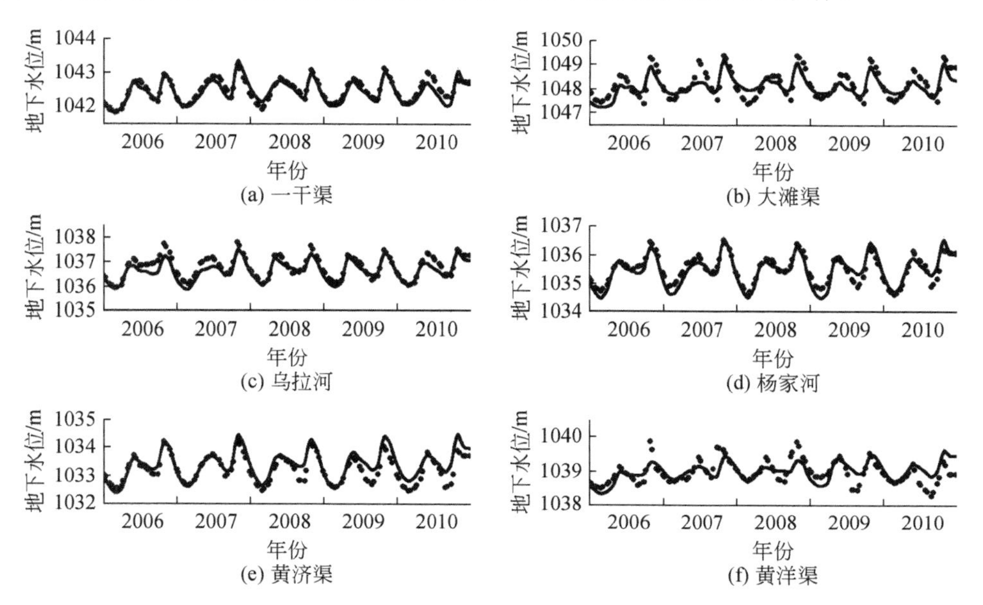

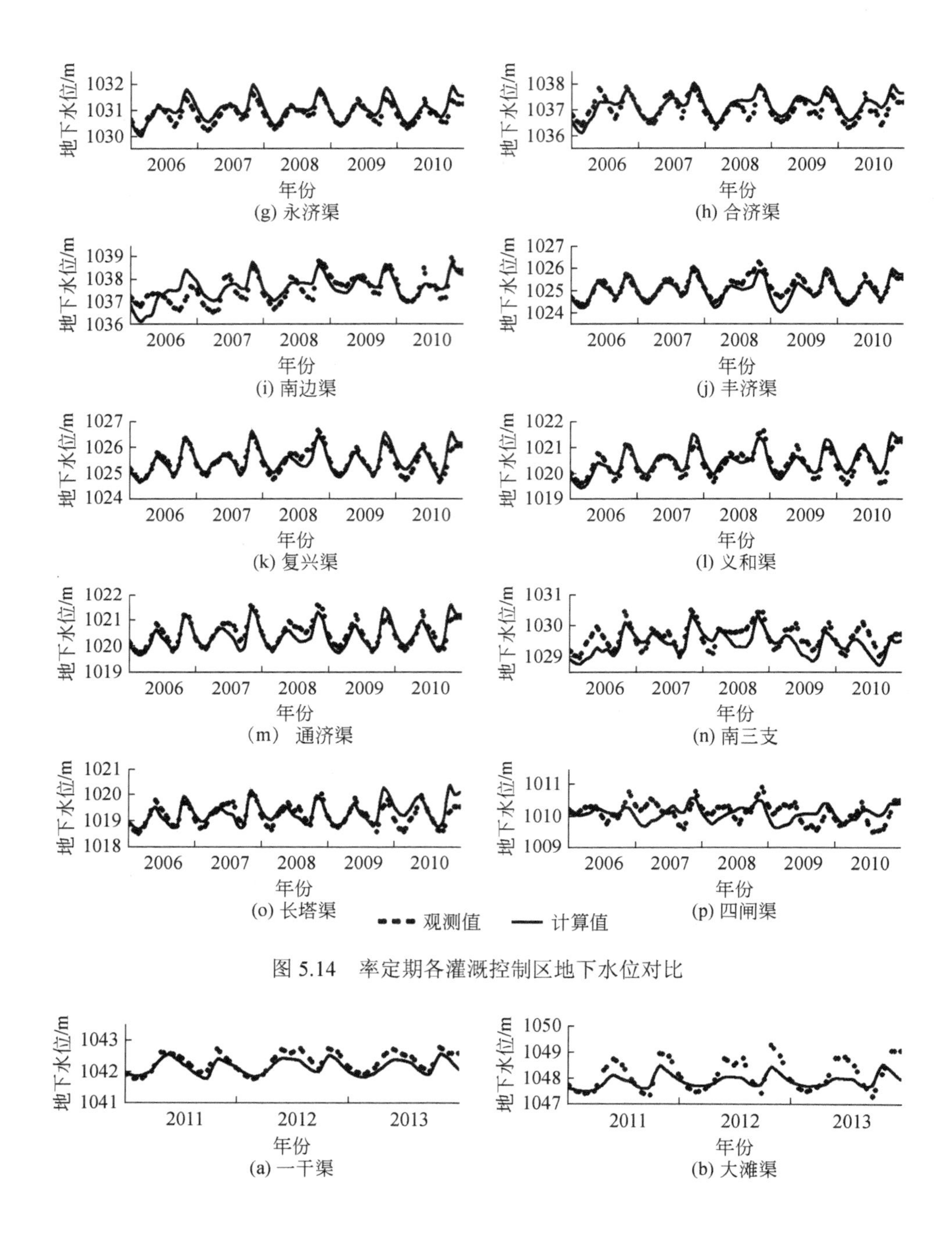

图 5.14　率定期各灌溉控制区地下水位对比

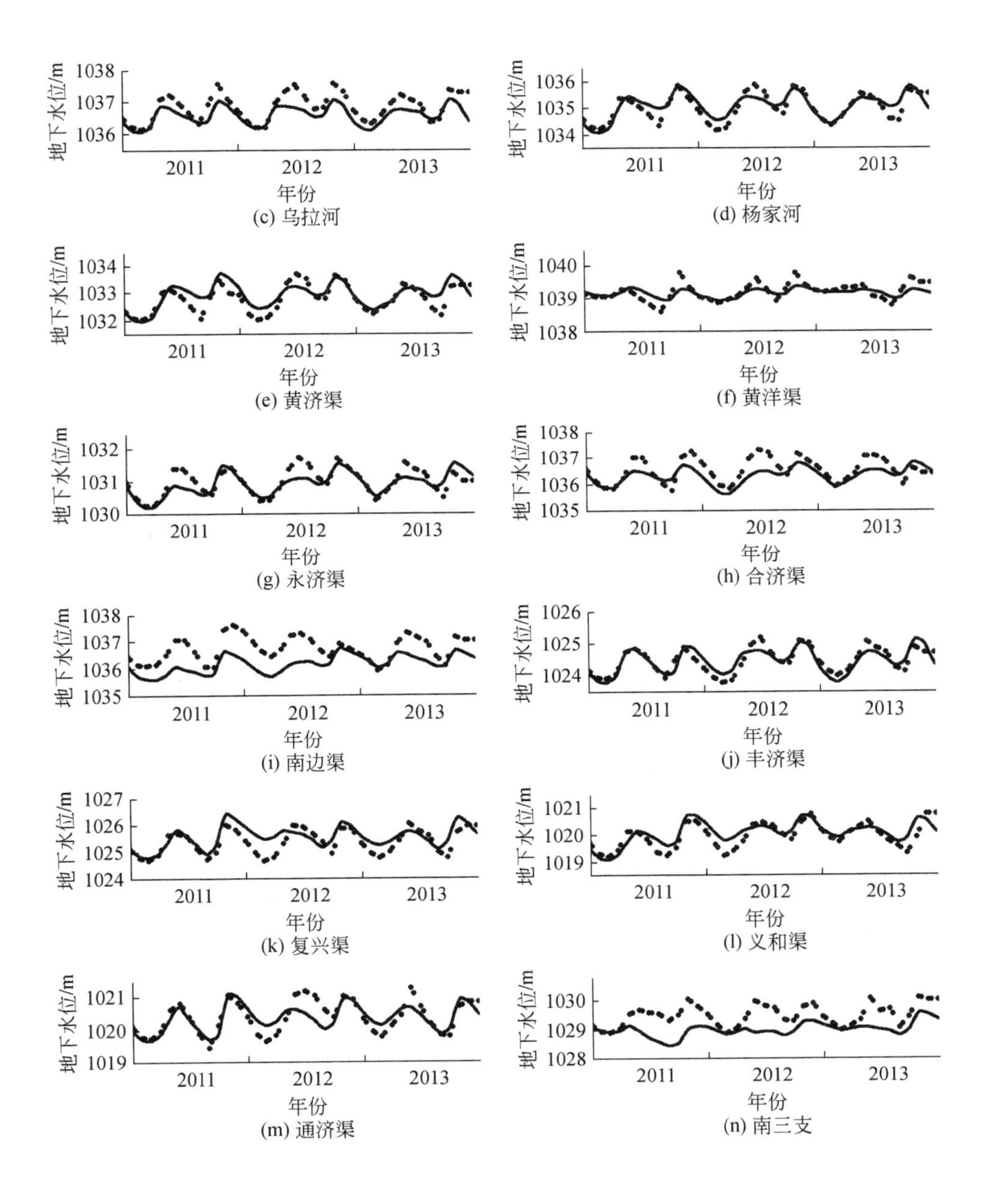
地下水位/m
1038
1037
1036
2011
2012
2013
年份
(c) 乌拉河
地下水位/m
1036
1035
1034
2011
2012
2013
年份
(d) 杨家河
地下水位/m
1034
1033
1032
2011
2012
2013
年份
(e) 黄济渠
地下水位/m
1040
1039
1038
2011
2012
2013
年份
(f) 黄洋渠
地下水位/m
1032
1031
1030
2011
2012
2013
年份
(g) 永济渠
地下水位/m
1038
1037
1036
1035
2011
2012
2013
年份
(h) 合济渠
地下水位/m
1038
1037
1036
1035
2011
2012
2013
年份
(i) 南边渠
地下水位/m
1026
1025
1024
2011
2012
2013
年份
(j) 丰济渠
地下水位/m
1027
1026
1025
1024
2011
2012
2013
年份
(k) 复兴渠
地下水位/m
1021
1020
1019
2011
2012
2013
年份
(l) 义和渠
地下水位/m
1021
1020
1019
2011
2012
2013
年份
(m) 通济渠
地下水位/m
1030
1029
1028
2011
2012
2013
年份
(n) 南三支

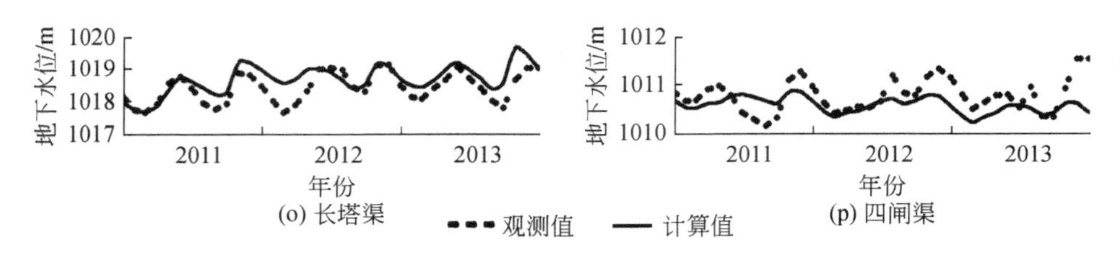

图 5.15　验证期各灌溉控制区地下水位对比

率定期与验证期的地下水位计算值与观测值散点对比如图 5.16 和图 5.17 所示，全灌域内各观测井的地下水位计算值与观测值均匀分布在 45°相关线两侧附近，表明模型没有系统性误差。为进一步评估计算值与观测值的吻合程度，本章引入平均绝对误差（$\overline{X}$）、均方根误差（RMSE）、相关系数（Cor）这些统计参数作为模型结果合理性的评价指标，统计参数见表 5.11。率定期与验证期的平均绝对误差分别为 0.523 m、0.617 m，均方根误差分别为 0.700 m、0.877 m，相关系数均达到了 0.995 以上，说明模型模拟结果准确可信，可用于预测未来地下水位及水资源变化。根据地下水模拟规范，原则上地下水位模拟结果中与实际偏差小于 0.5 m 的结点数量应占到 70%以上，对于水文地质条件复杂的地区，地下水位和水质浓度要求均可适当降低。该模型的率定期与验证期分别为 59.5%和 56.0%，虽然低于 70%，考虑到模拟区域、水文地质条件、土地利用以及资料精度等因素，该结果可视为最优结果。

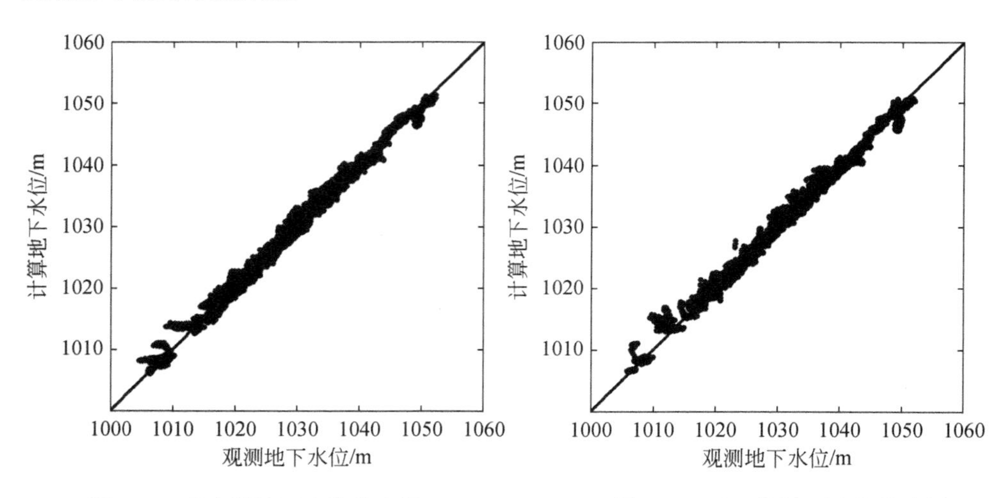

图 5.16　率定期地下水位散点图

图 5.17　验证期地下水位散点图

表 5.11　地下水位计算值与观测值误差标准

时期	平均绝对误差（$\overline{X}$）/m	均方根误差/m	相关系数（Cor）	偏差小于 0.5 m 占比/%
率定期	0.523	0.700	0.996	59.5
验证期	0.617	0.877	0.995	56.0

临河区附近和东北部的德岭山附近存在较大的降落漏斗，临河区的漏斗平均深度 6.5 m 左右，德岭山处部分区域深度达 10 m 以上，且呈缓慢波动下降趋势，成因可能是该区域大量取用地下水。由于缺乏这两个区域抽水的准确资料，短期的地下水位波动无法完全和实际地下水位一致，但地下水埋深的变化趋势较为一致。模拟结果发现，这两处区域扣除降雨入渗和灌溉入渗后，根据地下水位的变化反求得到该区单位面积上每天的抽水量为 200 m^3 左右，该抽水条件下，两个漏斗处的计算地下水位与观测地下水位对比如图 5.18、图 5.19 所示。

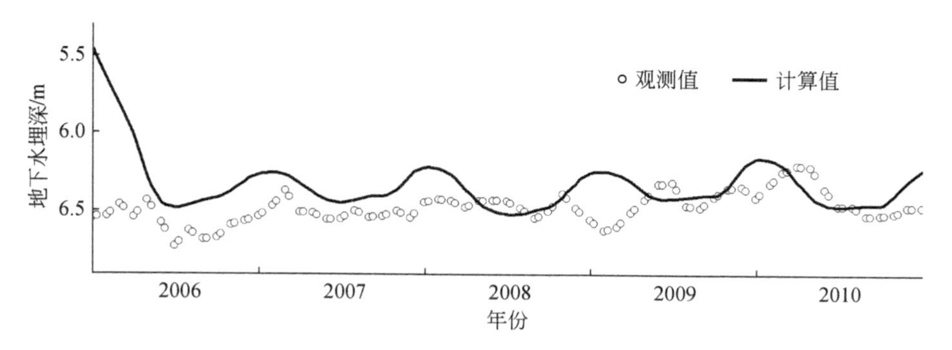

图 5.18　临河区漏斗地下水位对比

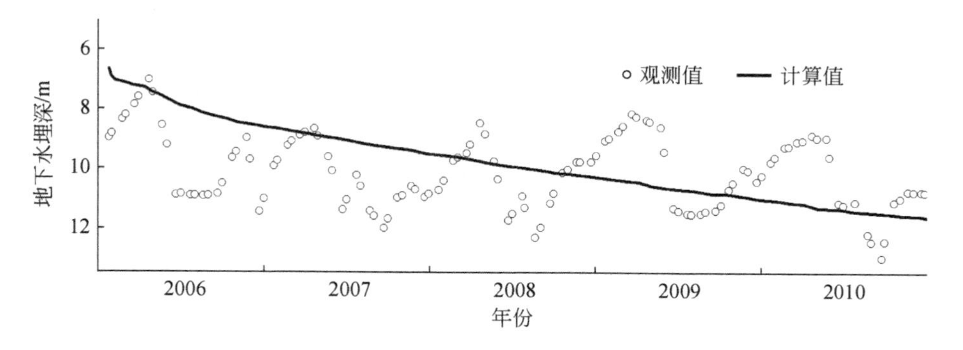

图 5.19　德岭山漏斗地下水位对比

5.2.5 水量均衡分析

率定期和验证期各项水量的统计结果见表 5.12。河套灌区地下水储量波动较小，进入灌区和排出灌区的水量大致相等。率定期潜水蒸发所损失的水量平均每年 14.45 亿 m^3，验证期为 13.24 亿 m^3，其是河套灌区地下水最大的消耗项；灌溉入渗和降雨入渗两者作为河套灌区内地下水最大的补给来源，率定期每年向地下水补充 14.20 亿 m^3，验证期约 13.65 亿 m^3，潜水蒸发与灌溉和降雨入渗补给较为接近，它们是控制灌区地下水位动态变化的关键因素。由于 2012 年气候干旱，黄河引水较少，验证期的入渗量和蒸发量比率定期要小，该计算结果与实际相符。黄河侧渗量也是河套灌区地下水较为重要的补给源，率定期平均每年 0.97 亿 m^3 左右，验证期约 0.98 亿 m^3，在所规划的地下水井渠结合开发利用地下水的条件下，并未引起黄河侧渗水量的大幅度增加。乌梁素海接收河套灌区排水的同时，也直接与地下水进行水量交换，但是交换量较小。率定期的误差为 1.9%，验证期为 3.3%。该模型计算的各项水量总体均衡，模型准确可信。

表 5.12 水量均衡分析（年均水量）

项目	率定期/亿 m^3	验证期/亿 m^3
潜水蒸发量	−14.45	−13.24
入渗补给量	14.20	13.65
湖泊侧渗量	0.04	0.04
黄河侧渗量	0.97	0.98
排水沟排量	−1.04	−0.96
合计	−0.28	0.47

注：正数表示输入量，负数表示输出量。

巴彦淖尔水资源公报公布了各年从总排干排入乌梁素海的水量，平均每年大约排入 4.383 亿 m^3 的水，根据对水资源的总体估计，排水量中的 1/3 来自于地下水，另外的 2/3 来自地表水，即每年地下水排水量为 1.46 亿 m^3，模型计算得到每年的排水量为 1.0 亿 m^3 左右。模型计算结果与实际测量数据差 0.5 亿 m^3 左右，原因是模型中只考虑了总排干部分大的排干，部分的分干以及支干级别以下由于缺乏资料，因此未考虑，从而造成了排水量较小。尽管这部分计算有少许偏差，但是由于排水量相对较小，因此对整体水量分析不会有太大影响。

从地下水进出项均衡分析、观测井水位对比、流场拟合情况以及误差分析情况来看，所建立的河套灌区地下水流模型基本达到了精度要求，符合模拟区实际的水文地质条件，较好地反映了地下水系统的动态特征，可以利用该模型进行河套灌区的地下水资源评价和地下水流场演化的趋势性预测。

5.3　井渠结合膜下滴灌地下水动态预测

水文地质数值模型建立的目的在于预测未来采取特定方案的水文变化情况，预估可能产生的各种后果，以评价方案的合理性及可实施性。预测期采用井渠结合模式进行灌溉，预测时间为 5 年，从 2014 年 1 月 1 日开始，一个月为一个应力期，共 60 个应力期，边界条件不变。

5.3.1　井渠结合井灌区布置

井渠结合区是指在该区内一部分区域为纯井灌区（称为井渠结合井灌区），另一部分区域为纯渠灌区（称为井渠结合渠灌区），将井渠结合区的井灌区和渠灌区进行平均，视为一种综合均匀分布的情况，称为井渠结合综合区。井渠结合井灌区和井渠结合渠灌区在井渠结合区内近乎均匀分布。根据井渠结合渠灌区的地下水补给量和井渠结合井灌区的地下水开采量之间的平衡，已经得到了渠井结合比为 3.0。单个井渠结合井灌区越小，则井渠结合井灌区越容易与井渠结合渠灌区进行水量交换，因此井渠结合井灌区内的地下水下降越缓慢。仅就考虑这一因素的情况下，单个井渠结合井灌区的面积越小越好，然而井渠结合井灌区布置分散必然导致管理难度加大。本章将井渠结合井灌区设置为正方形，将正方形边长逐渐增加，根据地下水位变化，分析最适宜的井渠结合井灌区面积。本书的研究中将井渠结合井灌区面积设置为 3375 亩（1500 m×1500 m）、6000 亩（2000 m×2000 m）、9375 亩（2500 m×2500 m）、13500 亩（3000 m×3000 m）和 18375 亩（3500 m×3500 m）5 种方案进行比较计算。为提高井渠结合典型区的计算精度，对井渠结合典型区内的计算网格进行加密处理，将原 1000 m×500 m 的大网格划分为 50 个 100 m×100 m 的小网格。井渠结合井灌区和井渠结合渠灌区布置形式如图 5.20 所示。

5.3.2　井渠结合单位面积补给量

井渠结合后，非井渠结合区和井渠结合渠灌区仍采用现状条件的灌水模式，单位面积补给量不变，为简化计算，将井渠结合井灌区的抽水井用面上平均抽水进行概化。井渠结合区内单位面积补给量主要有三类：井渠结合井灌区单位面积补给量、井渠结合渠灌区单位面积补给量、井渠结合综合区单位面积补给量。对生育期与秋浇期单位面积补给量分别进行计算，计算公式如下：

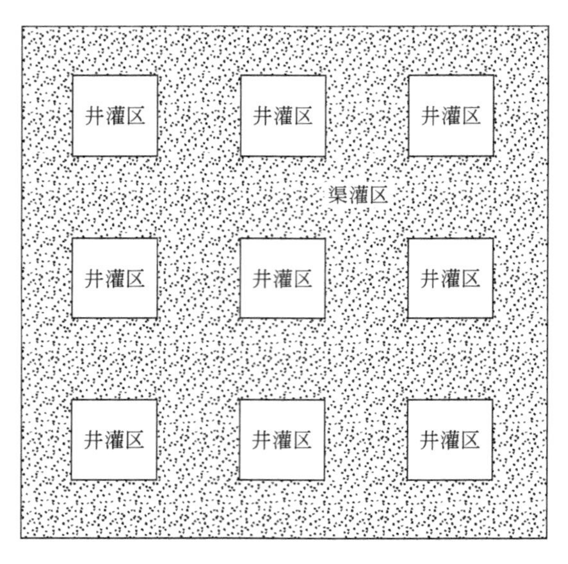

图 5.20　井渠结合井灌区和井渠结合渠灌区布置形式

$$q_{11} = 1.5 \times \frac{q_1}{\eta_1} \times k \tag{5.3.1}$$

$$q_{12} = 1.5 \times \frac{q_1}{\eta_1} \times k \times \alpha_1 + q_p \times \alpha_p \tag{5.3.2}$$

$$q_{21} = 1.5 \times \frac{q_1}{\eta} \times k \times (\alpha_1 - 1) + q_p \times \alpha_p \tag{5.3.3}$$

$$q_{22} = 1.5 \times \frac{q_2}{\eta_2} \times k \times n \times \alpha_2 + q_p \times \alpha_p \tag{5.3.4}$$

$$q_{31(32)} = \overline{q}_t \times \alpha_{11(12)} + q_p \times \alpha_p \tag{5.3.5}$$

$$q_{41(42)} = \frac{q_{1(2)} + \delta \times q_{31(32)}}{1+\delta} \tag{5.3.6}$$

式中，q_{11}为井渠结合井灌区单位控制面积上的地下水开采量，mm；q_1为井渠结合井灌区生育期的净灌溉定额，不同方案该值取值不同，m^3/亩；η_1为井渠结合井灌区灌溉水利用系数，由于井灌区的输水通过毛渠直接到田间，因此η取井灌区的田间水利用系数，即取 0.89，无量纲；k为井渠结合井灌区内灌溉面积占灌溉控制面积的比值，因为井渠结合井灌区内的土地利用条件较好，该值较全区的灌溉面积与全区灌溉控制面积的比值稍大，取 0.7，无量纲；q_{12}为井渠结合井灌区内生育期单位灌溉控制面积上的地下水补给量，mm；α_1为井渠结合井灌区内生育期的田间入渗系数，该值取 0.11，无量纲；q_p 为单位灌溉控制面积上的降水量，数值上取 2006～2013 年降雨观测数据的均值，mm；α_p 为降雨入渗补给系数，该系数取值与率定期一致，取 0.1，无量纲；q_{21}、q_{22} 分别为井渠结合井灌区单位灌溉控制面积上生育期和秋浇期的地下水综合补给量，mm；q_2 为井渠结合井灌区秋浇期的净灌溉定额，根据灌溉资料推求，取 120 m^3/亩；η_2 为各干渠的灌溉水利用系数，平均为 0.432，无量纲；n 为秋浇频率，井灌区采用两年一秋浇，故 n 为 1/2，无量纲；α_2 为井渠结合渠灌区内综合入渗补给系数，该值取率定结果，无量纲；$q_{31(32)}$ 为井渠结合渠灌区生育期（秋浇期）的单位面积上地下水的补给量，mm；$\alpha_{11(12)}$ 为井渠结合渠灌区内生育期（秋浇期）综合入渗补给系数，该值取率定结果，无量纲；$\overline{q}_t$ 为井渠结合渠灌区 2006～2013 年单位控制面积上毛灌溉定额，mm；$q_{41(42)}$ 为井渠结合综合区生育期（秋浇期）的单位面积上的地下水补给量，mm；δ 为井渠结合渠灌区与井渠结合井灌区的比值，取值为 3，无量纲。

5.3.3　井渠结合地下水位变化

根据井渠结合后地下水位计算结果，在井渠结合井灌区边长不同的情况下，井渠结合井灌区内的地下水降深见表 5.13，根据地下水降深变化趋势，采用二次函数拟合，如图 5.21 所示，井渠结合井灌区单位边长变化引起的埋深变化很小，将边长和降深的单位分别取 m 和 mm，以提高公式的拟合精度。

表 5.13　地下水降深统计表　（单位：mm）

降深	0m	1500 m	2000 m	2500 m	3000 m	3500 m
地下水平均降深	0	0.837	1.007	1.308	1.464	1.646
地下水最大降深	0	1.496	1.788	2.257	2.525	2.780
地下水最小降深	0	0.287	0.387	0.640	0.696	0.771

拟合得到地下水最大降深、平均降深、最小降深与井渠结合井灌区边长的关系，如式（5.3.7）～式（5.3.9）所示。所有拟合函数的相关系数均达到 0.99 以上，拟合效果良好，精度较高。井渠结合井灌区地下水降深随着井渠结合井灌区边长的增加而逐渐增加，但增速逐渐减小。由于二次方项系数较小，因此在精度要求较低时，可将井渠结合井灌区地下水降深简化为线性关系，井渠结合井灌区边长每增加 1000 m，则井渠结合后井灌区内地下水平均降深约增加 0.6 m。

$$\Delta h = -9\times10^{-5}x^2 + 1.1079x \tag{5.3.7}$$

$$\Delta h = -4\times10^{-5}x^2 + 0.6017x \tag{5.3.8}$$

$$\Delta h = -9\times10^{-6}x^2 + 0.2004x \tag{5.3.9}$$

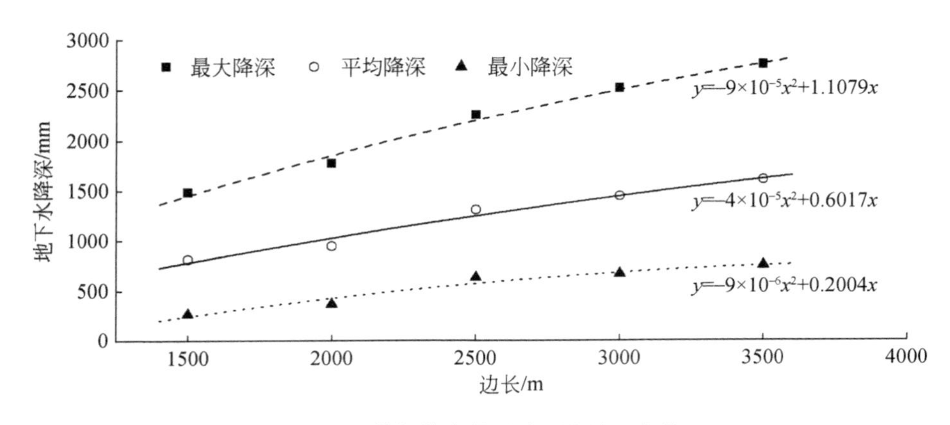

图 5.21 井渠结合前后地下水降深变化

据此，本章分析了井渠结合井灌区边长为 2500 m、面积为 9375 亩的情况。井渠结合前后井渠结合井灌区与井渠结合渠灌区的地下平均水位如图 5.22 所示。井渠结合后，井渠结合井灌区生育期抽取地下水灌溉，地下水位大幅下降。秋浇期时，井渠结合井灌区采用两年一灌，地下水位上升至全年最大值，上升幅度较井渠结合前稍有减小。井渠结合后井渠结合渠灌区受井渠结合井灌区的影响，地下水位也相应下降。除冻融期外，井渠结合渠灌区地下水位始终高于井渠结合井灌区，井渠结合渠灌区地下水位变化趋势与井渠结合前接近，生育期初与秋浇期均有明显的上升趋势。由多年地下水位资料可知，河套灌区地下水平均埋深 1. 7 m。井渠结合实施前后地下水降深及埋深见表 5.14。

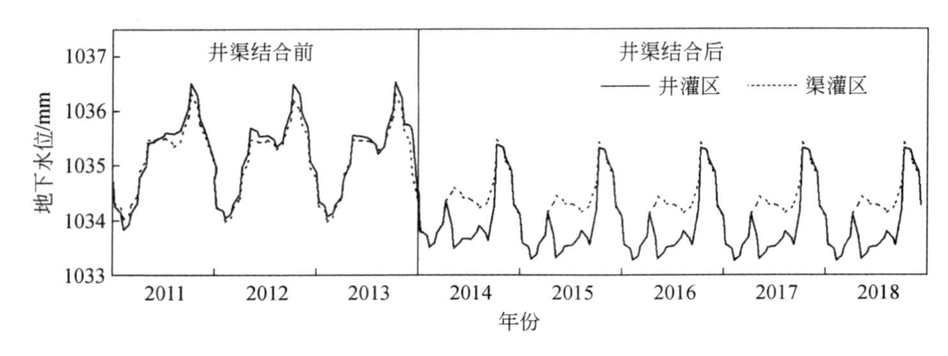

图 5.22 井渠结合前后地下水位变化

表 5.14 井渠结合前后各区降深增加值统计表 （单位：m）

项目	井渠结合井灌区	井渠结合渠灌区	井渠结合区	全灌区
地下水最大降深	2.26	1.23	1.49	0.56

续表

项目	井渠结合井灌区	井渠结合渠灌区	井渠结合区	全灌区
地下水平均降深	1.30	0.91	1.00	0.38
地下水最小降深	0.64	0.59	0.60	0.23
地下水最大埋深	3.53	3.48	3.53	—
地下水平均埋深	2.89	2.52	2.70	2.08
地下水最小埋深	1.58	1.41	1.41	—

井渠结合之后全灌区地下水平均降深为 0.38 m，灌区平均地下水埋深为 2.08 m。井渠结合区地下水平均降深为 1.00 m，埋深为 2.70 m。井渠结合井灌区和渠灌区地下水平均降深为 1.30 m 和 0.91 m，平均地下水埋深分别为 2.89 m 和 2.52 m。两个区域地下水位差约为 0.37 m。井渠结合区内地下水年平均埋深示意变化如图 5.23 所示。

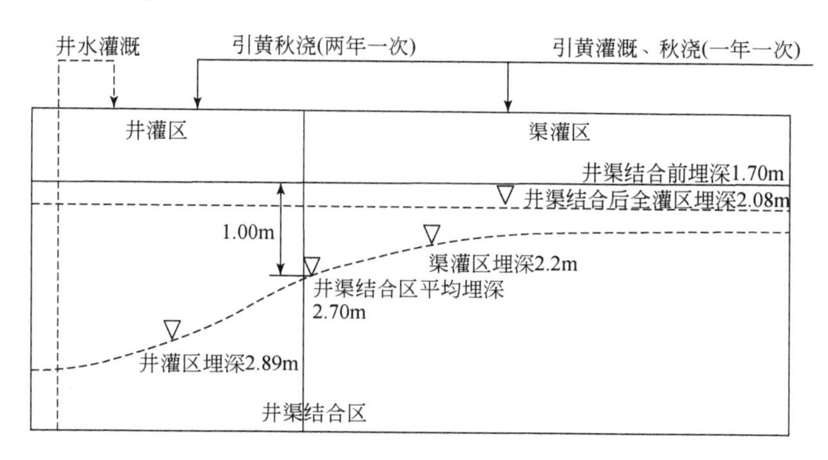

图 5.23　井渠结合区地下水位变化

年内不同时期地下水埋深变化较大，地下水最大降深为 2.43 m，出现在井渠结合井灌区生育期内。地下水最小降深为 0.68 m、最大埋深为 3.85 m，均出现在冻融期，因此对作物影响较小。地下水最小埋深为 1.65 m，出现在井渠结合渠灌区秋浇期内。由地下水最大埋深值可以看出，由于出现时间和地点均不一致，因此各最值之间不存在直接的换算关系。

为观测地下水位在空间上的变化情况，本书的研究选取了一个井渠结合区中心处的横断面的地下水位进行观察分析，模型计算得到年内各时期的地下水位，如图 5.24 所示。

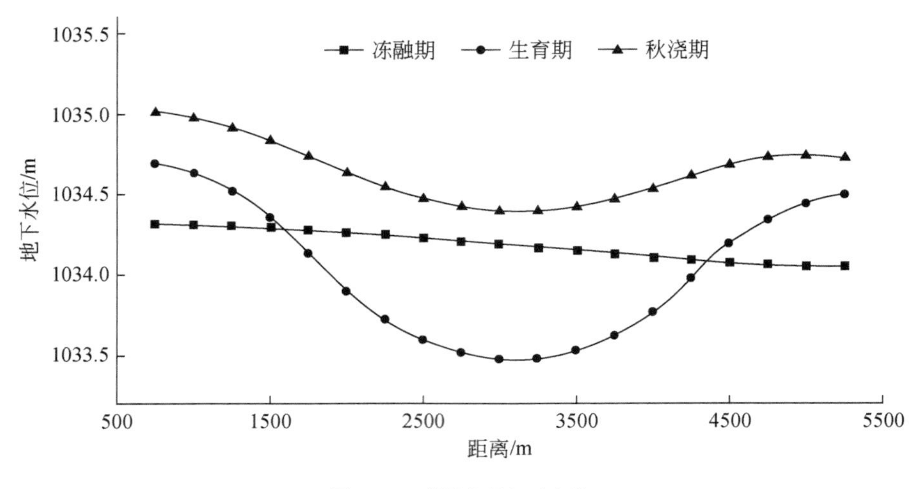

图 5.24　横断面地下水位

井渠结合灌溉模式实施之后，井渠结合井灌区内地下水位一方面受整体地下水趋势（西高东低）的影响，另一方面则受区内抽水量以及周围补充能力大小的影响。从生育期 5 月开始，受抽水影响，地下水位比周围的井渠结合渠灌区要低，形成局部的降落漏斗。秋浇期采用黄河水进行灌溉，但由于井渠结合井灌区和井渠结合渠灌区灌溉模式的差异和灌溉水量的减少，漏斗的降落幅度稍有降低。冻融期后井渠结合井灌区和井渠结合渠灌区均没有灌溉，因此两者地下水位逐渐平稳，漏斗消失。

5.3.4　井渠结合地下水流场

实施井渠结合后，各时期（冻融期、生育期、秋浇期）井渠结合典型区地下水流场如图 5.25 所示。从图 5.25 中可知，冻融期由于无抽水，水头分布与从西南向东北逐渐减小，除南部区域受地形影响稍有波动外，流场整体较为均匀，无明显降深漏斗；生育期井渠结合井灌区地下水位由于地下水的开采而下降，地下水位低于周围的井渠结合渠灌区，形成明显的下降漏斗。受地下水整体流场影响，漏斗均不在井渠结合井灌区中心，而是稍向北或东偏移。周围地下水受水势影响，往井渠结合井灌区内汇流，对井渠结合井灌区内地下水进行补充；秋浇期井渠结合井灌区采用两年一秋浇和井渠结合渠灌区采用一年一秋浇，造成灌溉水对井渠结合井灌区地下水补给量的急剧减少，从而使得井渠结合井灌区地下水位明显下降，整体流场形态与生育期接近。

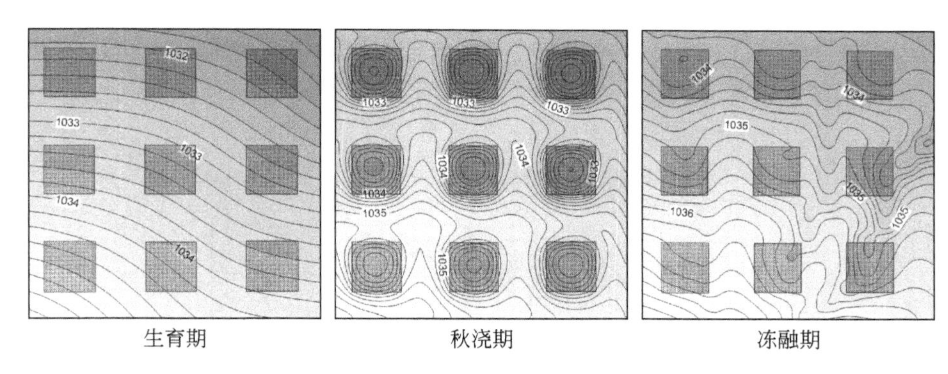

图 5.25　井渠结合典型区地下水流场（单位：m）

5.3.5　井渠结合水均衡及引黄水减少量

河套灌区井渠结合后年水均衡与井渠结合前年水均衡对比情况见表 5.15。可以看出，由于井渠结合后地下水位下降，年均潜水蒸发损失从井渠结合前的 13.24 亿 m^3 减小至 11.55 亿 m^3，其是最主要的节水来源。黄河侧渗量和湖泊侧渗量与井渠结合前相比，水量有轻微的波动，但变化量较小。排水量也从 0.96 亿 m^3 减少至 0.77 亿 m^3。年均入渗补给量从 13.65 亿 m^3 变为 13.20 亿 m^3，依旧是地下水最主要的补充来源。井渠结合井灌区平均每年地下水开采量为 1.76 亿 m^3 左右。尽管入渗补给减少以及对地下水的开采，但由于蒸发量相应减少，灌区内地下水总体稳定，水量处于均衡状态。井渠结合后井渠结合井灌区生育期采用地下水灌溉，井渠结合前对应区域均采用黄河水灌溉。井渠结合后井渠结合井灌区秋浇期采用黄河水灌溉，但是灌溉频率调整为两年一灌，由此可以计算出井渠结合后每年引黄水减少量为 3.8 亿 m^3 左右，节水效果显著。

表 5.15　河套灌区井渠结合前后年水均衡表　　（单位：亿 m^3）

项目	井渠结合前	井渠结合后
储量变化量	−0.34	−0.06
潜水蒸发量	−13.24	−11.55
入渗补给量	13.65	13.20
地下水开采量	0.00	−1.76
湖泊侧渗量	0.04	0.05
黄河侧渗量	0.98	1.12
排水量	−0.96	−0.77
合计	0.13	0.23

注：正数表示输入量，负数表示输出量。

为研究井渠结合井灌区及井渠结合渠灌区的水均衡状况，模型中分别对图 5.26 所示的井渠结合井灌区均衡区和井渠结合渠灌区均衡区进行分析，其中井渠结合均衡区包括了井渠结合井灌区和周围井渠结合渠灌区所组成的区域。

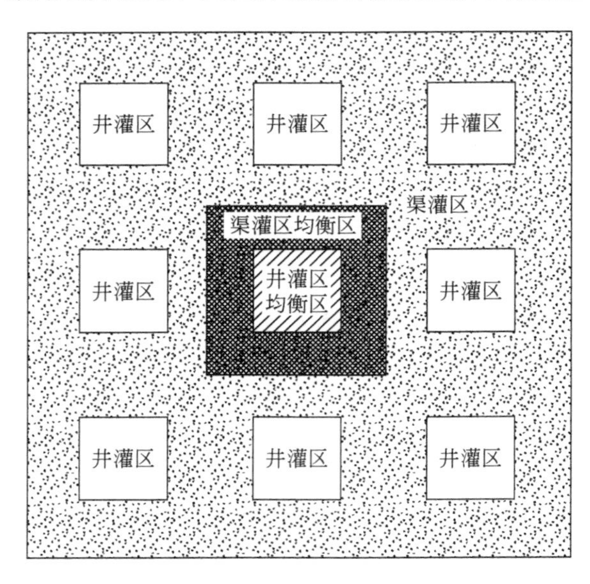

图 5.26　井渠结合均衡区分区设置

井渠结合前后井渠结合井灌区和井渠结合渠灌区两者的水均衡计算结果见表 5.16 和图 5.27。可以看出，井渠结合前井渠结合区内地下水主要补给来源和水量消耗为入渗补给量和潜水蒸发量，井渠结合后潜水蒸发量减少了 49.3%。根据用水需求，9375 亩井渠结合井灌区需要抽取 126.40 万 m^3 地下水，地下水开采量约占现状条件下总补给量的 41.2%，井渠结合渠灌区侧向补给成为井渠结合井灌区内的主要补给来源，井渠结合井灌区能够维持水资源的平稳状态。井渠结合后，井灌区地下水入渗补给量减少为井渠结合前的 41.7%。井渠结合后井渠结合渠灌区主要来源为入渗补给，潜水蒸发较井渠结合前减少了 43.2%左右，同时排水量减少了 66.7%。井渠结合渠灌区与井灌区水量交换的变化量 125.81 万 m^3，两个区域水量平衡。井渠结合后主要节水来源为潜水蒸发的减少以及排水量的变化。

表 5.16　井渠结合前后井灌区与渠灌区水均衡对比　　（单位：万 m^3）

项目	井渠结合前		井渠结合后	
	井渠结合井灌区	井渠结合渠灌区	井渠结合井灌区	井渠结合渠灌区
储水量变化量	−0.90	17.72	2.63	14.63

续表

项目	井渠结合前		井渠结合后	
	井渠结合井灌区	井渠结合渠灌区	井渠结合井灌区	井渠结合渠灌区
潜水蒸发量	−65.29	−184.18	−21.90	−104.63
入渗补给量	76.75	230.24	32.03	230.24
地下水开采量	0.00	0.00	−126.40	0.00
排水量	0.00	−76.48	0.00	−25.48
与井灌区（渠灌区）交换量	−12.20	12.20	113.61	−113.61
合计	−1.64	−0.5	−0.03	1.15

注：正数表示输入量，负数表示输出量。

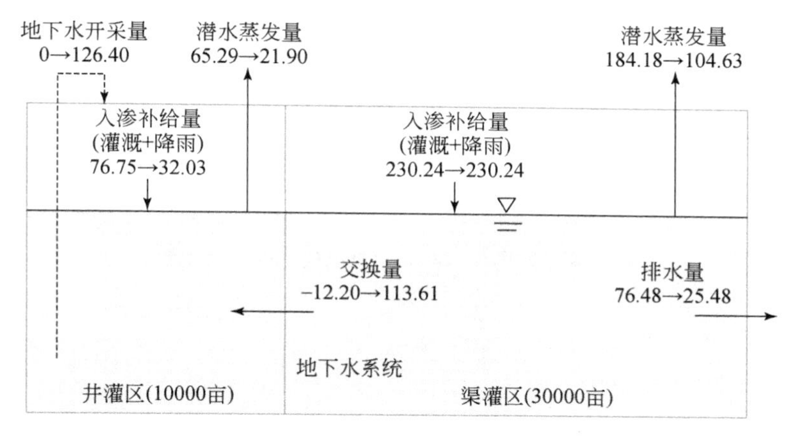

图 5.27　井渠结合前后井灌区和渠灌区水量变化（单位：万 m^3）

5.3.6　井渠结合咸淡水界面移动

灌区实施井渠结合灌溉模式后，井渠结合区地下水位下降，可能导致未开采地下水的咸水区地下水向井渠结合区流动，引起咸水入侵，即矿化度大于 2.5 g/L 的地下水进入井渠结合区，造成原可开采区的地下水质变差，从而影响井渠结合区地下水长期开采利用。为研究这一问题，本书的研究在咸淡水分界线处布置了大量的示踪粒子，通过观测示踪粒子的运移情况来了解咸淡水界面的运动情况，示踪粒子在初期和末期的位置如图 5.28 所示。计算结果表明，示踪粒子的运动速度每年为 0.5～1.1 m，运动方向由南向北，从淡水区流向咸水区，因此不会发生从咸淡水界面往淡水区移动的情况。

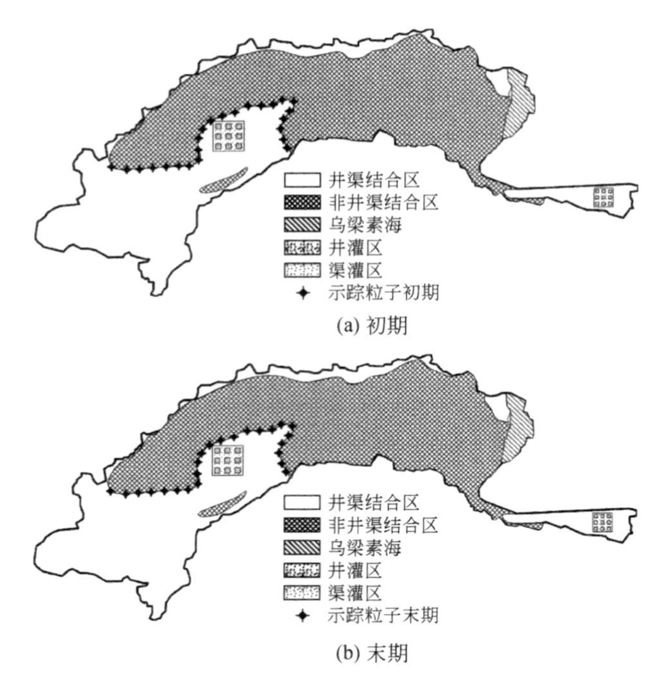

图 5.28 井渠结合区边界示踪粒子运动示意图

5.4 结 论

本节利用 Visual MODFLOW 建立了河套灌区地下水数值模型，经过模型的率定与检验，从观测井地下水位对比效果、流场拟合情况、土壤参数质量、水量均衡分析结果来看，所建立的河套灌区地下水流模型基本达到了精度要求，符合区内实际的水文地质条件，较好地反映了地下水系统的动态特征，可用于对河套灌区的地下水资源评价和地下水流场演化的趋势性进行预测。

研究表明，井渠结合后灌区内地下水位下降幅度受原灌溉条件、周边条件，以及单个井渠结合井灌区面积等因素的影响。在周围地下水补排状况良好、井渠结合井灌区 196 m^3/亩的灌溉定额的条件下，采用地下水进行灌溉，秋浇期利用黄河水灌溉，两年进行一次，单个井渠结合井灌区面积取 9375 亩的条件下，全灌区地下水位平均下降约 0.38 m，地下水平均埋深为 2.08 m；井渠结合区地下水位下降约 1.00 m，地下水埋深为 2.70 m；井渠结合井灌区地下水位下降约 1.30 m，地下水埋深为 2.89 m；井渠结合渠灌区下降约 0.91 m，地下水埋深为 2.52 m；井渠结合后地下水位变化和地下水埋深与其他方法所得到的结果相互验证。

采取井渠结合灌溉制度后，全灌区潜水蒸发量由井渠结合前的 13.24 亿 m^3 减少为 11.55 亿 m^3，潜水蒸发减少 1.69 亿 m^3；由于黄河灌溉引水量的减少，地下水补给量由 13.65 亿 m^3 减少到 13.20 亿 m^3，补给量减少 0.45 亿 m^3；地下水开采量 1.76 亿 m^3，其他水均衡项的变化较小，井渠结合区内水量平衡稳定。井渠结合后，井渠结合区潜水蒸发减少了 49.2%，地下水开采量约占现状条件下总补给量的 86.8%，井渠结合渠灌区与井灌区水量交换的变化量是地下水开采量的主要来源，井渠结合后主要节水来源为潜水蒸发的减少。

根据示踪粒子运动情况，地下水的运动速度为每年 0.5～1.1 m，不会导致咸水的入侵。由于地下水的开发利用，在满足区内作物用水的条件下，引黄水减少量约 3.8 亿 m^3，节水作用明显。

第 6 章　基于示踪试验的河套灌区根系层土壤盐分均衡

本章建立了河套灌区根系层盐分均衡模型，利用溴离子示踪试验测得的根系层净淋滤水量，估算了 3 种不同灌溉方式下根系层盐分达到平衡时的土壤平均含盐量，评价了现状灌溉制度的可持续性；并利用田间水均衡分析得到的根系层净淋滤量计算公式，确定了井渠结合实施后井灌区膜下滴灌的秋浇定额。

6.1　河套灌区根系层淋滤水量示踪剂试验

6.1.1　示踪试验目的与野外投样方法

1. 示踪试验目的

通过对河套灌区的引水量、引水矿化度、排水量和排水矿化度的分析可以得到，在全灌域，盐分呈现累积的趋势。

对 2000～2013 年引盐量和排盐量的分析结果表明（图 6.1），2000 年以来，由于引水量和排水量逐年减少，引盐量和排盐量都有逐年减少的趋势，灌区总体上处于积盐过程，平均每年积盐 180.1 万 t（表 6.1）。如果将所有的积盐量平均到灌溉土地面积上，则平均积盐量为每亩 209 kg；如果平均到全灌区控制面积，则平均积盐量为每亩 111 kg。实际上，灌溉面积上由于灌溉水分的淋滤和秋浇的淋

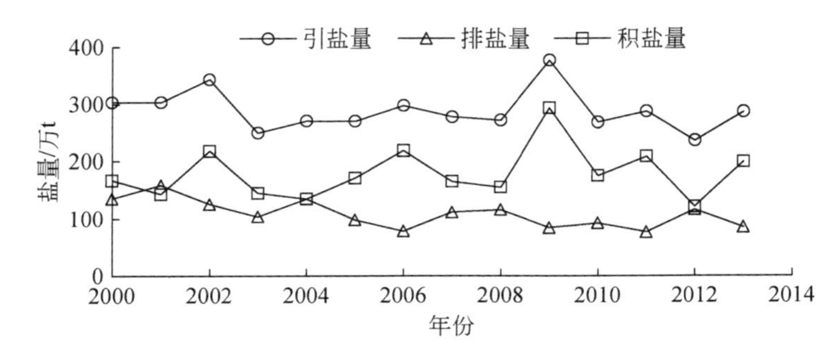

图 6.1　河套灌区历年引盐量和排盐量过程

洗，灌溉引入的盐分主要积累在灌区的盐荒地上，假设灌溉引入的盐分完全积累在盐荒地上，则可以得到盐荒地平均积盐量为每亩 240 kg。

表 6.1　河套灌区月均盐分平衡分析　　（单位：万 t）

项目	1 月	2 月	3 月	4 月	5 月	6 月	7 月	8 月	9 月	10 月	11 月	12 月	全年
引盐量	0.0	0.0	0.0	12.7	52.1	39.2	41.7	15.5	38.7	85.7	3.0	0.0	288.5
排盐量	0.0	0.0	0.1	2.6	20.1	13.6	8.5	4.8	3.6	20.9	31.5	2.7	108.3
积盐量	0.0	0.0	−0.1	10.1	31.9	25.6	33.2	10.6	35.1	64.8	−28.4	−2.7	180.1

灌区控制范围内输入的盐分多于排出的盐分，导致灌区总体上处于积盐状态。但由于灌区盐分在空间上（垂向和水平向）的分布是不均匀的，单纯以灌区控制范围内的总体盐分变化来评价灌区是否积盐是不合理的，灌区农业能否可持续发展主要取决于灌溉面积上作物根系层土壤是否积盐。因此，应当分别对灌溉面积和作物根系层的土壤盐分变化情况进行分析。河套灌区总体控制面积为 1610 万亩，目前的灌溉面积为 861 万亩（近年来实际的灌溉面积可能会稍大，灌溉面积包括种植面积、林地和牧草地，种植面积约占灌溉面积的 65%），约为灌区控制面积的一半。灌溉土地在全灌域内插花分布，灌溉水直接引至灌溉土地。在灌溉土地，水分主要消耗于潜水蒸发、作物蒸腾和深层渗漏，水分渗漏到地下水后侧向流动补给附近的区域；在非灌溉土地，水分主要消耗于潜水蒸发。根据灌区历史数据得到灌区的排盐途径：在 1975 年之前，人工排水很小，干排盐量占总排盐量的 98%；1975 年之后，人工排水系统日益完善，人工排盐量增加，但干排盐量仍占 82%，说明荒地的干排水机制在河套灌区区域盐分均衡和盐碱化控制中起到了相当大的作用（表 6.2）。

表 6.2　河套灌区各灌域人工排盐、干排盐量

项目	一干灌域		解放闸灌域		永济灌域		义长灌域		乌拉特灌域	
	1975 年前	1975 年后	1975 年前	1975 年后	1975 年前	1975 年后	1975 年前	1975 年后	1975 年前	1975 年后
人工排盐量/[kg/（hm^2·a）]	97	529	161	1537	91	1753	358	943	211	2243
干排盐量/[kg/（hm^2·a）]	13030	7866	7554	7538	5299	3693	8580	6045	21887	7600
总排盐量/[kg/（hm^2·a）]	13127	8395	7681	9076	5387	5445	8902	6988	21987	9843
干排盐比重/%	99	94	98	83	98	68	96	87	100	77

根据伍靖伟等在河套灌区义长灌域永联试验区近十多年的观测数据（表 6.3），干排水量占灌溉水量的 19.8%左右，而同期人工排水量只有灌溉水量的 2%；干排盐量为灌溉引盐量的 94.4%，同期人工排盐量为灌溉引盐量的 5.5%。干排水量和干排盐量分别为人工排水量和人工排盐量的 9.6 倍和 17 倍，荒地的干排水排盐作用要远大于现有人工排水系统。在干排水和人工排水系统的作用下，试验区耕地基本维持了盐分均衡，每亩积盐量仅为 0.05 kg。这些观测数据表明，灌溉引入的盐量，在耕地上的积盐量很小，盐分大部分通过地下水的侧向流动和非耕地的潜水蒸发作用积累在非灌溉土地（也就是干排盐）。随着区域地下水位的降低，地下水入渗水量有所减少，同时潜水蒸发水量也明显减少，这时的干排水和干排盐作用都将减小（表 6.2），但从目前的观测数据看，干排盐和地下水积盐是灌区引入盐分的主要积累途径。

表 6.3　河套灌区 4 万亩水盐动态控制试验区盐分均衡表

平衡项	总量
干排水量	总量为 2295946 m^3，折算到荒地为 520 mm，折算到耕地为 128 mm
人工排水量	总量为 238723 m^3，折算到耕地的人工排水量为 13 mm
灌溉水量	总量为 11577600 m^3，折算到耕地的灌溉水量为 647 mm
灌溉引盐量	总量为 6372 t，折算到耕地的引盐量为 250 kg/亩
干排盐量	总量为 6017 t，折算到耕地的干排盐量为 236.10 kg/亩
人工排盐量	总量为 353 t，折算到耕地的人工排盐量为 13.85 kg/亩
耕地总积盐量	总量为 2 t，折算到耕地的积盐量为 0.05 kg/亩

为了保证作物的正常生长，应使生长期内土壤含盐量满足作物的生长需求。由于灌溉水中含有盐分，灌溉水蒸发消耗后，盐分将留在根系层内，为使根系层长期不积盐，田间灌溉定额除满足作物腾发外，还需一定的水量对根系层的盐分进行淋洗。河套灌区采用的秋浇灌溉，除了具有储墒和冻融松土的作用外，最重要的作用则是增大淋滤水量，冲洗土壤盐分，维持根系层土壤盐分，以满足作物生长的需求。

淋滤水量根据灌溉水的矿化度和作物允许的土壤溶液盐分浓度而定。若作物需水要求的灌溉定额为 250 m^3/亩，灌溉水的矿化度为 0.5 g/L，作物耐盐浓度为 10 g/L，则要求的淋滤水量 LR 为：$LR=250\times0.5/10=12.5$ m^3/亩，若利用矿化度为 1 g/L 的地下水灌溉，则 $LR=250\times1/10=25$ m^3/亩。淋滤水量与灌溉水矿化度成正比，灌溉水矿化度越大，所需淋滤水量越大。

根据以上分析可知，为了解长期灌溉条件下根系层土壤盐分状况，需要得到灌溉水量、灌溉水矿化度和淋滤水量等数据，求得根系层的平均含盐量（根系层土壤水平均矿化度）。灌溉水量和水质可通过测量准确获得，但淋滤水量却很难直接测量。本章利用示踪剂方法测量地下水潜在补给量，使用该方法直接测量长期平均情况下根系层淋滤水量的关键是示踪剂的选取、投放方法和投放深度等。通过示踪剂测量得到的淋滤水量是综合的净淋滤水量，是灌溉入渗、降雨入渗和潜水蒸发通过根系层下边界的综合通量，该通量是进行根系层盐分均衡分析的平均淋滤水量，可直接用于盐分平衡计算。在灌区的不同地区投放示踪剂，包括井灌区、渠灌区、滴灌区、非灌溉区，因投放的试剂用量小，所以不会对环境造成影响，该方法是本区土壤盐碱化分析的理想方法之一。

2. 野外投样方法

1）示踪剂的选用

本书示踪剂试验采用基于活塞流理论的浓度峰位移法来计算非饱和带水分垂向通量。其基本原理是，在土壤一定埋深处投放示踪剂，定期取样，分析剖面上示踪剂浓度峰值的运移情况，根据峰值运移的速度和剖面含水率，计算浓度峰值所经区段内的土壤水分通量（Scanlon et al.，2002）。图 6.2 为采用溴离子示踪法测定土壤水分通量的理想结果：通过多年监测得到土壤剖面示踪剂浓度峰运移曲线和体积含水率曲线，从而计算多年平均土壤水分通量。

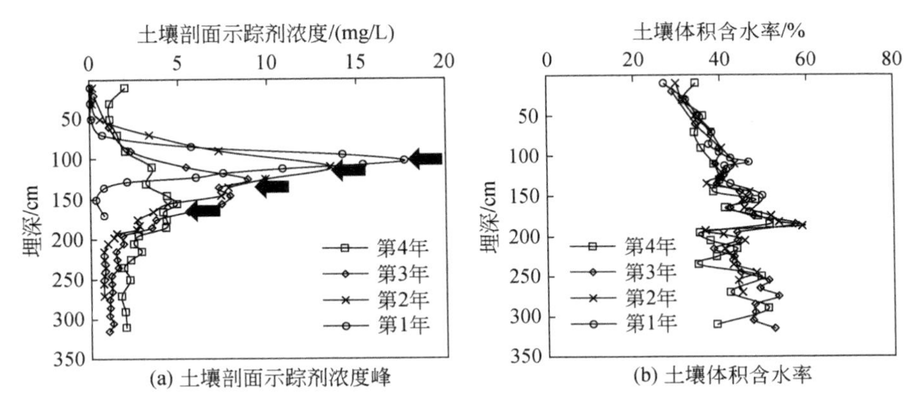

图 6.2　溴离子示踪试验理想测试结果示意图

常用的人工示踪剂有溴离子（Br^-）、氯离子（Cl^-）和染色剂等（Healy，2010），其中，溴离子示踪剂因其环境背景浓度较低（Flury et al.，1994）、不易被植物根系吸收、化学性质稳定且测试方法简单而得到广泛的应用，故该试验选择 Br^-作为示踪剂，采用 KBr 溶液（15 g/L）进行投样。

2）示踪剂投放及土壤容重测试

考虑到传统垂向钻孔投样存在的溶液灌注不均、垂向优先流干扰严重等缺陷，在河套灌区进行示踪试验投样时，每个试验点上均采用临空面栅状钻孔投样及浅坑喷洒投样（图 6.3）。

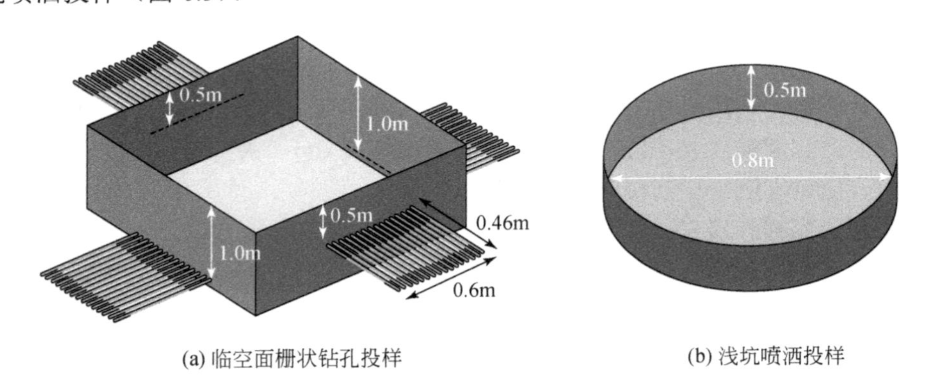

(a) 临空面栅状钻孔投样　　(b) 浅坑喷洒投样

图 6.3　投样方法示意图

临空面栅状钻孔投样，即人工开挖一个 1 m×1 m×1.2 m 的方形深坑，从地表开始，往下每间隔 20 cm 用环刀随机取 3 个土样测土壤容重，并在临空面的 0.5 m 或 1.0 m 埋深处（各两个，为相对面），钻取深度为 0.46 m、分布长度为 0.6 m、直径为 0.01 m 的栅状钻孔，将 KBr 溶液注入钻孔，注入体积为 2 L。浅坑喷洒投样，即人工开挖一个直径为 0.8 m、深度为 0.5 m 的圆坑，在其底部均匀喷洒 1 L KBr 溶液。投样完毕后，按照原状土层分布和密实程度回填投样坑。

3）投样点定位

为了取样时能准确找到投样坑位置，需要对投样坑进行定位（图 6.4）。当回填投样坑到一定深度位置（距地表 0.4 m 左右）时，将定位标志物（不锈钢碟）埋入方坑 4 个角点及圆坑圆心处，作为辅助测量基准点，测量方坑边长和对角线长以及方坑两个角点到圆心的距离。在方坑周围选取两处（1 组）明显固定实物（可埋入螺丝刀确定位置），测量固定实物到方坑两个角点的距离。手绘投样坑位置及与其周围地物的关系，记录所有测量数据。为防止固定实物受损影响定位，标记位置时最好选取两组地物。

6.1.2　河套灌区示踪剂投放区域和地点的确定

本书的研究在河套灌区的塔尔湖、永联、隆胜、九庄 4 个试验地共 10 个试验点开展了溴离子示踪试验，试验点分布如图 6.5 所示。

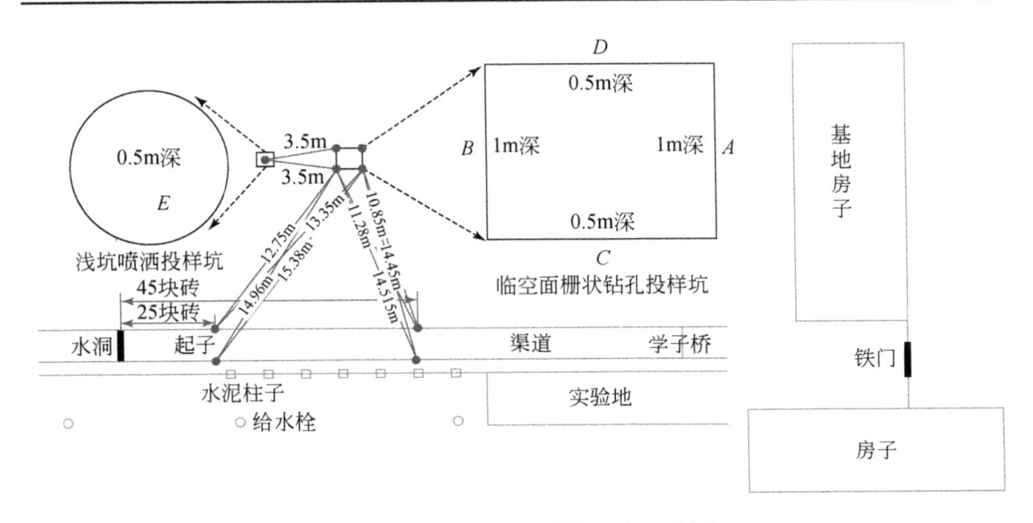

图 6.4　投样点位置记录图（以 2#为例）

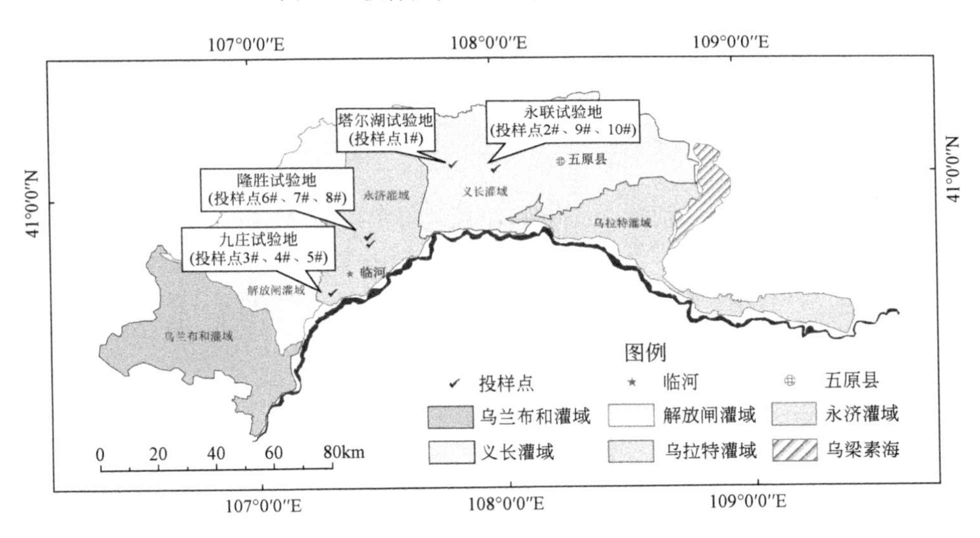

图 6.5　河套灌区示踪试验点分布图

投样时间为 2014 年 9 月底，分别于 2015 年 10 月初和 2016 年 10 月初进行了两次取样分析。表 6.4 为各试验地灌溉方式及作物种植情况。10 个试验点包括塔尔湖 1 个（1#）、永联 3 个（2#、9#、10#）、九庄 3 个（3#、4#、5#）、隆胜 3 个（6#、7#、8#），其中九庄 3#试验点因路政施工损毁，仅投样，未取样；灌溉方式包括井灌（地下水畦灌）、滴灌（地下水滴灌）、黄灌（黄河水渠灌）；种植作物包括玉米、葵花、葫芦等；土壤质地垂向上分布有粉黏土、砂土、壤土、粉土、黏土等，土壤容重 1.26～1.52 g/cm^3。

表 6.4 试验地灌溉方式及作物种植情况

点编号	试验地	2015 年		2016 年	
		灌水方式	作物	灌水方式	作物
1	塔尔湖	井灌	玉米	滴灌	葫芦
2	永联	滴灌	葵花	黄灌	葵花
3	九庄	黄灌	番茄	黄灌	番茄
4	九庄	黄灌	玉米	滴灌	青椒
5	九庄	滴灌	玉米	滴灌	玉米
6	隆胜	黄灌	葵花	黄灌	玉米
7	隆胜	滴灌	玉米	滴灌	豆角
8	隆胜	井灌	玉米	井灌	小麦
9	永联	黄灌	葵花	黄灌	葵花
10	永联	黄灌	葵花	黄灌	葫芦

注：九庄 3#试验点 2015 年因路政施工损毁。

6.1.3 示踪剂野外取样

根据投放示踪剂时的记录（图 6.4），找到每个试验点的地物标记，通过距离量测的方法精确找到投样坑位置。各试验点 2015 年和 2016 年取样的钻孔位置如图 6.6 所示。各试验点每年钻孔为 5 个，即 5 个重复，编号为 *A*、*B*、*C*、*D*、*E*，

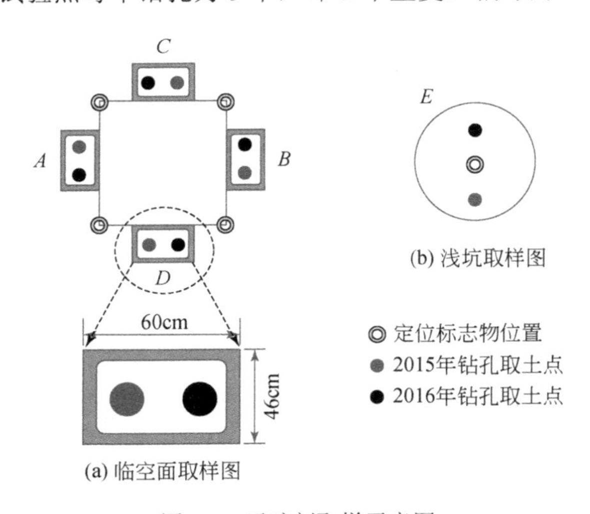

图 6.6 示踪剂取样示意图

其中 A、B、C、D 为方坑取样孔，E 为圆坑取样孔。A、B 投样深度为 100 cm，C、D、E 投样深度为 50 cm。对于临空面栅状钻孔投样，两年钻孔取土点分别位于溶液灌注范围的中心两侧对称位置；对于浅坑喷洒投样，两年钻孔点处于半径的中点且在同一直径上。

为充分监测土壤剖面的示踪剂运移情况，A、B 点 2015 年和 2016 年最大取样深度分别取 240 cm 和 250 cm，C、D、E 点则取 150 cm 和 200 cm。采用分层取样，设置两种分层深度 10 cm 和 20 cm，在示踪剂可能运移的范围内采用较小的取样间隔以提高精度（表 6.5）。取样结束后，回填取样孔并夯实。土样用自封袋密封带回实验室进行室内试验分析。

表 6.5　取样分层深度设置

年份	A、B 点	C、D 点	E 点
2015	0～80 cm（20 cm）	0～20 cm（20 cm）	0～20 cm（20 cm）
	80～200 cm（10 cm）	20～130 cm（10 cm）	20～130 cm（10 cm）
	200～240 cm（20 cm）	130～150 cm（20 cm）	130～150 cm（20 cm）
2016	0～100 cm（20 cm）	0～40 cm（20 cm）	0～40 cm（20 cm）
	100～250 cm（10 cm）	40～200 cm（10 cm）	40～200 cm（10 cm）

6.2　根系层淋滤水量的确定和统计分析

6.2.1　示踪试验室内测定

采用烘干法测定土样质量含水率（乘以土壤容重即得土壤体积含水率），取 20 g 烘干后的土样，按照 1∶5 的土水比混合，经振荡、过滤后，所得清液采用 PXSJ-216 型离子计和溴离子选择性电极测定溴离子浓度，获取溴离子浓度峰的多年运移情况。

6.2.2　根系层净淋滤量的确定

1. 计算方法

示踪法假设土壤水分运移为垂向活塞流，在一定深度投放示踪剂，定期取样分析土壤剖面的示踪剂浓度峰值的运移情况，根据峰值运移速度和剖面含水率计算根系层净淋滤量 Q_c（Scanlon et al.，2002），其计算公式为

$$Q_c = \theta \cdot v = \theta \frac{\Delta z}{\Delta t} \tag{6.2.1}$$

式中，Q_c为净淋滤量（mm/d）；Δt为相邻两次取样化验示踪剂浓度的时间间隔（d）；Δz为示踪剂浓度曲线峰值在Δt时间内下降的深度（mm）；v为示踪剂浓度峰值下移速度（mm/d）；θ为Δt时间内示踪剂峰值下移时所经过的深度上土壤平均体积含水率。

定义净淋滤系数R_c为根系层净淋滤量与降水量和灌溉量之和的比值，其计算公式为

$$R_c = \frac{Q_c \cdot \Delta t}{P + I} \tag{6.2.2}$$

式中，P为降水量（mm）；I为灌溉量（mm）。

2. 取值说明

1）灌水量

2015年生育期灌水量按实测数据取值，2016年取样时统计了灌水次数，根据灌水定额估算生育期灌水量（灌水定额采用该地该种作物同种灌水方式下2013～2015年的平均灌水定额）；秋浇水量按试验点所在灌域2000～2013年多年平均秋浇田间毛灌溉定额取值。灌水量整理见表6.6。

表6.6　河套灌区各试验点灌水量统计

试验点	生育期灌水量/mm			秋浇期灌水量/mm		
	2015年	2016年	均值	2015年	2016年	均值
塔尔湖1#	611	337	474	268	268	268
永联2#	165	156	161	268	268	268
九庄3#	—	—	—	—	—	—
九庄4#	525	140	332	213	213	213
九庄5#	330	—	330	213	—	213
隆胜6#	240	602	421	213	213	213
隆胜7#	330	175	252	213	213	213
隆胜8#	420	549	485	213	213	213
永联9#	120	156	138	268	268	268
永联10#	120	78	99	268	268	268

注：九庄5#试验点2016年损毁，仅2015年取样。

2）降水量

表6.7为河套灌区临河站及五原站2015年和2016年的降水量。九庄和隆胜的试验点采用临河站的值，塔尔湖和永联的试验点采用五原站的值。

表 6.7　河套灌区 2015 年和 2016 年降水量

站点	降水量/mm		
	2015 年	2016 年	均值
临河站	134	146	140
五原站	198.7	157.1	177.9

3. 净淋滤量计算

舍弃溴离子浓度曲线变化异常的取样孔，得到可以用于净淋滤量计算的有效取样孔 41 个。图 6.7 为一典型有效取样孔测得的溴离子浓度曲线和体积含水率曲线。从图 6.7 可以看出，土壤剖面的体积含水率年际变化不大，从溴离子浓度曲线图上读出浓度峰年际间降深值（2014 年浓度峰位置即初始投样深度处），根据式（6.2.1）、式（6.2.2）计算得到各取样孔不同时间段（2014～2015 年、2015～2016 年、2014～2016 年）的年净淋滤量和净淋滤系数，均值列于表 6.8。

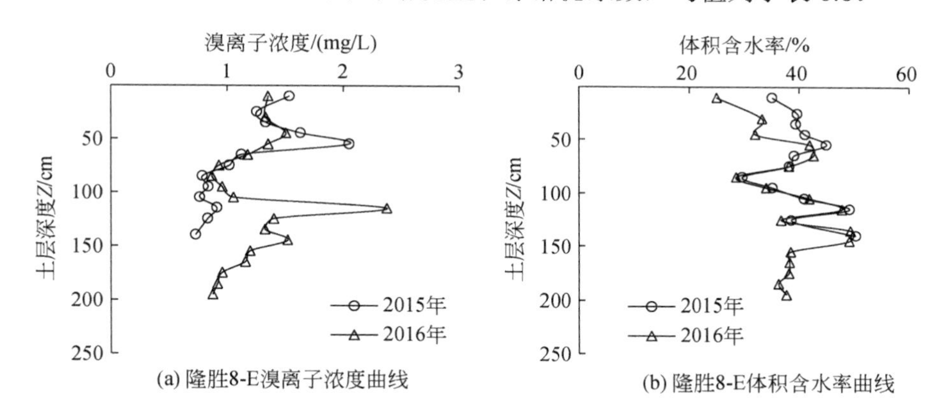

(a) 隆胜8-E溴离子浓度曲线　(b) 隆胜8-E体积含水率曲线

图 6.7　有效取样孔剖面溴离子浓度和体积含水率曲线

表 6.8　年净淋滤量和净淋滤系数平均值

试验地	取样孔	Q_c /mm	$P+I$ /mm	R_c	试验地	取样孔	Q_c /mm	$P+I$ /mm	R_c
塔尔湖	1-A	8.7	921	0.0094	九庄	4-A	137.0	686	0.1998
						4-B	91.3	686	0.1331
	1-B	−30.7	1078	0.0285		4-C	52.7	872	0.0604
						4-D	46.6	872	0.0535
	1-C	34.3	1078	0.0318		5-C	15.7	677	0.0232
						5-D	−13.9	677	−0.020 5
	1-D	97.4	921	0.1058		5-E	15.8	677	0.0234

续表

试验地	取样孔	Q_c /mm	$P+I$ /mm	R_c	试验地	取样孔	Q_c /mm	$P+I$ /mm	R_c
永联	2-A	81.6	607	0.1344	隆胜	6-A	60.3	775	0.0779
	2-B	75.8	607	0.1248		6-B	123.3	775	0.1592
	2-C	13.2	607	0.0217		6-C	70.1	588	0.1192
	2-D	151.4	607	0.2492		6-D	112.0	775	0.1446
	2-E	34.4	607	0.0567		6-E	44.1	775	0.0570
	9-A	15.5	585	0.0266		7-A	45.4	606	0.0749
	9-B	−2.2	585	0.0038		7-B	82.0	606	0.1354
	9-C	34.7	585	0.0593		7-C	23.5	606	0.0389
	9-D	27.3	585	0.0466		7-D	−6.7	606	−0.0110
	9-E	36.3	585	0.0621		7-E	−6.7	606	−0.0110
	10-A	5.0	546	0.0092		8-A	74.3	838	0.0887
	10-B	27.1	546	0.0497		8-B	−205.9	768	−0.2682
	10-C	37.2	546	0.0682		8-C	30.9	838	0.0369
	10-D	40.6	546	0.0745		8-D	−9.8	838	−0.0117
	10-E	73.2	546	0.1341		8-E	128.1	838	0.1529

6.2.3 根系层净淋滤量的统计分析

1. 各试验点不同取样孔测定结果的统计分析

对各试验点的 5 个取样孔（*A*、*B*、*C*、*D*、*E*）平行测定的净淋滤量进行统计分析，其均值和标准差如图 6.8 所示。从图 6.8 可以看出，隆胜 8#点结果异常，其标准差过大，表明数据离散程度高，可靠性较低。其余试验点的标准差多在 16.0～37.5 mm，尚在合理范围内。总体来说，各试验点不同取样孔测定结果的标准差较大，这是由于受土壤质地垂向分布变异性的影响，即便是同一地点，距离相近的取样孔测定的净淋滤量差异都较大。

2. 不同试验点和试验地的年净淋滤量对比

河套灌区 9 个试验点和 4 个试验地的年净淋滤量情况分别如图 6.9 和图 6.10 所示。由图 6.9 可知，各试验点年净淋滤量均值多在 20～80 mm，其中塔尔湖 1#试验点第二年和隆胜 8#试验点第一年净淋滤量出现了负值，说明该处当年潜水蒸发通量大于灌溉降雨入渗通量，可能是由地下水位的异常波动引起的。由图 6.10 可知，各试验地年净淋滤量均值较为接近，其中塔尔湖最小，为 27.4 mm；九庄最大，为 49.3 mm；永联和隆胜介于两者之间。

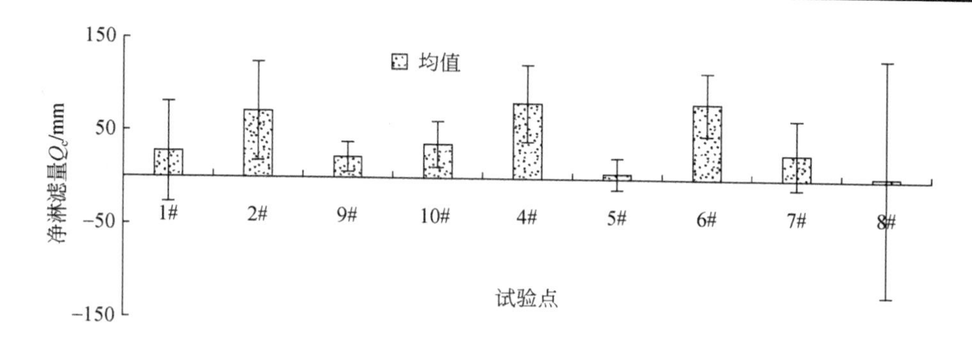

图 6.8　各试验点取样孔测定结果的均值及标准差

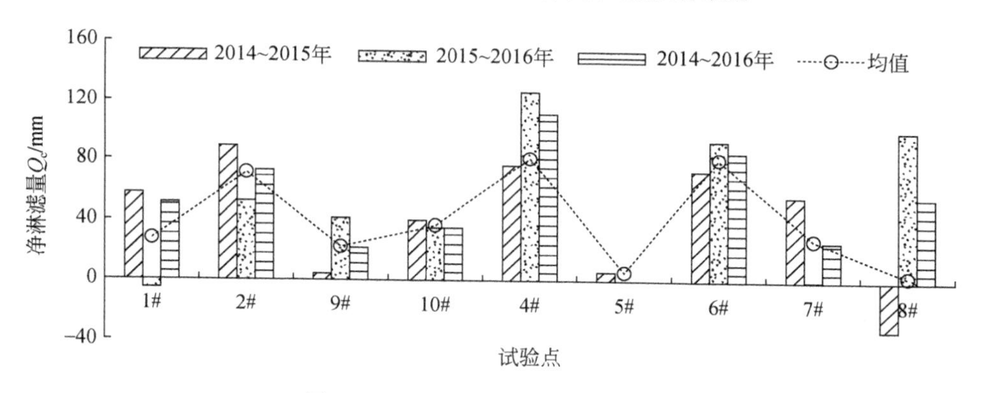

图 6.9　不同试验点年净淋滤量对比

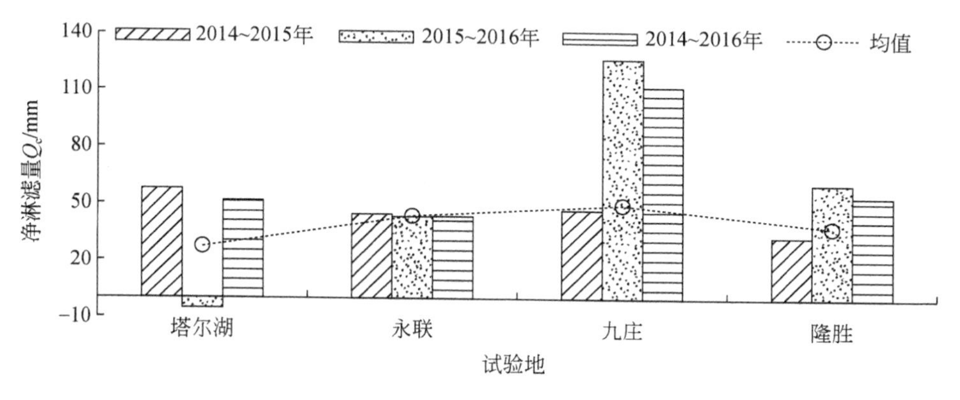

图 6.10　不同试验地年净淋滤量对比

3. 年净淋滤量、输入水量、净淋滤系数的统计指标

河套灌区 41 个有效取样孔的年净淋滤量、输入水量和净淋滤系数的统计指标见表 6.9。分析表 6.9 可知，河套灌区年净淋滤量均值为 40.8 mm，净淋滤系数均值为 0.0607，相应的变异系数分别为 1.44 和 1.35，说明两者均具有较大的时空变异性。一方面，由于净淋滤量受土质、地下水埋深等与潜水蒸发相关的因素影响较大；另一方面，示踪剂试验野外投样、取样、室内试验每个环节都可能存在误差，且河套灌区地下水埋深较浅，导致示踪剂浓度峰运移规律不够显著，使得净淋滤量的计算存在一定的主观性。

表 6.9　河套灌区净淋滤量相关统计指标

指标	Q_c/mm	$P+I$/mm	R_c
均值	40.8	699.2	0.0607
标准差	58.9	144.3	0.0819
变异系数	1.44	0.21	1.35

4. 投样深度的影响

将 41 个有效取样孔按示踪剂投样深度进行分类统计（其中 A、B 为 100 cm，C、D、E 为 50 cm），投样深度为 100 cm 和 50 cm 时测得的年净淋滤量分别为 36.8 mm 和 43.3 mm，可见选定的两种投样深度测得的年净淋滤量差异不大，因此河套灌区投样深度的选择是合理的。

5. 灌溉方式的影响

将 41 个有效取样孔按灌溉方式进行分类，每种灌溉方式的净淋滤量都对应分布于灌区的若干取样孔试验结果的平均值，代表灌区该种灌溉方式的净淋滤量水平。井灌的年净淋滤量最大，为 54.8 mm；黄灌次之，为 48.5 mm；滴灌最小，为 36.7 mm。其原因可能是膜下滴灌相比地面灌溉每次灌水定额少，灌溉水刚好能满足作物根系层所需，向下运移补给地下水较少，导致净淋滤量偏小。而对于井灌和黄灌，1 次灌水定额大，水分向下运移充分，且井灌抽取地下水进行灌溉，使地下水埋深增大，潜水蒸发量减小，从而增大了净淋滤量。

6.2.4　与田间水均衡净淋滤量的比较

1. 计算公式

河套灌区水分运移属垂直入渗-蒸发型，地下水接受灌溉和降雨入渗补给，通过潜水蒸发排泄。根系层净淋滤量为降雨和灌溉通过根系层下边界的深层渗漏量与毛管上升进入根系层的水量之差。假设从根系层底部到潜水面之间土壤的含水率年变化量为 0，即认为根系层深层渗漏量等于地下水田间补给量，毛管上升进入根系层的水量等于潜水蒸发量，则根系层净淋滤量计算公式可写为

$$Q_c = Q_p\alpha_p + Q_{i1}\alpha_{i1} + Q_{i2}\alpha_{i2} - E_e\alpha_e(h) \tag{6.2.3}$$

式中，Q_c 为年净淋滤量（mm）；Q_p 为年降水量（mm）；Q_{i1} 为生育期灌溉水量（mm）；Q_{i2} 为秋浇期灌溉水量（mm）；E_e 为年水面蒸发量（mm）；α_p 为降雨入渗补给系数；α_{i1} 为生育期灌溉入渗补给系数；α_{i2} 为秋浇期灌溉入渗补给系数；α_e（h）为潜水蒸发系数，其中 h 为地下水埋深（m）。

2. 取值说明

1）水量取值

各试验点降水量和灌溉水量取值 6.2.2 节已给出，表 6.10 为河套灌区临河站及五原站 2015 年和 2016 年的水面蒸发量。其中，九庄和隆胜的试验点采用临河站的值，塔尔湖和永联的试验点采用五原站的值。

表 6.10　河套灌区年水面蒸发量

站点	水面蒸发量/mm		
	2015 年	2016 年	均值
临河站	1148.1	1139.7	1143.9
五原站	1160.1	1027.0	1093.6

2）系数取值

降雨入渗补给系数采用杨文元等（2017）关于永济灌域水均衡模型夏灌期参数率定结果（0.12）。生育期灌溉入渗补给系数采用田间水利用系数的补差值，参考黄永江等（2015）在河套灌区的研究成果，试验点所在永济灌域和义长灌域田间水利用系数平均值为 0.82，故生育期灌溉入渗补给系数取 0.18。考虑 1 次灌水后超过田间持水率的部分将向下渗漏补给地下水（张志杰等，2011），秋浇期灌溉入渗补给系数按式α_{i2}=［$I_2-\Delta z$（$\theta_f-\theta_0$）］/I_2 计算，其中 I_2 为秋浇期净灌溉定额，根据刘媛超（2017）提供的资料推算，河套灌区现状秋浇净灌溉定额约为 180 mm，Δz 为土层深度，取 100 cm，θ_f 和 θ_0 分别为田间持水率和秋浇前土壤平均体积含水率，分别取 0.3 cm^3/cm^3 和 0.2 cm^3/cm^3，由此确定秋浇期灌溉入渗补给系数约为 0.44。潜水蒸发系数参考王亚东（2002）根据解放闸沙壕渠试验成果并考虑灌区主要土质占比得到的反映灌区总体趋势的潜水蒸发系数表，河套灌区 1990～2013 年地下水平均埋深为 1.8 m，查得相应的潜水蒸发系数为 0.121。

综上所述，式（6.2.3）中水量项和参数取值见表 6.11，其中水量为 9 个试验点的平均值。

表 6.11　水均衡法计算的水量数据及参数取值

水量/mm		参数取值	
年降水量	156.8	降雨入渗补给系数	0.12
生育期灌溉水量	299.4	生育期灌溉入渗补给系数	0.18
秋浇期灌溉水量	237.7	秋浇期灌溉入渗补给系数	0.44
年水面蒸发量	1121.5	潜水蒸发系数	0.121

3. 结果分析

由田间水量均衡分析得到河套灌区年均净淋滤量为 41.6 mm，而用溴离子示踪试验得到的结果为 40.8 mm，两者相当接近，两种完全不同的方法得到的结果相互验证。一方面，说明示踪试验虽各点差异较大，但多点均值结果可靠；另一方面，验证了水均衡分析参数取值的合理性。

6.3　根系层盐分均衡模型及秋浇水量确定

6.3.1　根系层盐分均衡概念

河套灌区根系层盐分由灌溉引入和根系层下部的潜水蒸发带入，主要通过降雨和灌溉淋滤排出。对年度或多年平均的土壤盐分均衡分析，由潜水蒸发过程引起的上升水的矿化度与淋滤水的矿化度近似相等（Smedema et al.，2004），故根系层盐分均衡可表示为图 6.11，年内盐分平衡方程式可简化为

$$Q_{i1}c_{i1} + Q_{i2}c_{i2} = Q_c c_d \tag{6.3.1}$$

式中，Q_{i1} 为生育期灌溉水量（mm）；c_{i1} 为生育期灌溉水矿化度（g/L）；Q_{i2} 为秋浇期灌溉水量（mm）；c_{i2} 为秋浇期灌溉水矿化度（g/L）；Q_c 为根系层年净淋滤量（mm）；c_d 为淋滤水矿化度（g/L）。

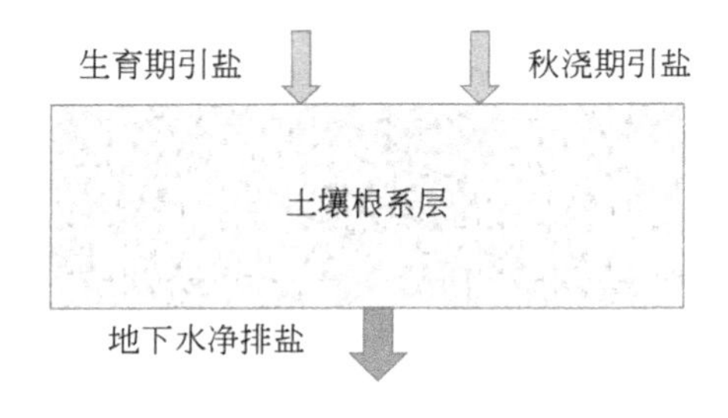

图 6.11　根系层盐分均衡示意图

6.3.2　根系层淋滤水矿化度

将 9 个试验点按灌溉方式进行分类，生育期灌溉水矿化度按灌溉方式不同存在差异，井灌和滴灌均采用地下水（塔尔湖、永联、九庄、隆胜灌溉所用地下水矿化度分别为 1.13 g/L、2.5 g/L、1.0 g/L、1.17 g/L），黄灌采用黄河水（矿化度为 0.64 g/L），秋浇均采用黄河水（矿化度为 0.64 g/L）。

根据灌溉水量和水质计算不同灌溉方式的年均引入盐量，根据根系层盐分均衡方程，由灌溉引入盐量和实测根系层净淋滤量计算根系层达到盐分均衡时的淋滤水矿化度（表 6.12）。由于淋滤水矿化度与根系层土壤溶液浓度相差不多，故将计算所得淋滤水矿化度近似作为根系层土壤溶液浓度进行分析。

表 6.12　不同灌溉方式下的淋滤水矿化度计算

灌溉方式	年均引入盐量/（kg/亩）	年均净淋滤量/mm	淋滤水矿化度/（g/L）
井灌	508.1	54.8	13.91
滴灌	304.9	36.7	12.46
黄灌	212.4	48.5	6.57

由表 6.12 可知，井灌、滴灌采用地下水灌溉，若维持现有灌溉制度，土壤盐分达到平衡时的淋滤水矿化度接近作物耐盐极限，即根系层土壤溶液浓度为 10～15 g/L（张蔚榛和张瑜芳，2003）。黄灌的淋滤水矿化度较小，低于作物耐盐极限，因此可适当减少秋浇灌水量，使根系层土壤溶液浓度适当增加以节水；井灌所用地下水矿化度较大，且灌溉用水量大，引入根系层中的盐量大，导致淋滤水矿化度较大，说明根系层土壤含盐量较高，应尽量降低过量灌溉，减少灌溉用水；滴灌较井灌引入的盐量减少了 39.99%，但较小的净淋滤量导致其淋滤水矿化度仅比井灌低 10.42%，需适当加大秋浇灌水量，以便充分淋洗盐分。

6.3.3　井渠结合膜下滴灌秋浇定额

河套灌区井渠结合膜下滴灌实施后，井灌区地下水位将大幅下降。根据根系层盐分均衡表达式（6.3.1）和田间水均衡分析式（6.2.3），秋浇水量可表示为淋滤水矿化度、地下水埋深、生育期灌溉水矿化度的函数，见式（6.3.2），且秋浇水量和生育期灌溉水矿化度存在线性关系，见式（6.3.3）。当控制根系层盐分平衡时的淋滤水矿化度为作物耐盐极限 10 g/L 时，由式（6.3.2）可算得不同地下水埋深和不同生育期灌溉水矿化度条件下的秋浇定额，见表 6.13，其变化曲线如图 6.12 所示。

$$Q_{i2}=\frac{(c_{i1}/c_d-\alpha_{i1})Q_{i1}+Q_p\alpha_p-E_e\alpha_e(h)}{\alpha_{i2}-c_{i2}/c_d} \tag{6.3.2}$$

$$\frac{\Delta Q_{i2}}{\Delta c_{i1}}=\frac{1}{\alpha_{i2}c_d-c_{i2}}Q_{i1} \tag{6.3.3}$$

式中，各项含义同前。

表 6.13 井渠结合膜下滴灌秋浇定额计算

参数取值		地下水埋深/m	秋浇定额/（m³/亩）			
			1 g/L	1.5 g/L	2 g/L	2.5 g/L
降雨入渗补给系数	0.1	2	120	137	153	170
生育期净灌溉定额/（m³/亩）	196	2.3	86	103	120	136
生育期田间灌溉入渗补给系数	0.12	2.5	68	85	102	118
秋浇期田间灌溉入渗补给系数	0.6	2.65	57	73	90	107
控制淋滤水矿化度/（g/L）	10	3	35	52	69	85

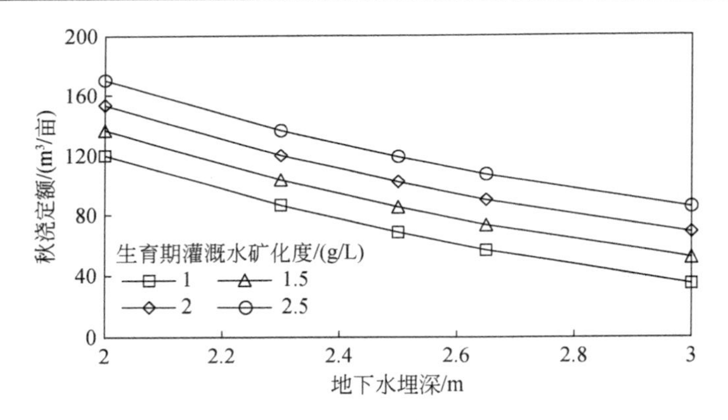

图 6.12 井渠结合膜下滴灌秋浇定额随地下水埋深变化图

井渠结合膜下滴灌实施后，预测井灌区地下水埋深将降至 2.65 m。由表 6.13 可以看出，若井灌区生育期使用矿化度为 1.5 g/L 的地下水滴灌，为保证根系层含盐量始终不超过作物耐盐极限，秋浇定额最少为 73 m³/亩，近似为井灌区可以采用两年一次秋浇（定额 120 m³/亩），且由式（6.3.3）可以计算出灌溉所用地下水矿化度每增加 1 g/L，秋浇定额需增加 33 m³/亩。

6.4　结　　论

（1）根据在灌区多处的溴离子示踪试验，得到河套灌区根系层年净淋滤量为40.8 mm，相应的变异系数为1.44，其主要受土质、地下水埋深等与潜水蒸发相关的因素影响。采用井灌的灌溉方式得到的年净淋滤量最大，为54.8 mm；黄灌次之，为48.5 mm；滴灌最小，为36.7 mm。示踪试验得到的根系层年净淋滤量与田间水均衡分析结果41.6 mm十分接近，两种完全不同的方法相互验证。

（2）维持现状灌溉制度，当根系层盐分达到平衡时，黄灌、井灌、滴灌的根系层土壤水矿化度均在作物耐盐程度内（10～15 g/L），基本可以满足作物正常生长，表明现状灌溉制度可以持续。

（3）井渠结合膜下滴灌实施后，地下水埋深将降至2.65 m，若井灌区生育期使用矿化度为1.5 g/L的地下水滴灌，为保证根系层含盐量始终不超过作物耐盐极限（10 g/L），引黄河水秋浇定额最少为73 m^3/亩，因此建议采用两年一秋浇的淋盐灌溉方式，且生育期灌溉水矿化度每增加1 g/L，秋浇定额需增加33 m^3/亩。

第 7 章　根系层土壤盐分均衡与调控措施

本章建立了河套灌区土壤根系层盐分均衡模型，提出了根系层盐分均衡简化计算方法和两阶段计算方法，分别采用这两种计算方法，分析了现状条件下和井渠结合实施后根系层盐分动态变化，并提出了调控根系层盐分的临界秋浇定额。

7.1　根系层盐分均衡模型

7.1.1　根系层土壤盐分均衡模型的建立

河套灌区根系层盐分来源主要包括灌溉水引入和潜水蒸发带入的盐分，盐分消耗途径包括生物排盐、降雨淋滤和灌溉淋滤。根系层盐分均衡是以盐分均衡为基本原理，根据研究区域盐分进出量变化，确定合适的淋滤量，对于河套灌区而言，根系层土壤盐分的淋滤除生育期灌溉外，秋浇淋洗冲盐是当地多年来根据气候特点和水资源状况而逐步形成的耕地排盐方式。根系层盐分均衡模型如图 7.1 所示。

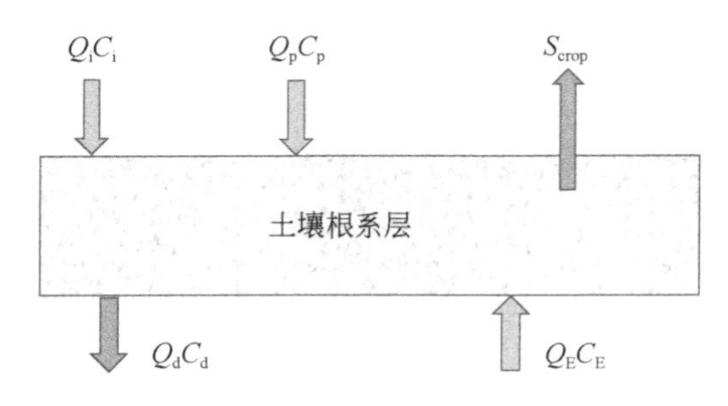

图 7.1　根系层盐分均衡模型

土壤根系层盐分均衡的控制方程可表示为

$$Q_iC_i + Q_PC_P + Q_EC_E - Q_dC_d - S_{crop} = \Delta S \tag{7.1.1}$$

式中，Q_i 为灌溉水量，m^3/亩；C_i 为灌溉水矿化度，g/L；Q_P 为降水量，m^3/亩；C_P 为降雨矿化度，可近似取 0；Q_E 为潜水蒸发量，m^3/亩；C_E 为潜水蒸发矿化度，

g/L；Q_d 为根系层排水量，m^3/亩；C_d 为根系层排水矿化度，g/L；S_{crop} 为作物排盐量，kg/亩；ΔS 为耕作层积盐量，kg/亩。

根据河套灌区的气候及灌溉条件，土壤根系层的淋盐主要依靠秋浇灌溉来控制。本书的研究中定义临界秋浇定额为使土壤根系层盐分在年内保持平衡的最小秋浇定额。根据河套灌区灌溉特点，将全年分为生育期和秋浇期两个灌季，由于河套灌区降水量主要集中在 6～9 月，因此可以近似认为全年降水量都发生在生育期内。如果考虑土壤盐分在多年内达到均衡，则多年期间的盐分平均变化量为 0，可以将图 7.1 所表示的根系层土壤盐分均衡过程表示为图 7.2 的形式。

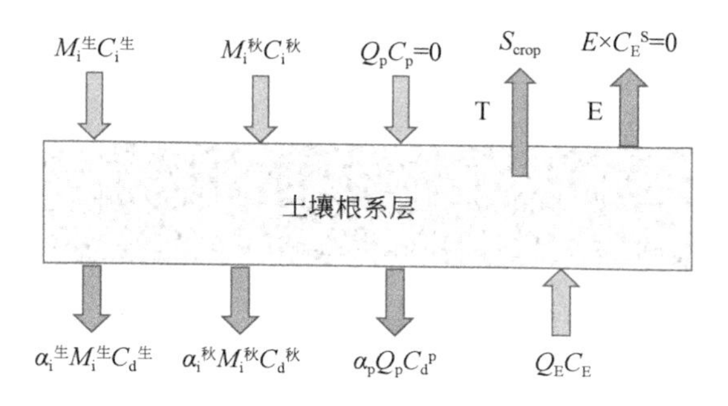

图 7.2　根系层土壤盐分均衡示意图

式（7.1.1）所表示的多年平均根系层土壤盐分均衡过程改写为如下形式：

$$
\begin{aligned}
&M_i^{生}C_i^{生}/\eta_{田间}^{生}+M_i^{秋}C_i^{秋}/\eta_{田间}^{秋}+Q_PC_P+Q_EC_E \\
&-(\alpha_i^{生}M_i^{生}C_d^{生}/\eta_{田间}^{生}+\alpha_pQ_PC_d^P+\alpha_i^{秋}M_i^{秋}C_d^{秋}/\eta_{田间}^{秋})-S_{crop}=0
\end{aligned}
\tag{7.1.2}
$$

经化简得

$$
M_i^{秋}=\frac{(M_i^{生}C_i^{生}/\eta_{田间}^{生}+Q_PC_P+Q_EC_E)-(S_{crop}+\alpha_i^{生}M_i^{生}C_d^{生}/\eta_{田间}^{生}+\alpha_PQ_PC_d^P)}{\alpha_i^{秋}C_d^{秋}/\eta_{田间}^{秋}-C_i^{秋}/\eta_{田间}^{秋}}
\tag{7.1.3}
$$

式中，$M_i^{秋}$为临界秋浇定额，m^3/亩；$M_i^{生}$为生育期田间净灌溉定额（是灌溉到田间的水量作物所消耗的部分，灌溉到田间的水量为 $M_i^{生}/\eta_{田间}^{生}$），m^3/亩；$C_i^{生}$为生育期灌溉水矿化度，g/L；$\eta_{田间}^{生}$ 为生育期田间灌溉水利用系数；Q_P 为降水量，m^3/亩；C_P 为降雨矿化度，可近似为 0；Q_E 为潜水蒸发量，m^3/亩；C_E 为潜水蒸发进入根系层水分的矿化度，g/L；S_{crop} 为作物排盐量，kg/亩；$\alpha_i^{生}$为生育期田间灌溉入渗补给系数（一般可取田间灌溉水利用系数的补差值，即 $\alpha_i=1-\eta_{田间}$，$\eta_{田间}$为田间水利用系数）；$C_d^{生}$为生育期灌溉淋滤水矿化度，g/L；α_P 为降雨入渗补给系数；C_d^P 为降雨对地下水补给水分的矿化度，g/L；$\alpha_i^{秋}$为秋浇期田间灌溉入渗补给系数；$C_d^{秋}$为秋浇期灌溉淋滤水矿化度，g/L；$\eta_{田间}^{秋}$为秋浇期田间灌溉水利用系数；$C_i^{秋}$为秋浇期灌溉水矿化度，g/L。

式（7.1.3）中，除根系层底部淋滤水的矿化度（$C_d^{生}$、$C_d^{秋}$、C_d^{P}）和潜水蒸发进入根系层水分的矿化度（C_E）以外，其他的所有参数可以通过水均衡分析和长期的观测资料得到。在短期内（月份或季度）潜水蒸发进入根系层水分的矿化度C_E（也就是毛细上升水的矿化度）与深层渗漏水分（灌溉和降雨）的矿化度C_d会有较大的差别，但对年际或多年平均的土壤盐分均衡分析而言，两者近似相等。因此，在所讨论的均衡期内，潜水蒸发进入根系层水分和降雨渗漏水分的矿化度（C_E和C_d^{P}）与深层渗漏水分（灌溉和降雨）的矿化度（C_d）相同，即$C_E = C_d^{P} = C_d$，C_d为作物生长期和秋浇期淋滤水矿化度$C_d^{生}$和$C_d^{秋}$的平均值，即

$$C_d=(\alpha_i^{生}M_i^{生}C_d^{生}/\eta_{田间}^{生}+\alpha_i^{秋}M_i^{秋}C_d^{秋}/\eta_{田间}^{秋})/(\alpha_i^{生}M_i^{生}/\eta_{田间}^{生}+\alpha_i^{秋}M_i^{秋}/\eta_{田间}^{秋}) \tag{7.1.4}$$

这时，根系层的盐分均衡可以用图7.3表示。

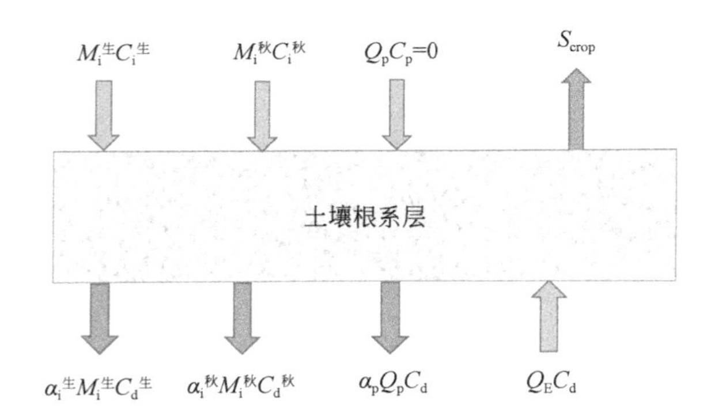

图7.3　根系层盐分均衡示意图

根据以上分析，式（7.1.2）和式（7.1.3）可以表示为

$$\begin{aligned}&M_i^{生}C_i^{生}/\eta_{田间}^{生}+M_i^{秋}C_i^{秋}/\eta_{田间}^{秋}+Q_EC_d\\&-(\alpha_i^{生}M_i^{生}C_d^{生}/\eta_{田间}^{生}+\alpha_pQ_PC_d+\alpha_i^{秋}M_i^{秋}C_d^{秋}/\eta_{田间}^{秋})-S_{crop}=0\end{aligned} \tag{7.1.5}$$

和

$$M_i^{秋}=\frac{(M_i^{生}C_i^{生}/\eta_{田间}^{生}+Q_EC_d)-(S_{crop}+\alpha_i^{生}M_i^{生}C_d^{生}/\eta_{田间}^{生}+\alpha_PQ_PC_d)}{\alpha_i^{秋}C_d^{秋}/\eta_{田间}^{秋}-C_i^{秋}/\eta_{田间}^{秋}} \tag{7.1.6}$$

灌溉淋滤水矿化度主要取决于土壤溶液浓度和灌溉水矿化度，国际土地开垦和改良研究所的专著 *Drainage Principles and Applications* 中的研究成果表明，灌溉季节根系层下边界排水矿化度可表示为

$$C_{\mathrm{d}}^{\mathrm{j}} = C_{\mathrm{i}}^{\mathrm{j}}(1-f) + C_{\mathrm{t}} f \tag{7.1.7}$$

$$C_{\mathrm{t}} = \frac{S_{\mathrm{v}}}{w_0} \tag{7.1.8}$$

式中，$C_{\mathrm{d}}^{\mathrm{j}}$ 为灌溉季节排水矿化度，g/L；C_{t} 为土壤溶液浓度，g/L；$C_{\mathrm{i}}^{\mathrm{j}}$ 为灌溉水矿化度，g/L；f 为淋洗系数，无量纲；S_{v} 为根系层体积土壤含盐量，kg/m^3；w_0 为根系层土壤体积含水率，此处以田间持水率 θ_{f} 代替。

河套灌区土质多为轻度盐碱土，根据土壤盐化土分类指标，重量土壤含盐量 S_{w} 为 2.0～5.0 g/kg，土壤容重 γ 一般为 1.45～1.55 g/cm^3，孔隙度为 0.46～0.50，田间持水率为 0.25～0.3。根系层厚度取值 0.6 m，初始重量土壤含盐量 S_{w} 取值 2 g/kg，土壤容重 γ 取值 1.50 g/cm^3，则体积土壤含盐量可表示为 $S_{\mathrm{v}}=S_{\mathrm{w}}\rho$，田间持水率 θ_{f} 取值 0.28。土壤溶液浓度 C_{t} 可表示为

$$C_{\mathrm{t}} = \frac{S_{\mathrm{w}}\gamma}{\theta_{\mathrm{f}}} \tag{7.1.9}$$

式中，S_{w} 为重量土壤含盐量，g/kg；γ 为土壤容重，g/cm^3；θ_{f} 为田间持水率，cm^3/cm^3。

河套灌区土质以沙壤土和黏壤土为主，根据内蒙古沙壕渠试验站资料，淋洗系数取值 0.8。

7.1.2　根系层土壤水盐均衡的简化计算方法

若不考虑生育期和秋浇期根系层土壤溶液浓度的变化，设根系层土壤溶液浓度达到可以满足作物正常生长的最大值，根据作物耐盐浓度一般为 10～15 g/L，土壤溶液浓度 C_{t} 取 15 g/L，由式（7.1.7）可得到淋滤水矿化度的计算公式：

$$C_{\mathrm{d}} = C_{\mathrm{i}}(1-f) + 15f \tag{7.1.10}$$

在根系层土壤盐分均衡分析过程中，分别考虑了井渠结合实施前、井渠结合实施后的非井渠结合区、井渠结合渠灌区、井渠结合井灌区的根系层土壤盐分均衡分析所需要的参数，由式（7.1.1）～式（7.1.8）计算临界秋浇定额 $M_{\mathrm{i}}^{秋}$ 所需的所有参数和土壤盐分均衡数据，见表 7.1。同时表 7.1 中也给出了在非井渠结合区利用黄河水滴灌和利用淖尔蓄水滴灌根系层土壤盐分均衡分析所需要的参数和数据。灌溉定额数据是从项目组近年来在隆胜、磴口和九庄的试验结果中得到的，田间灌溉水利用系数和秋浇灌溉利用系数根据灌区的地下水均衡计算和参数求

解、永济灌域地下水模拟分析，以及河套灌区近年来秋浇用水量和地下水变化的数据得到，潜水蒸发量利用了河套灌区的实验数据并经过地下水均衡分析和地下水模拟分析得到验证，不同区域的地下水埋深分布根据地下水均衡计算和模拟分析得到。在对现状条件下的土壤根系层进行盐分均衡分析时将进一步说明表中各种参数选取的依据和来源。

表 7.1　利用简化计算方法分析根系层土壤盐分均衡所需参数表

土壤盐分均衡分析参数	井渠结合前	非井渠结合区渠灌	井渠结合渠灌区	井渠结合井灌区	非井渠结合区引黄滴灌	非井渠结合区引淖尔滴灌
$M_i^{生}$为生育期田间净灌溉定额/（m^3/亩）	230	230	230	196	196	196
现有秋浇期灌溉定额/（m^3/亩）	120	120	120	60	120	120
$\eta_{田间}^{生}$为生育期田间灌溉水利用系数	0.82	0.82	0.82	0.9	0.9	0.9
$\eta_{田间}^{秋}$为秋浇期田间灌溉水利用系数	0.60	0.60	0.60	0.60	0.60	0.60
$\alpha_i^{生}$为生育期田间灌溉入渗补给系数	0.18	0.18	0.18	0.1	0.1	0.1
$\alpha_i^{秋}$为秋浇期田间灌溉入渗补给系数	0.40	0.4	0.4	0.4	0.4	0.4
Q_P为降水量/mm	164.43	164.43	164.43	164.43	164.43	164.43
α_p为降雨入渗补给系数	0.10	0.1	0.1	0.1	0.1	0.1
地下水平均埋深/m	1.87	1.902	2.279	2.654	1.902	1.902
E为潜水蒸发量（5～11月）/mm	122.01	118.557	84.508	60.346	118.557	118.557
S_{crop}为作物排盐量/（kg/亩）	15.00	15	15	15	15	15
θ_f为田间持水率	0.28	0.28	0.28	0.28	0.28	0.28
S_w为重量土壤含盐量/（g/kg）	2.00	2	2	2	2	2
γ为土壤容重/（g/cm^3）	1.50	1.5	1.5	1.5	1.5	1.5
$C_i^{生}$为生育期灌溉水矿化度/（g/L）	0.64	0.64	0.64	1.5	0.64	1.5
$C_i^{秋}$为秋浇期灌溉水矿化度/（g/L）	0.64	0.64	0.64	0.64	0.64	0.64
$f^{生}$为生育期淋洗系数	0.80	0.8	0.8	0.8	0.8	0.8
土壤溶液浓度极限浓度/（g/L）	15.00	15	15	15	15	15
根系层厚度/m	0.60	0.6	0.6	0.6	0.6	0.6

7.1.3　根系层土壤水盐均衡的两阶段计算方法

从河套灌区灌溉用水特点来看，灌溉季节既是重要的水分消耗阶段又是重要的水分补给阶段：生育期灌溉阶段是根系层土壤盐分积累的主要阶段，大定额集中灌溉的秋浇期是土壤盐分淋洗的主要阶段。由于土壤溶液浓度随生育期根系层土壤含盐量而变化，将生育期和秋浇期的土壤溶液浓度分开计算，以更精确地研究盐分的变化。作物生育期灌溉阶段，土壤溶液浓度由式（7.1.11）计算：

$$C_t = \frac{S_w \gamma}{\theta_f} \qquad S_v = S_w \gamma \tag{7.1.11}$$

式中，S_w 为重量土壤含盐量，取起始的重量土壤含盐量为 2 g/kg；γ 为土壤容重，1.5 g/cm^3；θ_f 为田间持水率，0.28 cm^3/cm^3。

生育期灌溉结束后，灌溉引入的土壤盐分增加，可以根据生育期灌溉阶段的盐分引入量、盐分淋滤量和起始的根系层土壤盐分含量，计算生育期末的根系层土壤盐分含量 $S_w^{末}$，秋浇期的土壤溶液浓度由式（7.1.12）计算：

$$C_t = S_w^{末} \gamma / \theta_f \tag{7.1.12}$$

根据秋浇期的灌溉水矿化度、淋洗系数和土壤溶液浓度，由式（7.1.13）计算秋浇期灌溉淋滤水矿化度：

$$C_d = C_i(1-f) + C_t f \tag{7.1.13}$$

灌区根系层盐分均衡两阶段计算主要输入参数见表 7.2。

表 7.2　两阶段计算方法分析根系层土壤盐分均衡所需参数表

土壤盐分均衡分析参数	井渠结合前	非井渠结合区渠灌	井渠结合渠灌区	井渠结合井灌区	非井渠结合区引黄滴灌	非井渠结合区引淖尔滴灌
$M_i^{生}$为生育期田间净灌溉定额/（m^3/亩）	230	230	230	196	196	196
现有秋浇期灌溉定额/（m^3/亩）	120	120	120	60	120	120
$\eta_{田间}^{生}$为生育期田间灌溉水利用系数	0.82	0.82	0.82	0.9	0.9	0.9
$\eta_{田间}^{秋}$为秋浇期田间灌溉水利用系数	0.60	0.60	0.60	0.60	0.60	0.60
$\alpha_i^{生}$为生育期田间灌溉入渗补给系数	0.18	0.18	0.18	0.1	0.1	0.1
$\alpha_i^{秋}$为秋浇期田间灌溉入渗补给系数	0.40	0.40	0.40	0.40	0.40	0.40
Q_P 为降水量/mm	164.43	164.43	164.43	164.43	164.43	164.43
α_p 为降雨入渗补给系数	0.1	0.1	0.1	0.1	0.1	0.1
地下水平均埋深/m	1.87	1.902	2.279	2.654	1.902	1.902
E 为潜水蒸发量（5～11 月）/mm	122.01	118.557	84.508	60.346	118.557	118.557
S_{crop} 为作物排盐量/（kg/亩）	15	15	15	15	15	15
θ_f 为田间持水率	0.28	0.28	0.28	0.28	0.28	0.28

续表

土壤盐分均衡分析参数	井渠结合前	非井渠结合区渠灌	井渠结合渠灌区	井渠结合井灌区	非井渠结合区引黄滴灌	非井渠结合区引淖尔滴灌
S_w为重量土壤含盐量/（g/kg）	2	2	2	2	2	2
γ为土壤容重/（g/cm^3）	1.5	1.5	1.5	1.5	1.5	1.5
$C_i^{生}$为生育期灌溉水矿化度/（g/L）	0.64	0.64	0.64	1.5	0.64	1.5
$C_i^{秋}$为秋浇期灌溉水矿化度/（g/L）	0.64	0.64	0.64	0.64	0.64	0.64
$f^{生}$为生育期淋洗系数	0.8	0.8	0.8	0.8	0.8	0.8
根系层厚度/m	0.6	0.6	0.6	0.6	0.6	0.6

7.2 简化计算过程及结果

本节将根据作物根系层土壤盐分均衡简化计算方法的基本思想，利用表 7.1 中的数据，分析现状和井渠结合实施后两种条件下的土壤盐分均衡和临界秋浇定额。

7.2.1 现状条件下土壤根系层盐碱化控制

1. 生育期灌溉引盐量

1）生育期灌溉定额

由于根系层盐量平衡研究尺度为田间尺度，因此作物灌溉定额也应以田间尺度为准，与前文所述的作物综合灌溉定额不同。以永济灌域为例，根据 2013～2014 年水利部公益性行业科研专项经费项目“灌区水资源总量控制技术及多维临界调控模式”，专题一“河套灌区农业水资源总量控制及主要作物灌溉用水定额”研究成果，作物生育期净灌溉定额约为 230 m^3/亩，秋浇期净灌溉定额约为 120 m^3/亩，因而下文中作物生育期净灌溉定额取值 230 m^3/亩。

2）生育期灌溉水矿化度

现状条件下，河套灌区以引黄渠灌为主，1961～2013 年，引黄水的矿化度变化如图 7.4 所示。由图 7.4 可知，1960～1974 年，引黄水矿化度为 0.34 g/L；1975～1980 年引黄水矿化度出现第一个显著上升期；1981～1986 年矿化度稳定在 0.45 g/L；1987 年开始，引黄水矿化度出现小幅度上升，之后保持在 0.54 g/L 上下波动；1999 年开始，引黄水矿化度出现新一轮的小幅度上升，2000 年之后矿化度保持在 0.64 g/L 上下浮动。总体来看，1961～2013 年引黄水矿化度呈现上升趋势。下文中引黄水矿化度取值 0.64 g/L。

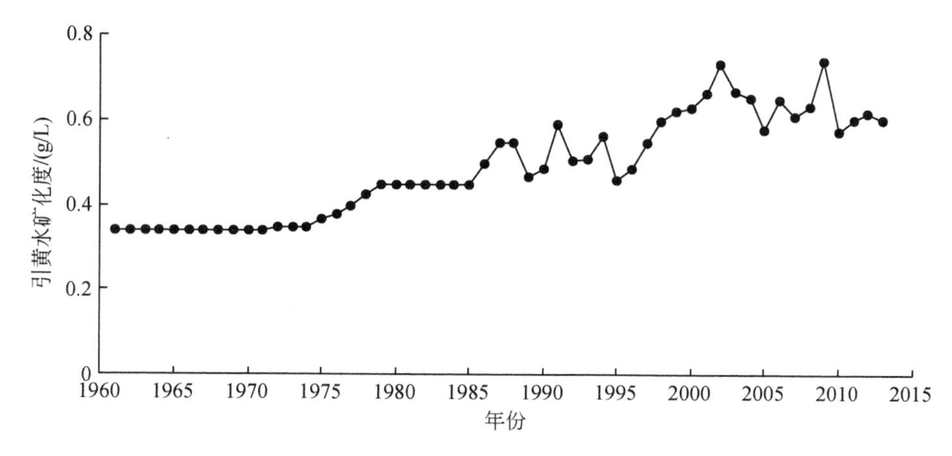

图 7.4 河套灌区多年引黄水矿化度变化图

3）生育期灌溉引盐量

田间生育期净灌溉定额取值 230 m^3/亩，引黄水矿化度取值 0.64 g/L，田间水利用系数为 0.82，则现状条件下生育期灌溉引盐量计算结果见表 7.3。

表 7.3 现状条件下生育期灌溉引盐量

生育期净灌溉定额/（m^3/亩）	引黄水矿化度/（g/L）	田间水利用系数	生育期灌溉引盐量/（kg/亩）
230	0.64	0.82	179.51

2. 生育期淋滤排盐量

1）生育期排水量

生育期田间根系层排水量的主要来源包括生育期灌溉入渗补给量和降雨入渗补给量。生育期灌溉入渗补给系数取 0.18，则现状条件下生育期灌溉入渗补给量计算结果见表 7.4。

表 7.4 现状条件下生育期灌溉入渗补给量

净灌溉定额/（m^3/亩）	灌溉水利用系数	灌溉入渗补给系数	灌溉入渗补给量/（m^3/亩）
230	0.82	0.18	50.49

河套灌区多年平均降水量为 164.43 mm，降雨入渗补给系数取值 0.1，则降雨入渗补给量计算结果见表 7.5。

表 7.5 现状条件下生育期降雨入渗补给量

降水量/mm	降雨入渗补给系数	降雨入渗补给量/（m^3/亩）
164.43	0.1	10.97

由表 7.4 和表 7.5 可知，现状条件下生育期田间淋滤水量为 61.46 m^3/亩。

2）生育期排水矿化度

作物耐盐浓度一般为 10～15 g/L，土壤溶液浓度取极值 15 g/L，生育期引用黄河水进行渠灌，灌溉水矿化度为 0.64 g/L，淋洗系数为 0.8，由式（7.1.7）可知，生育期排水矿化度为 12.128 g/L。

3）生育期淋滤排盐量

现状条件下生育期田间淋滤水量为 61.46 m^3/亩，排水矿化度为 12.128 g/L，则生育期淋滤排盐量为 745.33 kg/亩。

3. 潜水蒸发引盐量

河套灌区位于西北干旱半干旱地带，降雨小蒸发大，尤其在地下水埋深较浅处，潜水蒸发强烈，造成盐分在土壤表层积累，加剧了灌区土壤盐碱化。

河套灌区每年 12 月到次年 4 月为冻融期，此期间地表蒸发很小，潜水蒸发机理发生变化，水分基本只在含水层和冰冻层之间发生迁移，冻融前后地下水位基本保持不变。根据盐随水动的原理，可认为冻融期前后根系层土壤盐分总量也保持不变。因此，本书只考虑 5～11 月的潜水蒸发而引起的根系层土壤盐分的积累量。潜水蒸发采用王亚东推荐的潜水蒸发量计算公式：

$$Q_{\mathrm{E}} = E_0[0.6601 \times \mathrm{e}^{-0.898 \times h}] \tag{7.2.1}$$

式中，E_0 为水面蒸发量，mm；h 为地下水埋深，m。

现状条件下灌区平均地下水埋深为 1.87 m，灌区的平均潜水蒸发量为 122.01 mm。假设潜水蒸发矿化度与根系层排水矿化度相等，那么河套灌区现状条件下潜水蒸发引盐量为 986.98 kg/亩。

4. 作物排盐量

作物可以通过根系吸收一部分盐分来改善根系带盐分状态。河套灌区主要作物包括春小麦、葵花、玉米和苜蓿，若按照每年春小麦、葵花两季种植计算，河套灌区每年作物排盐量约 15 kg/亩。

5. 生育期盐量平衡分析

现状条件下，生育期灌溉引盐量 179.51 kg/亩，潜水蒸发引盐量 986.98 kg/亩，根系层总引入盐分 1166.49 kg/亩；作物排盐量 15 kg/亩，淋滤排盐量 745.33 kg/亩，根系层总排盐量为 760.33 kg/亩；根据盐量平衡方程，生育期根系层净积盐量为 406.16 kg/亩。

6. 临界秋浇定额

临界秋浇定额是指维持年内土壤根系层不积盐所必需的最小秋浇灌溉用水量。通过大定额集中灌溉淋洗土壤根系层中由前期灌溉引入和潜水蒸发带入的盐分，年内土壤根系层盐分保持稳定。这里的临界秋浇定额未考虑原秋浇灌溉的储水作用。

大量的盐分淋洗使得秋浇期土壤溶液浓度低于生育期，为安全起见，土壤溶液浓度仍取极值 15 g/L，秋浇期引用黄河水进行渠灌，灌溉水矿化度为 0.64 g/L，由式（7.1.7）得秋浇期排水矿化度为 12.128 g/L。取田间灌溉水利用系数 0.60，灌溉入渗补给系数取值 0.4，则单位体积秋浇水净排盐量为 7.02 kg/m^3。

综上所述，现状条件下生育期根系层积盐量为 406.17 kg/亩，单位体积秋浇水净排盐量 7.02 kg/m^3。由式（7.1.6）可知，现状条件下灌区临界秋浇定额为 57.87 m^3/亩。

7. 计算结果分析

基于年际间根系层土壤盐分均衡，利用河套灌区长期的灌溉定额、灌溉水利用系数、地下水埋深、灌溉水矿化度、降水量和蒸发量等参数，根据式（7.1.5）～式（7.1.8），得到现状条件下保持灌溉农田的盐分平衡所需的秋浇灌溉定额约为 58 m^3/亩。目前的秋浇净定额为 120～150 m^3/亩，现状条件下的秋浇并不是完全为了冲洗土壤盐分，很大一部分水量是为了保墒，以便于第二年开春后播种；另外，目前的秋浇有疏松表层土壤的作用。在膜下滴灌的条件下，水源可以得到保证，可以满足秋浇的保墒作用。另外，在水资源紧缺的情况下，应发展其他不同的耕作措施，使得来年春季土壤疏松，便于耕作。为保持土壤盐分年内均衡，在秋浇定额为 120 m^3/亩的条件下，两年一次的秋浇可以使根系层土壤盐分达到均衡。现状条件下，灌溉区土壤根系层的盐分可基本保持稳定或有轻微脱盐的趋势。这些观测结果说明，利用式（7.1.5）～式（7.1.8）分析和估算临界秋浇定额与土壤盐分淋洗模式是可行的。

7.2.2　井渠结合实施后根系层土壤盐分平衡分析

7.2.1 节中详细论述了现状条件下根系层土壤盐分的均衡计算过程、参数取值和参数来源，确定了在相应阶段灌溉定额、潜水蒸发、降雨补给条件下为维持年度土壤根系的盐分平衡所必需的临界秋浇定额。

井渠结合膜下滴灌、直接引黄滴灌和利用淖尔储水滴灌三种模式下根系层土壤盐分均衡分析和临界秋浇灌溉定额的确定，与 7.2.1 节的主要不同之处在于作物生长期灌溉定额和田间水利用系数的取值。在膜下滴灌的灌溉模式下，田间水利用系数将明显增加，相应的淋滤水量减少，灌溉期间淋盐量降低；利用地下水和淖尔储水进行灌溉，灌溉水的矿化度明显高于黄河水的矿化度，这将增加由于灌溉引入田间的盐分。同时，井渠结合区的地下水位降低，潜水蒸发量下降，由其带入根系层的盐分减少。表 7.1 详细列出了不同灌溉模式条件下所采用的参数，由此参数所得到的计算结果见表 7.6。表 7.6 中也详细列出了年内以不同方式进入根系层的盐量、根系层底部的排盐量、作物带走的盐量及相应的盐分平衡分析。

表 7.6 根系层土壤盐分均衡及建议临界秋浇定额（简化计算方法）

土壤盐分均衡分析参数	井渠结合前	非井渠结合区渠灌	井渠结合渠灌区	井渠结合井灌区	非井渠结合区引黄滴灌	非井渠结合区引淖尔滴灌
生育期排水矿化度/（g/L）	12.13	12.13	12.13	12.30	12.13	12.30
秋浇期排水矿化度/（g/L）	12.13	12.13	12.13	12.13	12.13	12.13
建议临界秋浇定额/（m^3/亩）	58	54	15	57	98	125
生育期灌溉带入盐量/（kg/亩）	179.51	179.51	179.51	326.67	139.38	326.67
秋浇期灌溉带入盐量/（kg/亩）	61.73	57.48	15.62	61.01	104.30	133.08
潜水蒸发带入盐量/（kg/亩）	986.98	959.05	683.62	491.62	959.05	965.85
生育期淋盐量/（kg/亩）	612.32	612.32	612.32	267.87	264.12	267.87
秋浇期淋盐量/（kg/亩）	467.89	435.72	118.42	462.48	790.60	1008.78
降雨淋盐量/（kg/亩）	133.01	133.01	133.01	133.96	133.01	133.96
作物带走盐量/（kg/亩）	15.00	15.00	15.00	15.00	15.00	15.00
平衡分析——进入/（kg/亩）	1228.22	1196.05	878.75	879.30	1202.73	1425.60
平衡分析——排出/（kg/亩）	1228.22	1196.05	878.75	879.30	1202.73	1425.60
生育期灌溉带入盐量比例/%	14.62	15.01	20.43	37.15	11.59	22.91
秋浇期灌溉带入盐量比例/%	5.03	4.81	1.78	6.94	8.67	9.34
潜水蒸发带入盐量比例/%	80.36	80.19	77.79	55.91	79.74	67.75
生育期淋盐量比例/%	49.85	51.19	69.68	30.46	21.96	18.79
秋浇期淋盐量比例/%	38.10	36.43	13.48	52.60	65.73	70.76
降雨淋盐量比例/%	10.83	11.12	15.14	15.23	11.06	9.40
作物带走盐量比例/%	1.22	1.25	1.71	1.71	1.25	1.05

由表 7.6 可知，非井渠结合区渠灌和井渠结合渠灌区的临界秋浇定额有不同程度的减小，其中后者减小量最大，仅为现状条件下对应临界秋浇定额的 1/4。其主要原因是灌区地下水开采，地下水位不同程度地下降（全灌区下降 0.032 m，井渠结合渠灌区下降 0.409 m），使得潜水蒸发量及其带入土壤根系层的盐分减少，所需秋浇淋洗量有不同程度的减少。注意到，井渠结合井灌区地下水降幅最大（下降 0.786 m），但一方面由于利用井水灌溉，其矿化度高于黄河水（地下水矿化度取为 1.5 g/L，黄河水矿化度为 0.64 g/L），带入土壤

根系层的盐分大幅度增加；另一方面采用滴灌方式，地下水淋滤量减小，灌溉期的淋盐作用降低，根系层的总体进盐量变化不大，因而所要求的秋浇灌溉定额变化不大。

计算结果表明，井灌区需要每两年秋浇一次，秋浇灌溉定额与井渠结合实施前相近（120 m^3/亩左右）。如果地下水的矿化度较高，相应的秋浇定额应有所加大。图 7.5 为井灌区不同的灌溉水矿化度时，达到根系层土壤盐分平衡所要求的临界秋浇定额。图 7.5 中数据表明，如果地下水矿化度每增加 1 g/L，秋浇定额将大约增加 30 m^3/亩，以淋洗掉生育期灌溉带入的盐分。

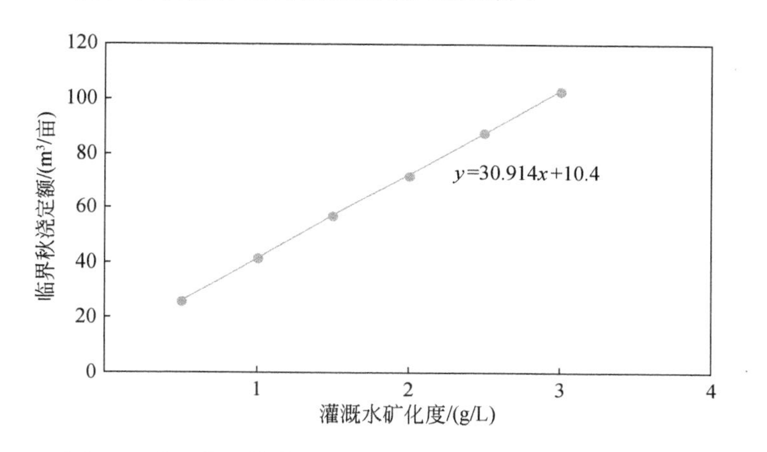

图 7.5 井渠结合井灌区不同地下水矿化度的临界秋浇定额

非井渠结合区分别利用黄河水和淖尔水进行膜下滴灌时，相应的临界秋浇定额都有所增加。一是由于滴灌灌水定额小，实行少量多次的灌溉方式，灌溉渗漏量降低，生育期的淋盐量降低，这就需要增加秋浇的淋盐定额；二是淖尔水的矿化度一般较高，灌溉引盐量增加，势必要求增加秋浇定额，以维持根系层土壤盐分均衡。

根系层盐分的主要来源为灌溉（生育期和秋浇期）和潜水蒸发带入的盐分，灌溉所带入的盐分为总累积盐分的 15%～42%，灌溉水的矿化度是关键因素；潜水蒸发带入土壤根系层的盐分占总积累盐分的 48%～75%，蒸发是土壤积盐的关键因素。作物所带走的盐分仅占总脱盐量的 1%，几乎可以忽略不计。灌溉期淋滤的盐分占总脱盐量的 17%～63%，秋浇期淋滤的盐分占 20%～73%，降雨入渗的淋盐量约占 10%。也就是说，生育期和秋浇期的淋盐作用在量级上几乎相同，不同的灌溉模式导致淋滤水量的变化，从而将直接导致土壤盐分均衡的变化，膜下滴灌淋滤水量降低，会引起秋浇淋滤水量的增加。

以上结果说明，降低和控制区域的地下水位是控制土壤盐分和确定秋浇定额的关键因素。同时，根据灌区的特点，在利用膜下滴灌期间，灌水定额可以适当增加，从而增大灌水期间的灌溉淋洗，这同样也可以减小秋浇淋洗定额。

7.3 生育期和秋浇期两阶段盐分平衡计算过程及结果

随着生育期根系层土壤含盐量的变化，土壤溶液浓度也随之发生改变，为了更精确地研究盐分的变化情况，将生育期和秋浇期的土壤溶液浓度分开计算，经过对生育期的土壤盐分进行均衡分析，得到生育期末的土壤盐分含量，由此确定秋浇期的起始土壤盐分分布和淋滤水矿化度，然后确定临界秋浇定额，以保证土壤盐分恢复到生育期开始的状况，即一年内根系层土壤盐分达到均衡。具体的计算公式见式（7.1.11）～式（7.1.13）。

7.3.1 现状条件下土壤根系层盐碱化控制

1. 生育期灌溉引盐量

根据田间生育期净灌溉定额 230 m^3/亩、引黄水矿化度 0.64 g/L、田间水利用系数 0.82，则可得到现状条件下生育期灌溉水引盐量为 179.51 kg/亩。

2. 生育期淋滤排盐量

生育期田间根系层排水量主要来源包括生育期灌溉入渗补给量和降雨入渗补给量。根据生育期灌溉入渗补给系数取值 0.18，河套灌区多年平均降水量为 164.43 mm，降雨入渗补给系数取值 0.1，则可得到现状条件下生育期灌溉入渗补给量为 50.49 m^3/亩，降雨入渗补给量 10.98 m^3/亩，现状条件下生育期田间淋滤水量为 61.47 m^3/亩。由式（7.1.11）可知，生育期土壤溶液浓度为 10.71 g/L，淋洗系数取值 0.8，灌溉水矿化度为 0.64 g/L；生育期排水矿化度为 8.70 g/L。现状条件下生育期淋滤水量为 61.47 m^3/亩，排水矿化度为 8.70 g/L，根据式（7.1.13）可以得到生育期淋滤排盐量为 534.63 kg/亩。

3. 潜水蒸发引盐量

现状条件下灌区平均地下水埋深 1.87 m，则其潜水蒸发量 122.01 mm，取潜水蒸发矿化度与根系层排水矿化度 8.70 g/L 相等，则河套灌区现状条件下潜水蒸发引盐量为 707.97 kg/亩。

4. 作物排盐量

河套灌区主要作物包括春小麦、葵花、玉米和苜蓿，若按照每年春小麦、葵花两季种植计算，河套灌区每年作物排盐量约 15 kg/亩。

5. 生育期盐量平衡分析

现状条件下，生育期灌溉引盐量为 179.51 kg/亩，潜水蒸发引盐量为 707.97 kg/亩，根系层总引入盐分为 887.48 kg/亩；作物排盐量为 15 kg/亩，淋滤排盐量为 534.63 kg/亩，根系层总排盐量为 549.63 kg/亩；根据盐量平衡方程式（7.1.5），生育期根系层土壤盐分变化量为 337.85 kg/亩。

6. 临界秋浇定额

1）秋浇期排水矿化度

由于土壤初始含盐量为 1200.6 kg/亩，生育期根系层净积盐为 337.85 kg/亩，则可以得到生育期结束后土壤含盐量增至 1538.455 kg/亩，忽略土壤容重和含水率的变化，由式（7.1.12）可知，秋浇期土壤溶液浓度为 13.73 g/L；秋浇期仍引用黄河水灌溉，灌溉水矿化度仍取值 0.64 g/L；由式（7.1.13）得到秋浇期排水矿化度为 11.11 g/L。

2）单位体积秋浇水净排盐量

秋浇期灌溉水矿化度为 0.64 g/L，排水矿化度为 11.11 g/L；秋浇灌溉入渗补给系数取值 0.40，则单位体积秋浇水净排盐量为 6.34 kg/m^3。

3）临界秋浇定额

综上可知，现状条件下生育期根系层积盐量为 337.85 kg/亩，单位体积秋浇水净排盐量为 6.34 kg/m^3。由式（7.1.6）可得到现状条件下灌区临界秋浇定额为 53.28 m^3/亩。

7. 计算结果分析

利用两阶段计算方法所得到的临界秋浇定额与利用简化计算方法得到的临界秋浇定额 57.87 m^3/亩相比，两者之间的误差小于 10%，由于两阶段计算方法中生育期末土壤盐分浓度稍大，在秋浇冲洗淋盐过程中根系层底部的排水矿化度较高，秋浇灌溉的洗盐效率高，使得计算得到的临界秋浇定额稍小。尽管如此，在所能考虑的误差范围之内，两种方法得到的秋浇定额与现状实际利用的平均秋浇定额基本一致，可以认为所利用的计算方法和参数选取是正确的。

7.3.2　井渠结合实施后根系层土壤盐分平衡分析

7.1 节中详细论述了现状条件下根系层土壤盐分两阶段均衡计算过程，得到了为维持年度土壤根系的盐分平衡所必需的临界秋浇定额。井渠结合实施后不同区域和不同灌溉模式的土壤盐分均衡计算方法类同，此处不再赘述。两阶段计算方法进行根系层土壤盐分分析所需要的参数见表 7.2，灌区根系层盐分平衡计算结果和临界秋浇定额见表 7.7。

利用两阶段计算方法所得到的临界秋浇定额与利用简化计算方法所得到的

临界秋浇定额相近，表 7.7 中的数据表明，灌区井渠结合实施后，利用渠水灌溉的非井渠结合区和井渠结合渠灌区的秋浇定额可维持现状的灌溉模式和灌溉定额，这里的秋浇灌溉仍起到储水的作用。井渠结合井灌区的秋浇灌溉主要起压盐作用，可以两年进行一次秋浇灌溉。如果井灌区灌溉利用的地下水矿化度较高（表 7.7 中的计算结果采用地下水矿化度为 1.5 g/L），还需要增加秋浇定额，以保证土壤根系层不积盐。根据图 7.5 的结果，生育期灌溉用地下水的矿化度每增加 1 g/L，秋浇定额增加 30 m^3/亩。同样地，非井渠结合区利用黄河水滴灌和利用淖尔水滴灌，建议增大灌溉期间的灌水定额以增加生育期灌溉的淋盐水量，或者增加秋浇定额。

表 7.7　根系层土壤盐分均衡及建议临界秋浇定额（两阶段计算方法）

土壤盐分均衡分析参数	井渠结合前	非井渠结合区渠灌	井渠结合渠灌区	井渠结合井灌区	非井渠结合区引黄滴灌	非井渠结合区引淖尔滴灌
生育期排水矿化度/（g/L）	8.70	8.70	8.70	8.87	8.70	8.87
秋浇期排水矿化度/（g/L）	11.11	10.97	9.56	11.40	12.46	13.86
建议临界秋浇定额/（m^3/亩）	53	51	23	58	73	88
生育期灌溉带入盐量/（kg/亩）	179.51	179.51	179.51	326.67	139.38	326.67
秋浇期灌溉带入盐量/（kg/亩）	56.83	54.28	24.18	61.76	77.67	94.32
潜水蒸发带入盐量/（kg/亩）	707.97	687.93	490.36	357.08	687.93	701.53
生育期淋盐量/（kg/亩）	439.22	439.22	439.22	193.20	189.45	193.20
秋浇期淋盐量/（kg/亩）	394.68	372.09	144.42	440.01	605.11	817.02
降雨淋盐量/（kg/亩）	95.41	95.41	95.41	97.30	95.41	97.30
作物带走盐量/（kg/亩）	15.00	15.00	15.00	15.00	15.00	15.00
平衡分析——进入/（kg/亩）	944.31	921.72	694.05	745.50	904.98	1122.52
平衡分析——排出/（kg/亩）	944.31	921.72	694.05	745.50	904.98	1122.52
生育期灌溉带入盐量比例/%	19.01	19.48	25.86	43.82	15.40	29.10
秋浇期灌溉带入盐量比例/%	6.02	5.89	3.48	8.28	8.58	8.40
潜水蒸发带入盐量比例/%	74.97	74.64	70.65	47.90	76.02	62.50
生育期淋盐量比例/%	46.51	47.65	63.28	25.92	20.93	17.21
秋浇期淋盐量比例/%	41.80	40.37	20.81	59.02	66.86	72.78
降雨淋盐量比例/%	10.10	10.35	13.75	13.05	10.54	8.67
作物带走盐量比例/%	1.59	1.63	2.16	2.01	1.66	1.34

7.4 结　论

本章的主要结论如下。

（1）根据两种计算方法，得到井渠结合前维持土壤盐分均衡的田间秋浇定额为 53～58 m^3/亩，该值小于灌区目前所采用的秋浇定额，这是由于目前灌区所采用的秋浇灌溉包括了储墒和压盐的双重作用，如果仅针对保持年内根系层土壤不积盐而言，目前的秋浇灌溉可以减少，以淋洗土壤盐分为主要作用的秋浇灌溉可以维持两年秋浇一次。井渠结合前灌溉每年带入田间的盐分约为 240 kg/亩，主要通过灌溉淋滤、降雨淋滤和作物吸收将引入田间的盐分带出根系层，使得根系层土壤处于不积盐或脱盐状态。潜水蒸发和秋浇灌溉淋盐是根系层土壤盐分均衡的主要驱动要素。

（2）灌区井渠结合灌溉模式实施后，由于对非井渠结合区的地下水位影响很小，在维持现状灌溉用水定额的条件下，要维持灌溉土地根系层土壤的盐分均衡，秋浇的淋盐定额与实施井渠结合前稍有减少，但变化不大。在没有找到更好的储水灌溉技术前，建议维持非井渠结合区目前的秋浇灌溉方式；如果仅仅考虑根系层土壤不积盐，那么秋浇定额可以减少一半（即两年一次秋浇）。

（3）由于井渠结合渠灌区地下水有较大幅度的下降（井渠结合渠灌区的地下水位比井渠结合前下降 0.41 m），维持根系层土壤不积盐的秋浇定额仅为非井渠结合区的 1/4～1/3，如果仅仅考虑根系层土壤不积盐，建议井渠结合渠灌区 2～3 年一次秋浇。

（4）井渠结合井灌区达到土壤根系层盐分均衡的秋浇定额与实施井渠结合前稍有减少，但变化不大，两种计算方法所得到的临界秋浇定额为 53～58 m^3/亩，也就是说，井渠结合区可以两年秋浇一次（秋浇灌溉定额为 120 m^3/亩）。井渠结合井灌区的地下水下降幅度较大，平均降幅为 0.78 m，由此引起潜水蒸发量的减少，导致潜水蒸发带入土壤根系层的盐分减少 350～495 kg/亩。同时，井灌区应用地下水灌溉，地下水的矿化度（按 1.5 g/L 计）是黄河水矿化度（0.64 g/L）的 2.3 倍，生育期灌溉引入土壤根系层的盐分将增加（约增加 147 kg/亩）；另外，由于井灌区采用膜下滴灌，灌水期间土壤淋滤量较小，淋盐量降低（降低 246～344 kg/亩），三部分盐分基本均衡，这使得井灌区的秋浇定额保持不变，以维持根系层的土壤盐分均衡。上述结果是在井灌区地下水矿化度为 1.5 g/L 时获得的，如果地下水的矿化度增加（或降低），相应的秋浇定额也应增加（或降低），地下水的矿化度每增加 1 g/L，秋浇定额将增加 30 m^3/亩，这与第 6 章研究结果相同。

（5）根系层土壤盐分均衡的分析结果表明，在非井渠结合区采用直引黄河水和利用淖尔的蓄水进行滴灌，所要求的临界秋浇定额都要比现状条件有所增加，直引滴灌的秋浇定额增加 20～40 m^3/亩，淖尔蓄水灌溉的秋浇定额增加 35～67 m^3/亩。秋浇定额增大的主要原因是由于利用膜下滴灌的灌溉模式，淋滤水量减少，需增加秋浇定额以淋洗积累在土壤中的盐分；另外，利用淖尔蓄水灌溉，淖尔水的矿化度一般较高，灌溉期间将大幅度增加根系层的土壤盐分，必须增加秋浇定额以维持根系层土壤盐分平衡。建议直引滴灌和利用淖尔水滴灌增加生育期滴灌灌水定额，以增大作物生长期的淋滤水量，具体的灌水定额大小需要进一步研究。

第 8 章　河套灌区井渠结合土壤水盐长期演化规律与调控措施

本章分别采用垂向多层水盐均衡模型及简单根系层盐分均衡模型，对河套灌区井渠结合实施后水盐动态进行了长期预测，并针对不同的灌溉模式、水文地质条件，提出了保障灌区根系层盐分可控的水盐调控策略。

8.1　基于 SaltMod 模型的井渠结合区水盐变化分析

本节应用改进的 SaltMod 模型，结合隆胜、乌拉特试验区长系列的灌溉、降雨、蒸发、地下水埋深、土壤盐分等观测数据率定验证了模型参数，预测分析井渠结合区不同灌溉模式下根系层土壤盐分动态变化趋势，并提出相应的盐分调控对策。

8.1.1　井渠结合土壤水盐均衡模型

1. SaltMod 模型简介

SaltMod 是用于灌区长期水资源和盐分管理的均衡模型，该模型以水盐均衡原理为基础，可预测不同水文地质条件和不同用水管理措施下地下水动态变化、排水系统排水、土壤及含水层盐分变化过程等，并且该模型可以考虑作物轮作、农民对积水及盐碱化的反应等实际情况。该模型由 Oosterbaan 开发，已被广泛应用于印度、土耳其、埃及、中国等地区的水盐动态预测分析（Oosterbaan，2000；Singh et al.，2002；Srinivasulu et al.，2004；Bahceci et al.，2006，2008；Singh，2012，2014；Yao et al.，2014；陈艳梅等，2012；Mao et al.，2017；毛威等，2018）。

该模型输入项包括地表水文过程（如降雨、蒸发、灌溉、排水的再利用、径流损失）和地下水文过程（如井抽水等）。输出部分为深层渗漏、毛细管上升、排水等。模型示意图如图 8.1 所示。

SaltMod 模型中共有四个质量均衡体，分别是地表水层、根系层、过渡层、含水层。假设根系层的所有水分运动都发生在垂向上，过渡层除了排水项，其余水分运动也均发生在垂向上，含水层主要发生水平向流动。每个质量均衡体根据

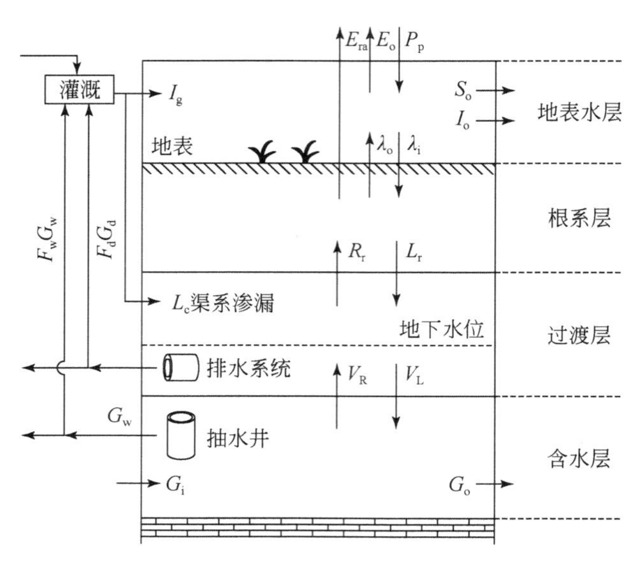

图 8.1 SaltMod 模型概念示意图

各自水量进出建立质量守恒方程，其中的水量为计算时间和空间上的均值。在盐分均衡中，采用电导率（EC，单位 dS/m）来表示浓度值，不考虑固体盐分矿物溶解与可溶性盐类的化学沉淀过程。

在某特定期间单位面积上，地表水层的水量均衡方程为

$$P_p + I_g + \lambda_o = E_o + \lambda_i + I_o + S_o + \Delta W_s \tag{8.1.1}$$

式中，P_p 为降雨或者灌溉量，m；I_g 为总的灌溉流入量，包括自然情况下通过地表进入的量、再利用的排水、抽取的地下水等，但是不包括渠系输水损失，m；λ_o 为根系层向上渗出到地表水层的水量，m；E_o 为地表水体的蒸发量，m；λ_i 为地表水层入渗进入根系层的水量，m；I_o 为通过灌溉渠系流出控制面积的灌溉水量，m；S_o 为通过地表流出的灌溉水量，m；ΔW_s 为地表水层的储水量变化值，m。

根系层的水量均衡方程为

$$\lambda_i + R_r = \lambda_o + E_{ra} + L_r + \Delta W_f + \Delta W_r \tag{8.1.2}$$

式中，R_r 为通过毛管上升进入根系层的水量，m；E_{ra} 为根系层的实际蒸发损失，m；L_r 为根系层中入渗进入过渡层的水量，m；ΔW_f 为根系层含水量在凋萎系数和田间持水率范围内的水量变化值，m；ΔW_r 为根系层含水量在田间持水率和饱和含水率范围内的水量变化值，m。

过渡层的水量均衡方程为

$$L_r + L_c + V_R = R_r + V_L + G_d + \Delta W_x \quad (8.1.3)$$

式中，L_c 为渠系输水损失入渗到地下水的部分，m；V_R 为含水层垂直向上渗透至过渡层的水量，m；V_L 为过渡层饱和部分向下渗入含水层的水量，m；G_d 为人工排水系统或者暗管排出的水量，m；ΔW_x 为过渡层含水量在凋萎系数和田间持水率范围内的水量变化值，m。

含水层的水量均衡方程为

$$G_i + V_L = G_o + V_R + G_w + \Delta W_q \quad (8.1.4)$$

式中，G_i 为水平方向含水层流入水量，m；G_o 为水平方向含水层流出水量，m；G_w 为抽水井抽取水量，m；ΔW_q 为含水层储水量的变化，m。

对于盐分均衡部分，在 SaltMod 模型中，认为从一个均衡体中流出的水分的浓度正比于该均衡体中盐分的浓度，即

$$C_l = F_l C_r \quad (8.1.5)$$

式中，F_l 为淋滤系数，无量纲；C_l 为渗出水的盐分浓度，dS/m；C_r 为均衡体所含的盐分浓度，dS/m。

盐分均衡方程基于水量均衡方程，不同的耕作条件与灌溉条件（如地下水位、轮作等）将得到不同的盐分均衡方程。这里我们仅对一般条件下的盐分均衡方程进行说明，具体来说，该情况下没有作物轮作，地下水位在过渡层中变动。对于给定的计算季节，根系层盐分均衡方程为

$$\Delta Z_r = P_p C_p + (I_g - I_o) C_g - S_o (0.2C_r + C_g) + R_r C_x - F_{lr} L_r C_{rv} \quad (8.1.6)$$

式中，ΔZ_r 为根系层储存盐量的变化，dS；C_p 为降雨的盐分浓度，dS/m；C_g 为灌溉水的盐分浓度，dS/m；C_r 为该计算季节根系层的初始浓度值，该值等于上一季度末的盐分浓度，dS/m；C_x 为通过毛管上升作用进入根系层的水分浓度，dS/m；C_{rv} 为根系层盐分浓度的季度均值，dS/m；F_{lr} 为根系层淋滤系数，无量纲。在该方程中，地表排水的浓度被假设为灌溉水浓度与根系层盐分浓度的 20%的和。

过渡层盐分均衡方程为

$$\Delta Z_x = F_{lr} L_r C_{rv} + L_c C_i + V_R C_q - R_r C_x - F_{lx} V_L C_{xv} - G_d C_d \quad (8.1.7)$$

式中，ΔZ_x 为过渡层储存盐量的变化，dS；C_i 为渠系灌溉水的季度浓度均值，dS/m；C_q 为含水层上一季度的浓度值，dS/m；C_{xv} 为过渡层水分的季度浓度均值，dS/m；F_{lx} 为过渡层淋滤系数，无量纲；C_d 为排水系统排出水分的浓度值，dS/m。

含水层盐分均衡方程为

$$\Delta Z_{\mathrm{q}} = G_{\mathrm{i}} C_{\mathrm{h}} + F_{\mathrm{lx}} V_{\mathrm{L}} C_{\mathrm{xv}} - \left(G_{\mathrm{o}} + V_{\mathrm{R}} + G_{\mathrm{w}}\right) C_{\mathrm{qv}} \tag{8.1.8}$$

式中，ΔZ_{q} 为含水层储存盐分的变化，dS；C_{h} 为水平流入含水层的水分的浓度，dS/m；C_{qv} 为水平流出含水层的盐分浓度的季度平均值，dS/m。

2. 用于井渠结合的 SaltMod 模型改进

原始的 SaltMod 模型并不适用于井渠结合的实际情况。首先，SaltMod 模型不能处理多种灌溉水源，且不同灌溉水源盐分浓度不一致的情况；其次，SaltMod 模型中仅有 1 个平均地下水位存在，井渠结合情况下，井灌区抽水引起地下水位下降，导致渠灌区地下水侧向补给井灌区，井灌区与渠灌区存在明显的水位差；最后，SaltMod 模型的水平分区最多只能有 3 个，从而限制了该模型在复杂实际情况下的应用。

针对井渠结合的实际情况，Mao 等（2017）提出了改进的 SaltMod 模型。其在进行计算时，分别采用单独的 SaltMod 模型计算井灌区和渠灌区的水盐运移情况，并通过含水层交换水量将两者耦合，保证质量守恒。对井渠结合情况下的 SaltMod 模型的改进基于如下假设：①在每个井灌区和渠灌区中，地下水位是统一的，但是井灌区和渠灌区之间的地下水位不一致；②井灌区和渠灌区的侧向交换水量仅发生在含水层，且可以加入含水层质量守恒方程。井灌区与渠灌区含水层耦合公式为

$$G_{\mathrm{W}} \cdot S_{\mathrm{W}} = G_{\mathrm{c}} \cdot S_{\mathrm{c}} \tag{8.1.9}$$

式中，S_{W} 为井灌区的面积，m^2；S_{c} 为渠灌区的面积，m^2；G_{W} 为单位面积井灌区含水层流入水量，m；G_{c} 为单位面积渠灌区含水层流出水量，m。

图 8.2 为 SaltMod 模型应用改进概念示意图。SaltMod 模型的耦合使用可以更好地适应复杂的水平分区，并且可以分别给井灌区和渠灌区设置不同的灌溉水浓度和不同的地下水位，以适用于井渠结合的实际情况。

8.1.2　隆胜井渠结合区水盐变化研究

1. 研究区概况与数据说明

隆胜井渠结合试验区位于河套灌区中部，在永济灌域下永刚分干渠所属的西济支渠灌域，地理坐标为 107°28′E～107°32′E、40°51′N～40°55′N，海拔 1037 m。试验区渠灌区南北长 10.5 km，东西宽约 3.8 km，土地面积 36.67 km^2，灌溉面积 28 km^2。井灌区位于隆胜试验区的西南角，控制面积约为 9 km^2，地下水矿化度为 1.2 g/L，如图 8.3 所示。

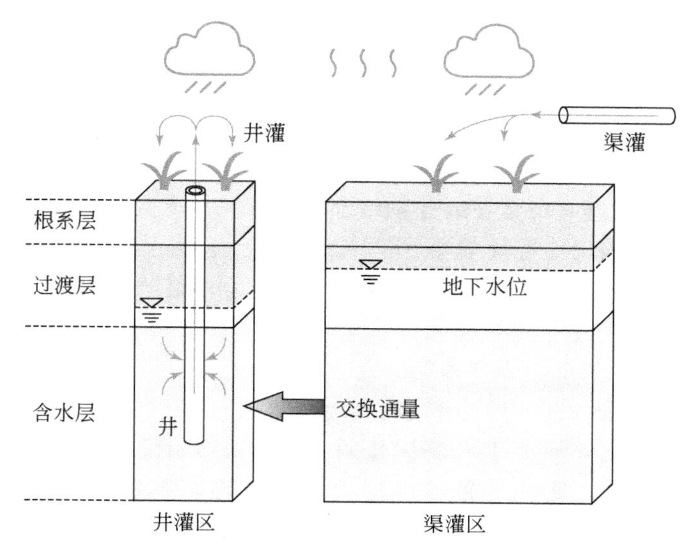

图 8.2　SaltMod 模型应用改进概念示意图

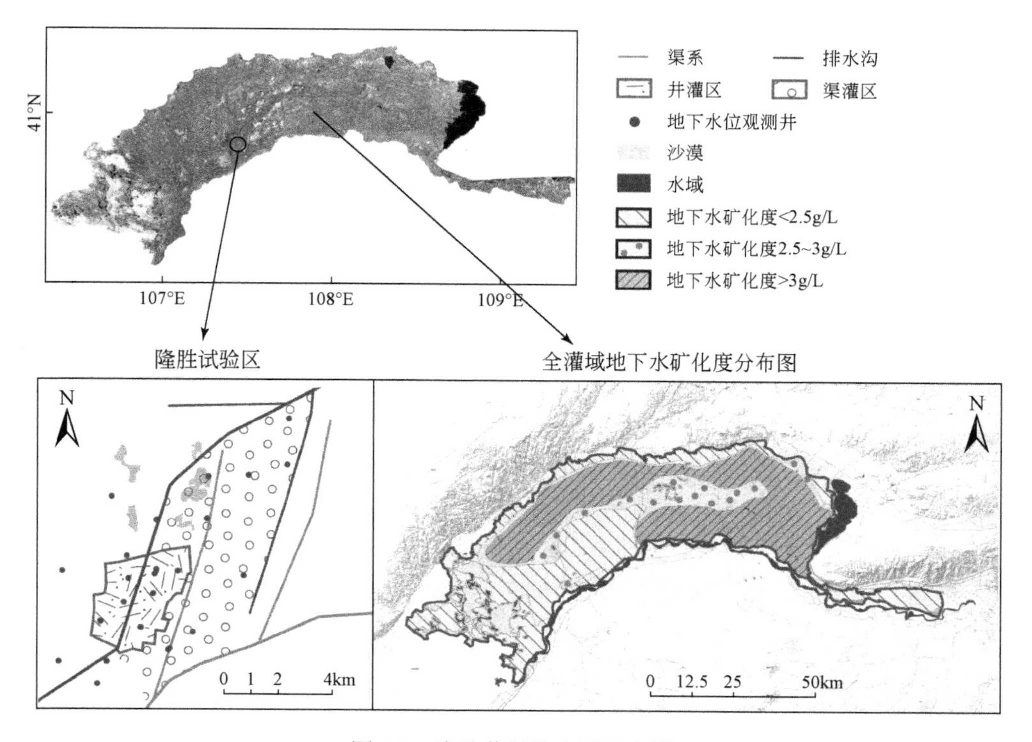

图 8.3　隆胜井渠结合区示意图

根据地质调查的钻孔资料，将隆胜井渠结合区分为三层：第一层厚度为 1 m，为根系层；第二层厚度为 4 m，为过渡层；第三层厚度为 95 m，为含水层。第一层和第二层主要土质为混杂着黏土的砂土，容重为 1.34～1.44 g/cm^3，孔隙度为 46.43%～49.73%，田间持水率为 0.25～0.3。1 m 以下以砂土为主，地下水矿化度为 1.2 g/L，水质较好，适于发展井渠结合。图 8.3 中显示了现阶段井渠结合区地下水观测井的分布情况。现状条件下隆胜试验区已经发展了井渠结合的灌溉方式，但是井灌区尚没有发展膜下滴灌。隆胜试验区作为井渠结合试验区，积累了大量的土壤盐分、土壤水分、灌溉排水、水文气象等详细的观测资料。本章在 2002～2016 年实测数据的基础上开展相关研究。

按照灌区的灌溉和作物生长特征，将全年分为 3 个季度。第 1 季度从每年的 5 月初到 9 月末共 5 个月，为作物生长期；第 2 季度为每年的 10 月和 11 月共两个月，为秋浇期；第 3 季度为每年的 12 月到次年的 4 月共 5 个月，为休耕期。采用季度均值作为模型的输入数据。渠灌区和井灌区的灌溉水量均采用现状条件下的监测值，其中井灌区生育期相较于渠灌区会多灌溉 2～3 次水。渠灌区一年一秋浇，井灌区仅在种植小麦的部分区域有少量的秋浇。渠灌区灌溉、秋浇均采用水质较好的黄河引水，矿化度约为 0.65 g/L，井灌区灌溉水完全来自于地下水，井灌区只有少部分区域采用黄河水秋浇。

隆胜试验区 2002～2016 年的气象资料来源于其附近的临河气象站，主要有降水量与采用 FAO56 Penman-Monteith 公式计算得到的参考作物腾发量 ET_0（郝培净和杨金忠，2016）。隆胜试验区相应的引水灌溉资料、作物种植结构等均来源于河套灌区义长灌域管理局的统计数据。地下水埋深的数据主要取自该区域的两口常观井，并通过 2002～2005 年搜集到的地下水埋深数据与 2014 年后自己布设的观测井的观测数据，对常观井数据进行了相关性分析。结果显示，不同来源的数据相关性较好，为了保证数据的连续性，地下水埋深的数据采用具有长系列观测资料的常观井的结果。2013 年前的土壤盐分数据主要是从当地的试验站、义长灌域管理局等地方获取的。其中，2002～2005 年为一个连续序列，2009～2010 年为一个连续序列，2013 年为单独的一次测量。2014 年之后的数据为自己实测获得。不同年份取样频率为 2～4 次不等。每次的取样点都在 10 个以上，不同年份间取样的点位不重合，且剖面取样深度的划分不一致，但均取到 1 m 深度处。所有土壤含盐量实测值均为全盐值。取实测结果中 0～1 m 的全盐值平均结果，并将测量点位分为井灌区与渠灌区两组，再分别平均，得到该次测量井灌区与渠灌区根系层土壤盐分的平均实测结果。

全盐值与 SaltMod 模型所需电导率之间的转换步骤如下：①对既有实测全盐值（S，%）又有 $EC_{1:5}$ 电导率（$EC_{1:5}$，dS/m）的数据进行回归分析，得到回归

方程 $EC_{1:5}=3.2S-0.02$（$R^2=0.69$），如图 8.4 所示；②参考童文杰等（2012）在河套灌区的相关研究，采用公式 $EC_e=8.6\ EC_{1:5}$，将 $EC_{1:5}$ 转换为土壤饱和浸提液的电导率（EC_e）；③根据 SaltMod 操作手册，模型所需的电导率 $EC=2\ EC_e$。矿化度与模型所需的电导率 EC 之间的转换公式为 1 g/L=1.7 dS/m。

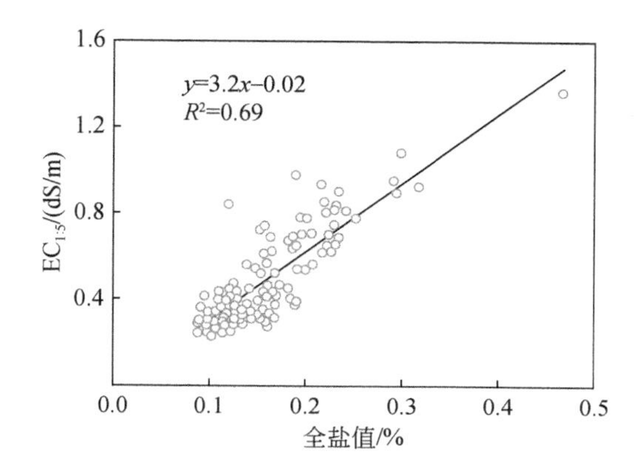

图 8.4　土壤全盐与电导率（$EC_{1:5}$）回归关系

综上所述，现状条件下，隆胜试验区 SaltMod 模型输入数据见表 8.1。

表 8.1　隆胜试验区现状条件下 SaltMod 模型输入数据

项目	井灌区	渠灌区
1. 系统参数		
面积/km^2	8.01	36.67
农业灌溉用地比例	0.76	0.76
根系层厚度/m	1	1
过渡层厚度/m	4	4
含水层厚度/m	95	95
2. 季度划分（月）		
季度 1（5～9 月）	5	5
季度 2（10 月和 11 月）	2	2
季度 3（12 月至次年 4 月）	5	5
3. 土壤性质		
根系层灌溉/降雨存储比例	0.8	0.8
根系层总孔隙度	0.48	0.48
过渡层总孔隙度	0.48	0.48

续表

项目	井灌区	渠灌区
含水层总孔隙度	0.4	0.4
根系层给水度	0.07	0.07
过渡层给水度	0.07	0.07
含水层给水度	0.1	0.1
根系层淋滤系数	0.6	0.6
4. 水均衡部分		
第一季度降雨/m	0.142	0.142
第二季度降雨/m	0.01	0.01
第三季度降雨/m	0.013	0.013
第一季度灌溉/m	0.537	0.3
第二季度灌溉/m	0.02	0.2
第一季度作物潜在腾发量/m	0.419	0.419
第二季度作物潜在腾发量/m	0.052	0.052
第三季度作物潜在腾发量/m	0.147	0.147
第一季度含水层交换水量/［m^3/（m^2・a）］	0.138	-0.03
第二季度含水层交换水量/［m^3/（m^2・a）］	0.092	-0.02
第三季度含水层交换水量/［m^3/（m^2・a）］	0.046	-0.01
5. 初始和边界条件		
初始地下水埋深/m	2.3	1.8
根系层初始盐分含量/（dS/m）	12	12
过渡层初始盐分含量/（dS/m）	5	5
含水层初始盐分含量/（dS/m）	2	2
潜水蒸发极限埋深/m	3.5	3.5

2. 水盐均衡模型的率定与验证

采用均方根误差（RMSE）和相对误差（RE）两个指标来评判模型结果，其计算公式如下：

$$\mathrm{RMSE}=\sqrt{\frac{\sum_{i=1}^{N}\left(Y_{\mathrm{sim},i}-Y_{\mathrm{obs},i}\right)^{2}}{N}} \tag{8.1.10}$$

$$\mathrm{RE}=\left|Y_{\mathrm{sim},i}-Y_{\mathrm{obs},i}\right| \Big/ Y_{\mathrm{obs},i}\times 100\% \tag{8.1.11}$$

式中，$Y_{\mathrm{sim},i}$ 为模型模拟值；$Y_{\mathrm{obs},i}$ 为实测值；N 为样本数量。实际计算 RE 时，采用每个季度各个年份的均值进行计算。

选定 2002～2005 年作为率定期。根据实测地下水埋深率定井灌区与渠灌区含水层交换水量及其在各季度之间的分配。率定期平均地下水埋深的实测值与模拟值的对比结果见表 8.2 和图 8.5。井灌区和渠灌区在模型率定期地下水埋深的全年 RMSE 分别为 0.87 m 和 0.25 m，全年 RE 分别为 23%和 4%。在不同季度中，RMSE 取值为 0.17～1.22 m，RE 的取值在 4%～47%，主要差值体现在第一季度。因为第一季度井灌区大量抽取地下水用于灌溉，导致模型计算的地下水埋深有较大幅度的增加，但是实测值并没有明显显示出来。SaltMod 模型采用多年均值作为输入条件，导致该模型并不能反映在具体年份由于实际情况而导致的地下水埋深的变化。总体来说，率定期计算的地下水埋深的变化可反映隆胜井渠结合区实际的水分运动规律。

表 8.2　率定期和验证期隆胜井渠结合区地下水埋深及根系层土壤盐分含量 SaltMod 模拟值与实测值对比

项目		季度	井灌区				渠灌区			
			实测值	模拟值	RMSE	RE/%	实测值	模拟值	RMSE	RE/%
率定期	地下水埋深/m	季度 1	2.14	3.14	1.22	47	1.84	1.96	0.17	6
		季度 2	1.75	2.05	0.83	17	1.29	1.1	0.26	14
		季度 3	2.05	2.13	0.27	4	2.26	2.03	0.31	10
		年平均	1.98	2.44	0.87	23	1.78	1.70	0.25	4
	土壤盐分/（dS/m）	季度 1	10.98	8.83	3.85	24	10.18	9.85	1.42	3
		季度 2	9.46	8.94	1.92	6	8.69	8.47	1.61	3
		季度 3	8.59	9.45	1.82	9	11.84	9.22	2.95	28
		年平均	9.77	9.03	2.76	8	10.09	9.17	2.01	10
验证期	地下水埋深/m	季度 1	2.31	3.05	0.81	32	1.93	2.00	0.21	3
		季度 2	2.21	1.98	0.38	10	1.30	1.12	0.53	14
		季度 3	2.34	2.08	0.36	11	2.11	2.03	0.48	4
		年平均	2.28	2.38	0.56	4	1.77	1.70	0.43	4
	土壤盐分/（dS/m）	季度 1	6.61	6.84	1.32	4	6.84	5.43	2.06	21
		季度 2	4.75	6.93	2.22	46	5.76	4.57	1.25	21
		季度 3	—	7.25	—	—	—	5.45	—	—
		年平均	5.99	6.87	1.68	15	6.48	5.15	1.83	21

注：表中年平均是按季节长短的加权平均。

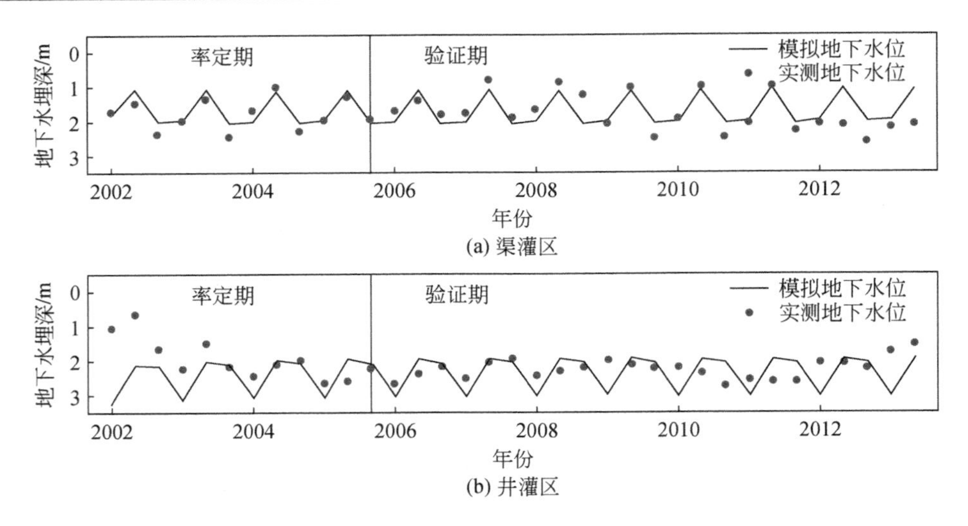

(a) 渠灌区

(b) 井灌区

图 8.5　SaltMod 模拟地下水埋深与实测值对比图

根据土壤盐分数据率定根系层淋滤系数 F_{lr}，当 $F_{lr} = 0.6$ 时，井灌区和渠灌区的模型模拟结果与实测值均拟合较好，如图 8.6 所示，此时井灌区和渠灌区全年的 RMSE 分别为 2.76 dS/m 和 2.01 dS/m，全年的 RE 分别为 8%和 10%（表 8.2 和图 8.7）。在不同季度，RMSE 取值为 1.42～3.85 dS/m，相对误差 RE 取值为 3%～28%，模型计算结果较好地反映了该地区的盐分运移规律。因此，得到根系层淋滤系数 $F_{lr} = 0.6$。

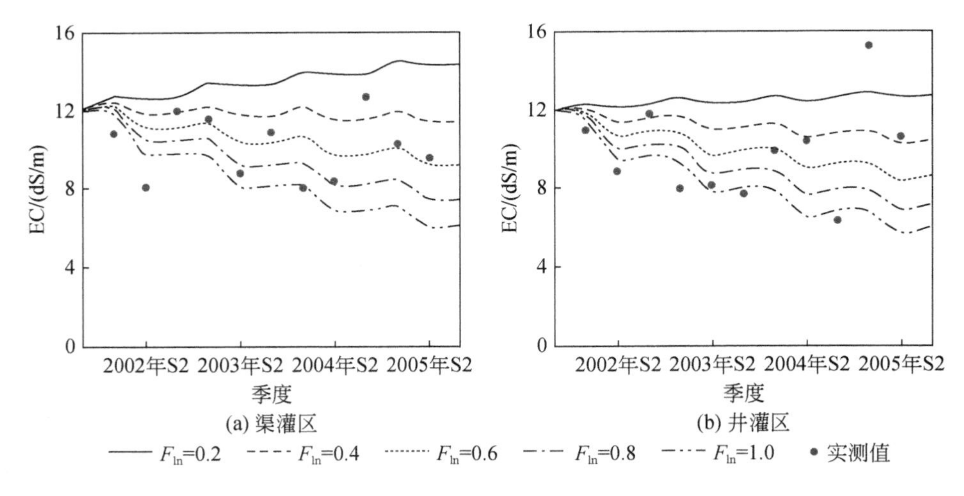

(a) 渠灌区

(b) 井灌区

图 8.6　根系层淋滤系数率定期模拟值与实测值结果比较

图中 S 代表季度

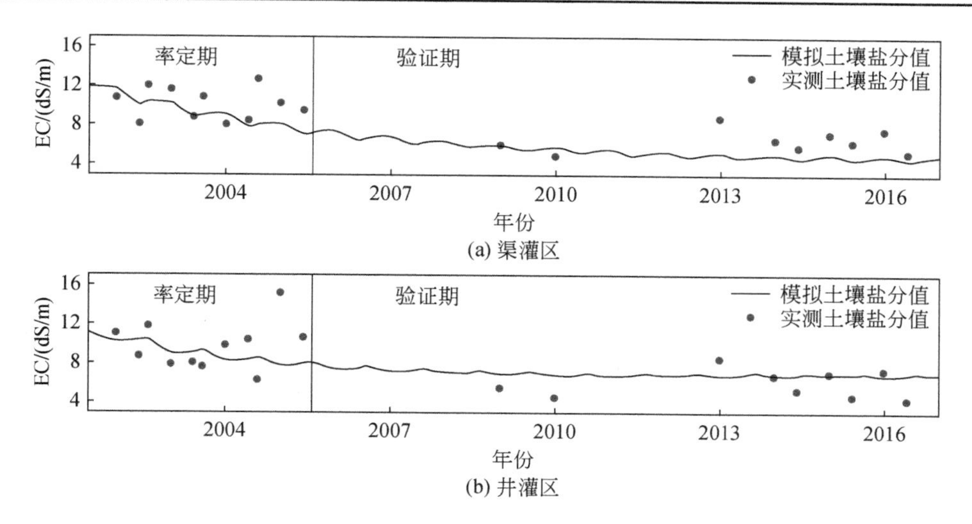

图 8.7　SaltMod 模拟根系层盐分与实测值对比图

采用 2006～2016 年的数据进行模型验证。模型模拟得到的地下水埋深、土壤盐分数据与实测的地下水埋深、盐分数据对比结果如图 8.5 和图 8.7 所示，RMSE 和 RE 的计算结果见表 8.2。井灌区和渠灌区在模型验证期地下水埋深全年的 RMSE 分别为 0.56 m 和 0.43 m，RE 均为 4%。各季度的地下水埋深的 RMSE 为 0.21～0.81 m，相对误差 RE 为 3%～32%，最大差值仍然发生在井灌区第一季度。总体来说，模型可以较好地模拟井渠结合区的水量均衡。对于土壤盐分数据，部分观测资料缺失。井灌区和渠灌区在验证期土壤盐分全年的 RMSE 分别为 1.68 dS/m 和 1.83 dS/m，RE 分别为 15%和 21%。各个季度的 RMSE 为 1.25～2.22 dS/m，相对误差 RE 为 4%～46%。总体来说，模型可以较好地模拟井渠结合区的盐分变化。

3. 现状条件下隆胜井渠结合区盐分动态与调控

以现状年的条件为输入数据（表 8.1），以 2016 年作为初始条件，在现状的灌溉条件下，分析 100 年的灌溉过程中土壤盐分的动态变化，以探究在现状条件下隆胜井渠结合区的盐分演化规律。

对于井灌区和渠灌区的根系层在水平方向按照是否为农业灌溉用地划分为两类，即农业灌溉用地和非农业灌溉用地（城镇等）。对于渠灌区，其存在排水系统，排水系统在垂向上将渠灌区的过渡层分为排水系统以上的过渡层和排水系统以下的过渡层。选全盐值 2 g/kg 和 3 g/kg 为土壤盐碱化程度控制指标（史海滨等，2011；张明柱，1984；王遵亲等，1993）。对于根系层而言，当全盐值小于 2 g/kg 时，基本满足大部分作物生长发育的需求。当全盐值大于 3 g/kg 时，则认为对大部分作物生长发育有严重的影响。各个分区的计算结果如图 8.8 所示。

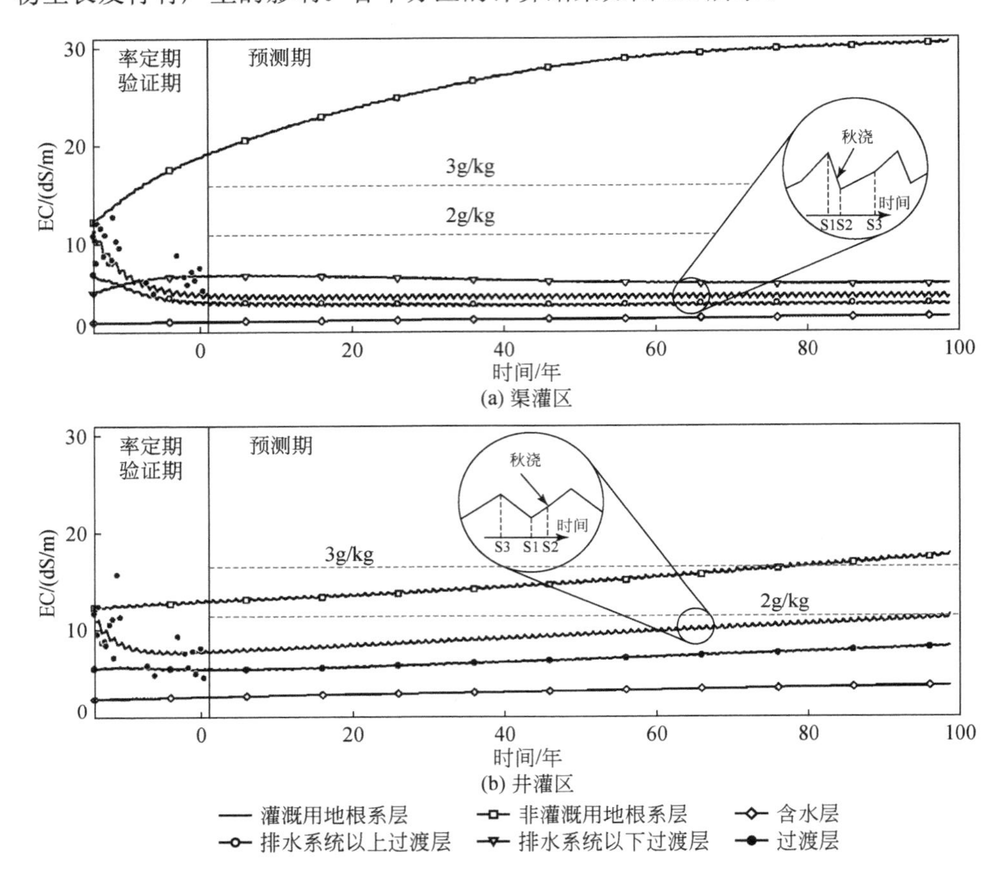

图 8.8　现状条件下 100 年井渠结合区各层盐分预测结果

图中 S 代表季度

在渠灌区，由于蒸发作用，非农业灌溉用地根系层盐分随着时间持续积累。但是农业灌溉用地根系层和排水位以上过渡层的盐分呈现逐渐下降趋势，其主要原因是秋浇的压盐作用。通过秋浇淋滤下去的盐分主要积累在含水层。在井灌区，由于采用浓度相对较高的地下水进行灌溉，农业灌溉用地根系层的盐分逐年升高，但该过程非常缓慢。非农业灌溉用地根系层由于蒸发作用，土壤盐分缓慢增加。过渡层和含水层的盐分浓度逐年升高。

根据图 8.8 中所示的结果，以 2016 年为基准年，在未来 100 年中，渠灌区的农业灌溉用地根系层为非盐碱化土地（全盐值约 1g/kg)，满足作物生长需求。井灌区农业灌溉用地根系层土壤盐分含量有逐年上升趋势，但变化过程非常缓慢，且在相当长的时间内都是适应作物生长要求的，满足根系层盐分控制标准（第 100 年全盐值约为 2 g/kg）。井灌区根系层盐分升高的原因是该区域采用了矿化度相对较高的地下水进行灌溉，且秋浇水量不足以把根系层的盐分淋洗下去。渠灌区和井灌区农业灌溉用地根系层的盐分直接影响了农作物的种植与产量，分别研究渠灌区和井灌区一年中盐分浓度的变化（图 8.8 局部放大显示部分）可以看出，对于渠灌区而言，秋浇有明显的压盐作用。多年平均情况下对于渠灌区而言，每次秋浇农业灌溉用地根系层盐分浓度的下降比例为 10.6%，但是对于井灌区而言，仅仅种植小麦的土地有少量秋浇，难以起到压盐的效果。

选取第 51 年考察其盐分的绝对积累量在各个分层之间的变化情况，结果如图 8.9 所示。对于渠灌区而言，唯一的盐分输入来源是灌溉，根据灌溉水量与黄河水的矿化度得到每年输入盐量为 8.4×10^6 kg。盐分输出主要有两部分：一部分是通过排水系统输出的盐分，每年约输出 3.6×10^6 kg；另一部分为通过含水层水量交换进入井灌区的盐分，每年约 2.6×10^6 kg。盐分主要积累在含水层，积累量为每年 2.34×10^6 kg，过渡层基本处于稳定状态，没有盐分积累。非农业灌溉用地根系层积累较小一部分盐分，为每年 2.2×10^5 kg。农业灌溉用地根系层不积盐。从该结果可以看出，渠灌区通过灌溉输入的盐分量大部分通过排水系统和含水层交换排出，另一部分积累在渠灌区中。而积累的盐分中，绝大部分积累在了含水层，很少的部分积累在了非农业灌溉用地根系层。各层之间控制体积的差异，导致了非农业灌溉用地根系层盐分浓度大幅升高，从第 1 年的 3.6 g/kg 升高为第 51 年的 5.2 g/kg，而含水层由于其庞大的体积，其盐分浓度仅稍微升高了一点，从第 1 年的 1.22 g/L 变为第 51 年的 1.36 g/L。

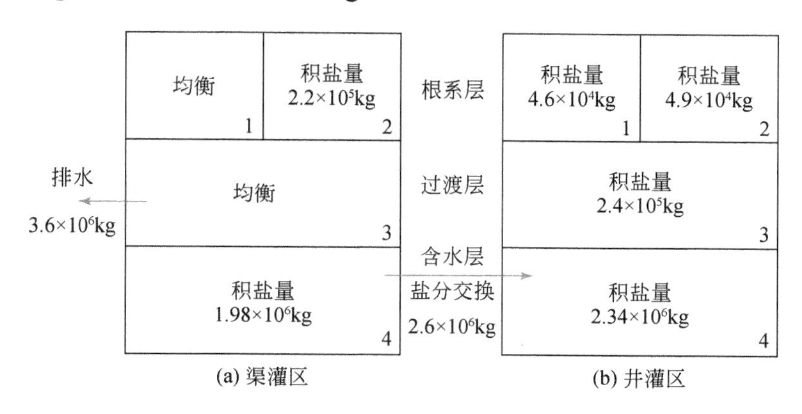

图 8.9　第 51 年盐量积累图

1 代表灌溉用地根系层；2 代表非灌溉用地根系层；3 代表过渡层；4 代表含水层

对于井灌区而言，盐分来源主要为秋浇灌溉和通过含水层输入的盐分。其中，秋浇灌溉输入的盐分量较小，为每年 7.3×10^4 kg，而通过含水层输入的盐分量较大，为每年 2.6×10^6 kg。因为井灌区不存在排水系统，所以不存在盐分排出。井灌区盐分最主要的积累区域也是含水层，为每年 2.34×10^6 kg，其次为过渡层，为每年 2.4×10^5 kg。农业灌溉用地根系层盐分呈积累状态，但是相对来说量非常小，积累量为 4.6×10^4 kg，非农业灌溉用地根系层积累量为 4.9×10^4 kg。同样地，从该结果来看，井灌区主要盐分输入来源于渠灌区与井灌区通过含水层的水量交换，最主要的盐分积累区域也是含水层。但是因为农业灌溉用地根系层的控制体积较小，所以盐分含量升高幅度较大，从第 1 年的 1.3 g/kg 升高到第 51 年的 1.64 g/kg。而含水层由于其庞大的体积，盐分浓度仅稍稍升高了一点，从第 1 年的 1.32 g/L 升高到第 51 年的 1.68 g/L。

虽然井渠结合井灌区农业灌溉用地根系层的盐分浓度在现状条件下长时间内可以保证作物的正常生长，但毕竟该区域呈现积盐状态，如果从 2016 年开始加大该区域的秋浇水量，井灌区根系层盐分演化的情况如图 8.10 所示。加大秋浇水量可以明显降低井灌区农业灌溉用地根系层的盐分含量，且随着秋浇水量的加大，压盐作用会继续改善，但从 40 m^3/亩（三年一次秋浇，秋浇定额 120 m^3/亩）加大到 60 m^3/亩（两年一次秋浇，秋浇定额 120 m^3/亩），改善效果不明显。此外，计算结果表明，加大秋浇水量在开始时存在明显的压盐作用，但是之后并不能改变井灌区农业灌溉用地根系层的盐分积累趋势，原因是在井渠结合的灌溉模式下，始终有盐分通过渠灌区含水层补给和秋浇等方式随水分进入井灌区，导致含水层、过渡层等区域盐分浓度升高，而逐渐升高的过渡层盐分浓度会导致通过毛细作用进入根系层的盐分增多，引起农业灌溉用地根系层盐分浓度逐渐增加。所以加大秋浇定额只能减缓根系层盐分的积累，并不能改变其积累趋势。

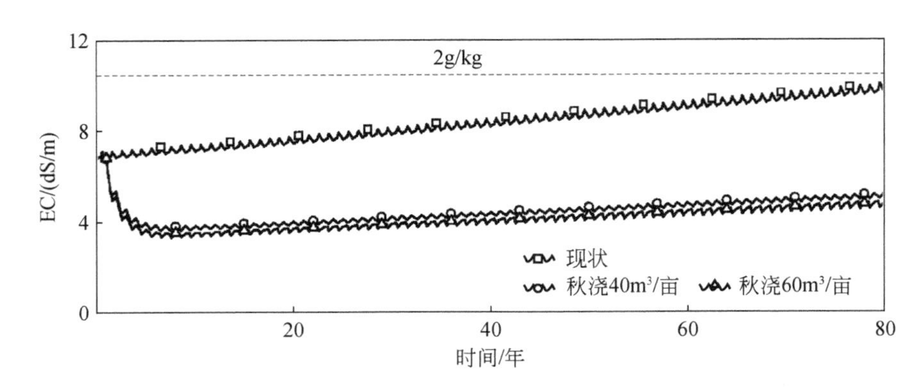

图 8.10 秋浇定额对井灌区根系层盐分演化的影响

综上所述，根据现状条件下的试验数据和计算结果，隆胜井渠结合试验区的渠灌区根系层土壤盐分常年处于稳定状态，完全可以满足作物生长（土壤全盐基本维持在 1 g/kg 左右）。井灌区根系层的土壤盐分处于轻微的积累状态（土壤盐分由现状的 1.3 g/kg 增加到 100 年后的 2 g/kg 左右），但是积累速率非常缓慢，在 100 年的长时间尺度下也不会影响作物的生长。灌溉所引入的盐分主要积累在含水层，由于含水层具有庞大的体积，地下水的平均矿化度提高也较小（100 年后仍小于 2 g/L）。总体来说，现状的灌溉模式条件下，根系土壤盐分得到合理控制，可以满足作物生长。如果加大现阶段井灌区的秋浇定额，会明显改善井灌区根系层的土壤盐分状况（秋浇定额加大至 40 m^3/亩，100 年后土壤盐分约为 1 g/kg），但仍然存在极其缓慢的盐分积累趋势。从保守方面考虑，建议井渠结合区不要废除渠系系统，当土壤盐碱化影响到作物生长时，可以引用黄河水进行一次集中的大水压盐。如果地面灌溉系统已经荒废，如隆胜或类似于隆胜地下水质较好的区域，也可以采用井水大水压盐。

4. 膜下滴灌条件下隆胜井灌区盐分动态与调控

隆胜试验区作为井渠结合膜下滴灌的示范建设区，井灌区将推广膜下滴灌，渠灌区维持现状黄河水灌溉。根据 8.1.2 节第 3 部分的结果可知，渠灌区根系层盐分基本稳定且始终处于较低水平，以下将主要探讨不同情况下井灌区的盐分变化情况，且主要关注根系层盐分的动态变化。

井灌区改造为膜下滴灌的灌溉方式后，根据前文研究，调整灌溉定额、地下水埋深、灌溉水矿化度等输入数据（表 8.3），地质资料、季度划分、气象资料等与现状条件一致。

表 8.3　井灌区膜下滴灌输入数据

灌溉定额/（m^3/亩）	秋浇定额/（m^3/亩）	地下水埋深/m	灌溉水矿化度/（g/L）	秋浇水矿化度/（g/L）
196	120	2.7	1.2	0.65

以 2016 年井灌区的数据作为初始条件，计算可得各层的土壤盐分变化趋势，如图 8.11 所示，土壤全盐的变化趋势如图 8.12 所示。在井灌区全部实施膜下滴灌且采用秋浇定额为 120 m^3/亩的情况下，农业灌溉用地根系层的土壤盐分浓度呈现先降后升的趋势，土壤盐分增加缓慢，可满足作物生长要求（土壤含盐量小于 2 g/kg）。非农业灌溉用地的根系层则从现状条件下的升高趋势转为下降趋势，过渡层和含水层的盐分含量均处于缓慢上升状态。根系层盐分含量开始时降落是由于秋浇水量的加大，根系层盐分得到更充分的淋滤，从而降低了根系层盐分含量，后来逐渐上升是由于膜下滴灌区一直存在着盐分进入却没有排泄渠道，导致地下水含水层和过渡层的盐分逐渐积累，从而通过毛细作用从过渡层进入根系层的水分浓度逐渐增大，在水分平衡的状态下，根系层的盐分逐渐积累。非农业灌溉用

地根系层的土壤盐分浓度逐渐下降，主要原因是地下水位降低，导致蒸发量减小，从而使得通过毛细作用进入非农业灌溉用地根系层的盐分大幅下降，在降雨的淋洗下，非农业灌溉用地根系层的土壤盐分含量下降，从第 1 年的 2.3 g/kg 降为第 100 年的 1.6 g/kg。盐分主要积累在含水层，但是因为含水层体积庞大，所以盐分浓度上升缓慢，从第 1 年的 1.32 g/L 升高为第 100 年的 1.79 g/L。

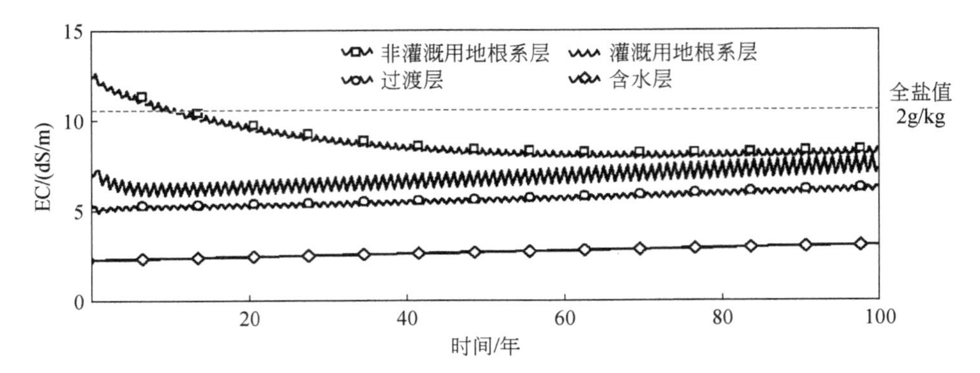

图 8.11 滴灌情况下秋浇定额 120 m^3/亩时各层盐分含量的变化

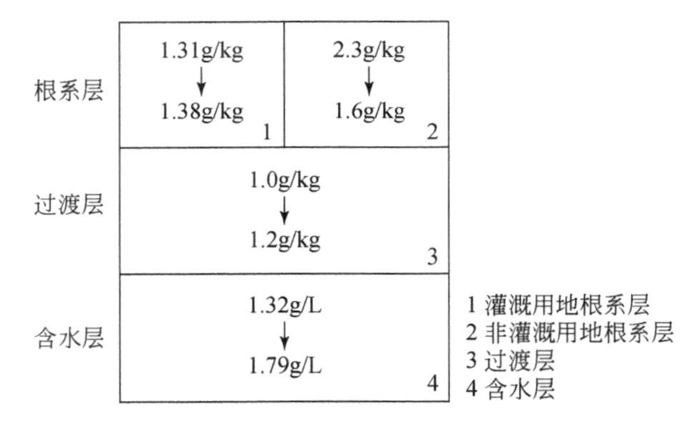

图 8.12 第 1 年到第 100 年井灌区滴灌各层盐分浓度的变化

拟定的不同的秋浇方案均采用黄河水进行秋浇，秋浇定额保持 120 m^3/亩，秋浇频率分别改为两年一次、三年一次进行计算，井灌区农业灌溉用地根系层盐分积累计算结果如图 8.13（a）所示。结果显示，秋浇频率的变化对根系层土壤盐分含量的影响明显。减小秋浇频率后，由于淋滤水量的减少，根系层土壤盐分具有明显的升高趋势。当采用两年一秋浇时，在 100 年后农业灌溉用地根系层的土壤盐分含量小于 12 dS/m（全盐为 2.2 g/kg）；采用三年一秋浇时，在 100 年后农业灌溉用地根系层的土壤盐分含量小于 15 dS/m（全盐为 2.7 g/kg），基本满足多数作物的生长需求，但盐渍化风险较高。因此，当隆胜井灌区全部实施膜下滴灌后，作物生育期利用地下水灌溉，灌溉定额为 196 m^3/亩，地下水矿化度为 1.2 g/L，利用黄河水进行秋浇压盐（两年一次），可以保证农业灌溉用地根系层盐分含量处于较低的水平。

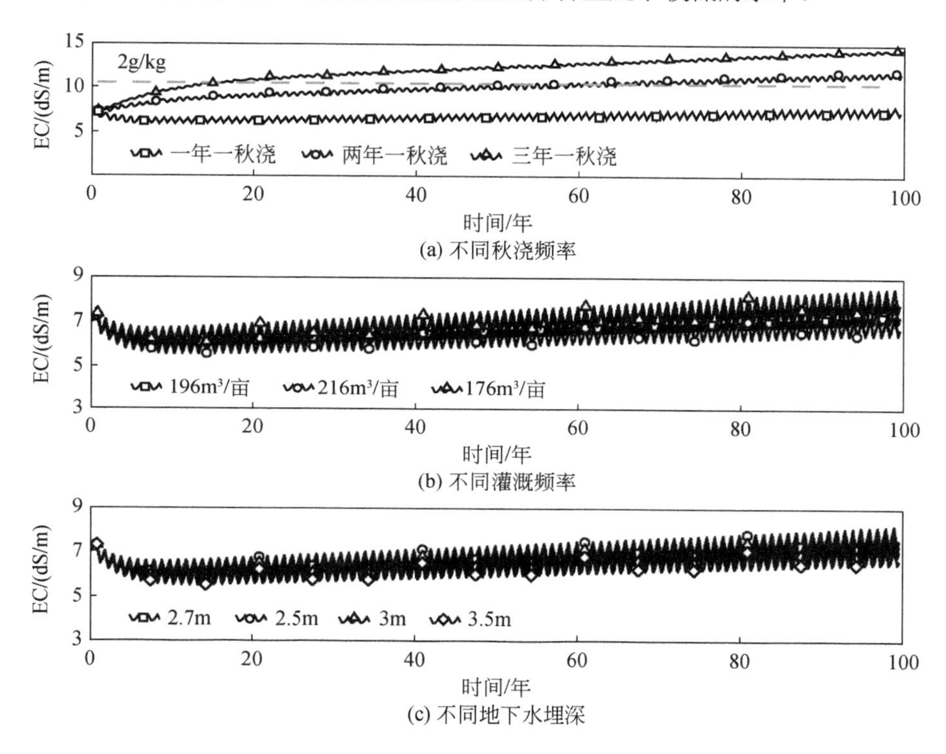

(a) 不同秋浇频率

(b) 不同灌溉频率

(c) 不同地下水埋深

图 8.13　井渠结合膜下滴灌后不同条件下农业灌溉用地根系层土壤盐分积累情况

生育期净灌溉定额取 196 m^3/亩充分考虑了作物需水量等因素。现拟定生育期净灌溉定额为 176 m^3/亩和 216 m^3/亩，在基本满足作物需水量的基础上，研究灌溉定额对土壤盐分演化的影响。由图 8.13（b）可以看出，生育期灌溉定额对根系层土壤盐分含量的变化影响不明显。但是，当生育期灌溉定额较大时，农业灌溉用地根系层盐分含量较高，而当生育期灌溉定额较小时，农业灌溉用地根系层盐分含量也相对变小。产生这种现象的原因主要是作物蒸腾的影响。采用不同灌溉定额，进入根系层的水分基本都被作物吸收用于腾发作用，深层渗漏至过渡层的水分较少。因此，当灌溉定额更大时，通过灌溉作用进入根系层的盐分也更多，虽然相应的深层淋滤量也更大一些，但深层渗漏水量较小，绝大部分盐分还是留在根系层。因此，生育期灌溉水量越大，反而农业灌溉用地根系层盐分含量会越高。总的来说，不同灌溉定额对农业灌溉用地根系层盐分含量的变化影响较小。

埋深影响蒸发作用，因此也会影响地表盐分的积累。分别假定井灌区埋深为2.5 m、3 m和3.5 m，模拟不同埋深对根系层土壤盐分演化的影响。由图8.13（c）可以看出，埋深对根系层土壤盐分含量的变化趋势影响不明显。当地下水埋深较小时，相同气候条件下会有较大的实际蒸发量，而较大的实际蒸发导致地表盐分有更多的积累。图8.13（c）的结果可以验证，较小的地下水埋深，农业灌溉用地根系层的地表盐分积累量较多；而相应较大的地下水埋深，农业灌溉用地根系层的地表盐分积累相对较少。但是，总体来说，地下水埋深对农业灌溉用地根系层盐分含量的变化影响较小。

拟定生育期不同的地下水矿化度，采用黄河水秋浇，秋浇定额为120 m^3/亩，秋浇频率为一年一次，将计算结果与8.1.2节第3部分结果进行对比，如图8.14（a）所示。由图8.14（a）可以看出，随着地下水矿化度的增加，农业灌溉用地根系层土壤盐分呈现明显的积累状态。当地下水矿化度为2.5 g/L时，100年后农业灌溉用地根系层的土壤盐分含量小于11 dS/m（全盐为2.0 g/kg）；当地下水矿化度为3 g/L时，100年后农业灌溉用地根系层的土壤盐分含量约为12 dS/m（全盐为2.27 g/kg），可以满足多数作物的生长需求。此外，可以发现，随着生育期灌溉用水矿化度的增加，农业灌溉用地根系层盐分含量年内变化加剧。其原因为更高的灌溉用水矿

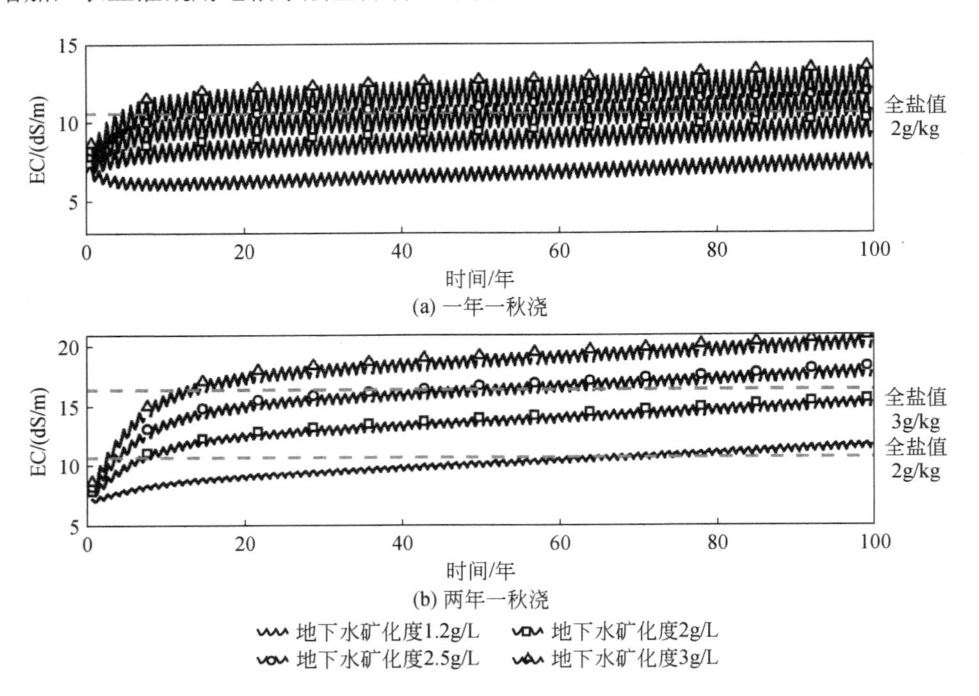

图8.14 井渠结合膜下滴灌后不同地下水矿化度下农业灌溉用地根系层土壤盐分积累情况

化度使得相同灌溉水量条件下引入的土壤盐分更多，而相同的秋浇定额带走的盐分也更多，导致农业灌溉用地根系层土壤盐分含量的变化更加剧烈。

当地下水矿化度为 2 g/L、2.5 g/L 和 3 g/L，秋浇定额为 120 m^3/亩，两年一秋浇时，农业灌溉用地根系层土壤盐分积累情况如图 8.14（b）所示。结果显示，当采用两年一次秋浇，秋浇定额为 120 m^3/亩，地下水矿化度为 2 g/L 时，100 年后农业灌溉用地根系层的土壤盐分含量小于 16 dS/m（全盐小于 3.0 g/kg），基本可以满足作物的生长需求。当地下水矿化度为 2.5 g/L 时，在 60 年左右，农业灌溉用地根系层的土壤盐分含量达到 3.0 g/kg，此时达到作物耐盐上限。

从图 8.3 全灌域地下水矿化度分布图可知，地下水矿化度小于 2.5 g/L 的适宜发展井渠结合的区域中，约 90%的面积地下水矿化度小于 2 g/L。因此，当河套灌区适宜发展井渠结合的区域全部实施井渠结合膜下滴灌，作物生育期利用地下水灌溉，采用两年一次利用黄河水进行秋浇压盐，可以保证农业灌溉用地根系层盐分含量满足作物生长的需求。

8.1.3　微咸水膜下滴灌的土壤盐分变化与调控

1. 研究区概况及数据说明

2015～2016 年项目组在乌拉特前旗开展微咸水膜下滴灌试验研究，研究区基本情况如图 8.15 所示。乌拉特前旗试验区靠近乌梁素海，地下水矿化度较高，在

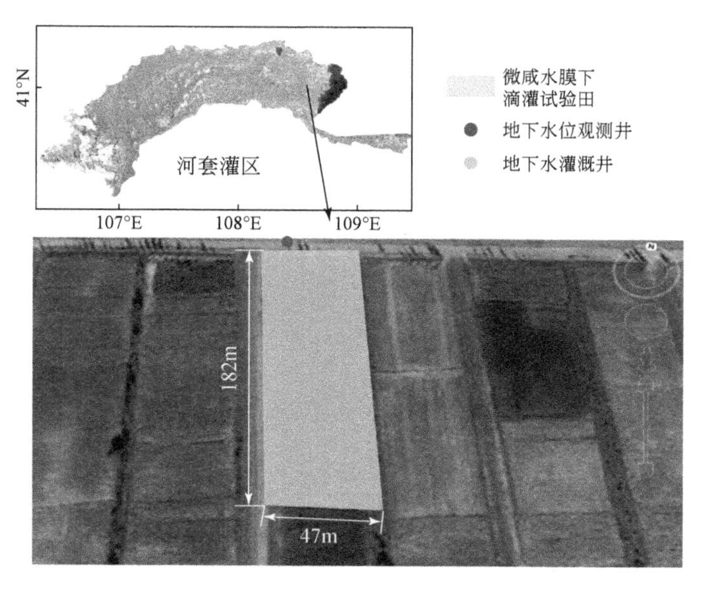

图 8.15　乌拉特前旗葵花膜下滴灌试验田示意图

该地区开展微咸水灌溉试验以研究采用微咸水滴灌的节水措施是否可行。研究区田间种植作物为葵花，灌溉水来自于试验田附近的抽水井，地下水矿化度为2.95 g/L，灌溉方式是膜下滴灌，每年4月底采用黄河水进行春汇储水压盐，以便于播种。

该地区葵花一般于6月初播种，10月初收获，故将6～9月共4个月定为葵花的生育期，4月和5月共两个月作为春汇期，10月到次年3月共6个月作为休耕期。根据地质调查的钻孔资料，将乌拉特前旗试验田垂向分为三层，第一层根系层厚度为1 m，第二层过渡层厚度为4 m，第三层含水层厚度为55 m。地下水观测数据、降雨蒸发数据和灌溉及土壤盐分的变化数据如图8.16所示，模型分析所用到的主要数据见表8.4。

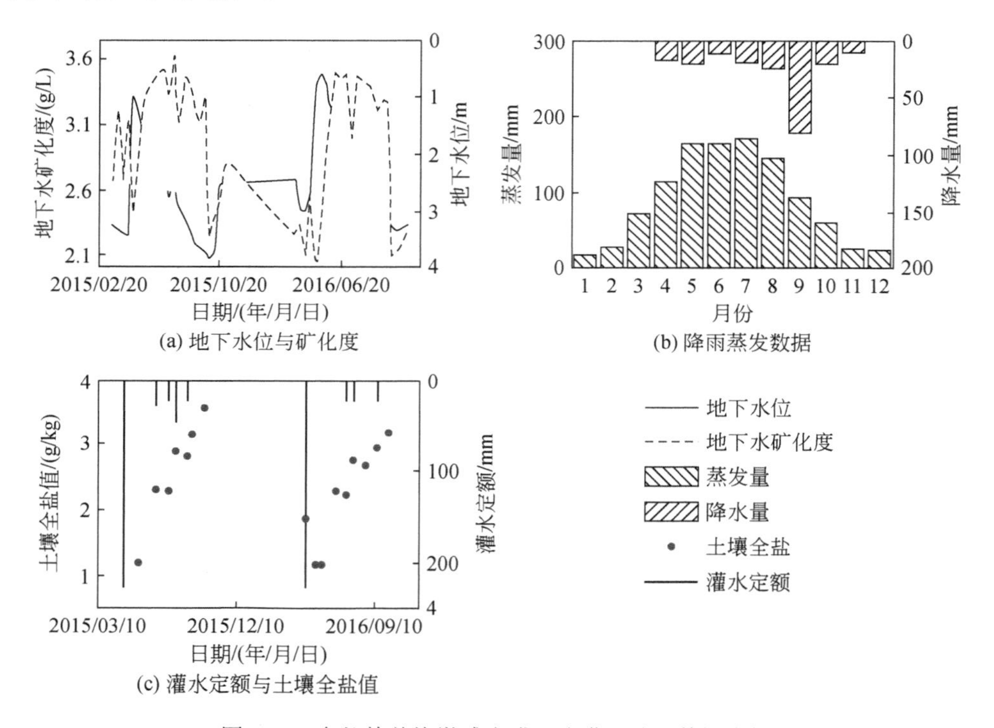

图8.16　乌拉特前旗微咸水膜下滴灌试验区数据资料

表8.4　乌拉特前旗研究区现状条件下SaltMod模型输入数据

项目	输入数据
1.系统参数	
面积/km^2	1

续表

项目	输入数据
农业灌溉用地比例	0.5
根系层厚度/m	1
过渡层厚度/m	4
含水层厚度/m	55
2. 季度划分（月）	
季度 1（4～5 月）	2
季度 2（6～9 月）	4
季度 3（10 月至次年 3 月）	6
3. 土壤性质	
根系层灌溉/降雨存储比例	0.8
根系层总孔隙度	0.48
过渡层总孔隙度	0.48
含水层总孔隙度	0.4
根系层给水度	0.07
过渡层给水度	0.07
含水层给水度	0.1
根系层淋滤系数	0.6
4. 水均衡部分	
第一季度降雨/m	0.04
第二季度降雨/m	0.14
第三季度降雨/m	0.035
第一季度灌溉/m	0.225
第二季度灌溉/m	0.205
第一季度作物潜在腾发量/m	0.14
第二季度作物潜在腾发量/m	0.57
第三季度作物潜在腾发量/m	0.113
第一季度含水层交换水量/[m^3/（m^2·a）]	0.12
第二季度含水层交换水量/[m^3/（m^2·a）]	0.07
第三季度含水层交换水量/[m^3/（m^2·a）]	0.04

续表

项目	输入数据
5. 初始和边界条件	
初始地下水埋深/m	2.5
根系层初始盐分含量/（dS/m）	12
过渡层初始盐分含量/（dS/m）	5
含水层初始盐分含量/（dS/m）	5
潜水蒸发极限埋深/m	3.5
地下水矿化度/（g/L）	2.95
黄河水矿化度/（g/L）	0.5

2. 水盐均衡模型的率定与验证

研究区在生育期抽取地下水进行膜下滴灌，在春汇期则采用浓度较低的黄河水。在模型率定期，通过调节该区域含水层的侧向补给，该地区的地下水埋深变化趋势与实测结果相一致，即根据地下水埋深的变化情况率定含水层补给的水量（G_i，表示每年平均到单位面积上的含水层侧向补给水量，该值为负表示该地区含水层补给周围地区），结果如图 8.17 所示。实测地下水埋深变化剧烈，多年均值在 2.7 m 左右。据此率定 G_i 值，最终选取 $G_i = 0.13\ m^3/(m^2 \cdot a)$。

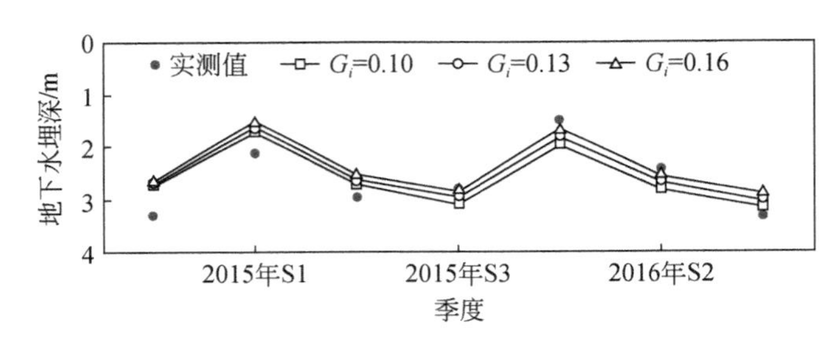

图 8.17　含水层侧向通量率定分析的地下水埋深对比图

图中 S 代表季度

根据土壤盐分数据率定根系层的淋滤系数（F_{lr}），采用不同的 F_{lr} 值（0.2、0.4、0.6、0.8 和 1.0），将模型计算结果与实测值对比（图 8.18），计算结果显示，实测土壤盐分的变异性太大，参考隆胜井渠结合区率定结果，选取根系层的淋滤系数 $F_{lr} = 0.6$。但需要注意的是，不同淋滤系数对土壤盐分变化的影响小于观测误差的影响，前旗地区模型率定的参数仍有待长系列大范围采样的数据进行检验。

3. 前旗试验区膜下滴灌区盐分动态分析

以现状年 2016 年的条件为输入数据（表 8.4）及起始年份，计算时间取 100 年，以探究现状条件下前旗膜下滴灌区的盐分演化规律，结果如图 8.19 所示。虽然该地区采用黄河水春汇，以淋洗根系层盐分，但是该地区地下水的矿化度较高（均值为 2.95 g/L），导致现状条件下膜下滴灌区的根系层、过渡层和含水层都呈现积盐状态。

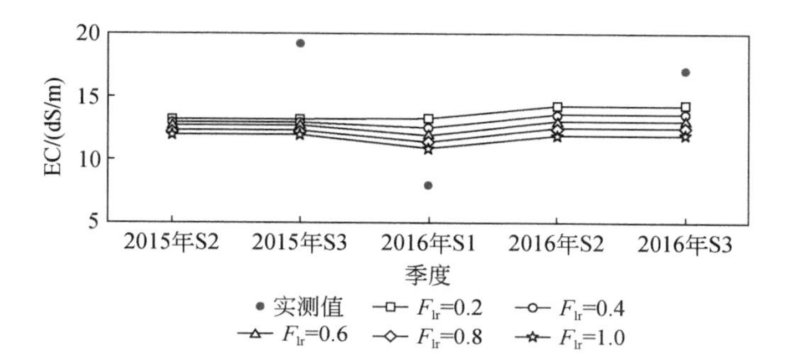

图 8.18　根系层淋滤系数 F_{lr} 率定分析的土壤盐分对比图

图中 S 代表季度

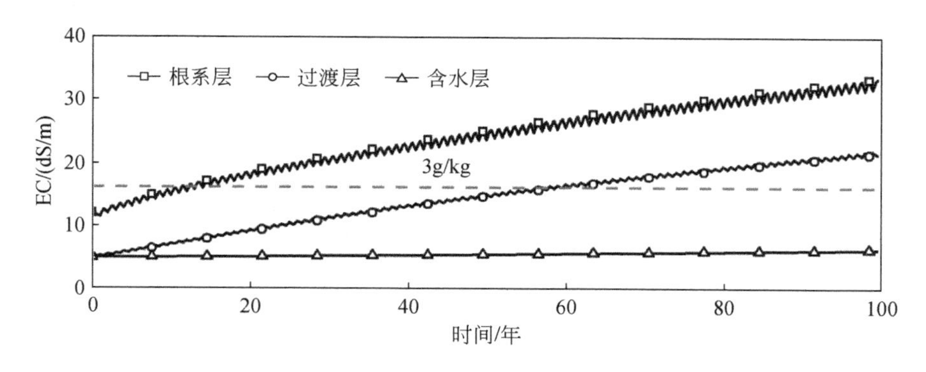

图 8.19　现状条件下 100 年膜下滴灌区各层盐分预测结果

虽然该地区采用春汇进行根系层盐分的淋滤，但是作用有限，且采用滴灌措施，灌溉水量较少，使得生育期淋盐作用微弱，根系层土壤盐分含量快速增加，使得土壤盐碱化现象越来越严重，影响作物生长。过渡层和含水层也处于积盐状态，由于含水层控制体积较大，绝对积累的盐量较大，但地下水矿化度变化相对比较小。过渡层上方承接着从根系层淋滤下的盐分，盐分浓度急剧升高。考察灌溉实施 100 年后土壤盐分量在该年的积累分布情况（图 8.20），可以发现，绝大部分盐分（64.71%）积累在了含水层，过渡层也积累了相当多的盐分（23.53%），根系层虽然盐分浓度变化很大，但是由于其控制体积小，盐分积累的绝对量较小，仅占该年总积累盐分量的 11.76%。

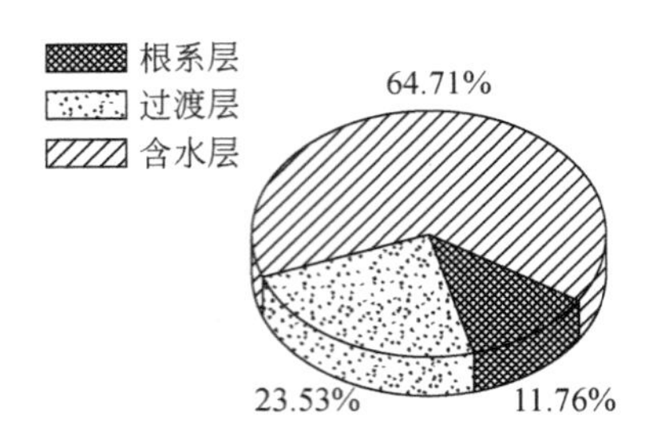

图 8.20　第 100 年各层土壤盐分积累量占总积累量的百分比

以上分析结果表明，现状条件下春汇水定额为 150 m^3/亩，葵花生育期灌溉定额为 137 m^3/亩，根系层持续积盐，难以维持研究区的可持续发展。加大春汇水灌溉定额可以适当改善根系层盐分积累，但是难以实现。假设地下水埋深变为 3 m 或 3.5 m，不同方案下土壤根系层盐分积累情况如图 8.21 所示。

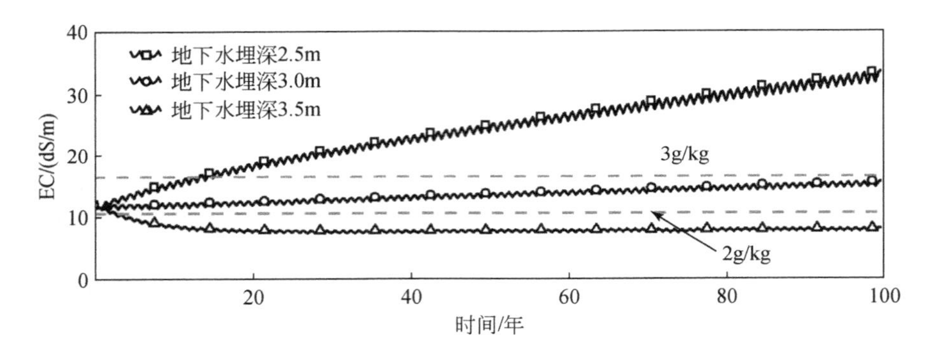

图 8.21　不同灌溉条件下膜下滴灌区根系层盐分的变化

根据计算结果可以发现，增加地下水埋深可以有效控制根系层的土壤盐分积累。其主要原因是地下水埋深的增加有效减少了潜水蒸发量，从而削弱了盐分通过蒸发作用而在表面聚积。当地下水埋深增加至 3 m 以上时，可以比较有效地控制根系层的土壤盐分含量长期在 3 g/kg 以下。

在现有数据及资料的基础上，现状条件的乌拉特前旗膜下滴灌区域由于采用较高矿化度的地下水进行灌溉，且膜下滴灌的灌溉定额较小，根系层盐分会持续积累，这种灌溉模式难以持续。对于加大春汇定额和增大地下水埋深，相比而言，增大地下水埋深更加合理可靠。建议如果前旗试验区继续发展微咸水膜下滴灌，那么要控制该地区地下水埋深在 3 m 以上。另外，建议该地区不要废除渠系系统，当土壤盐碱化影响到作物生长时，可引用矿化度较低的黄河水集中大水压盐。

8.1.4　小结

（1）本书的研究将 SaltMod 模型进行应用层面上的改进，使其可以在井渠结合的区域上模拟预测土壤水盐大尺度的运移问题。

（2）将改进后的 SaltMod 模型应用于隆胜井渠结合区的实际情况。采用实测的地下水埋深和土壤盐分资料进行模型率定，得到根系层的淋滤系数为 0.6。采用率定后的模型研究隆胜井渠结合区盐分演化的问题。根据现状条件下的试验数据和计算结果，隆胜井渠结合试验区的渠灌区根系层土壤盐分常年处于稳定状态，完全可以满足作物生长需求（土壤全盐基本维持在 1 g/kg 左右）。井灌区根系层的土壤盐分处于轻微的积累状态（土壤盐分由现状的 1.3 g/kg 增加到 100 年后的 2 g/kg 左右），但是积累速率非常缓慢，在 100 年的长时间尺度下也不会影响作物的生长。灌溉所引入的盐分主要积累在含水层，由于含水层具有庞大的体积，地下水的平均矿化度提高也可较小（100 年后仍小于 2 g/L）。总体来说，现状的灌溉模式条件下，根系土壤盐分得到合理控制，可以满足作物生长需求。

（3）当隆胜井灌区全部实施膜下滴灌之后，膜下滴灌生育期灌溉定额和井灌区地下水位对灌溉用地根系层盐分的积累影响较小，地下水矿化度与秋浇频率对灌溉用地根系层土壤盐分积累的影响较大。当地下水埋深降低至 2.7 m，作物生育期利用地下水灌溉，灌溉定额为 196 m^3/亩，地下水矿化度为 1.2 g/L，建议采用黄河水秋浇淋盐，秋浇定额为 120 m^3/亩，秋浇频率为两年一次，可以非常好地将农业灌溉用地根系层盐分含量控制在较低的水平，满足作物的生长需求。从全灌区而言，适宜发展井渠结合的区域中，约 90%的面积的地下水矿化度＜2 g/L，实施膜下滴灌的灌溉措施后，利用黄河水秋浇淋盐，秋浇定额为 120 m^3/亩，秋浇频率为两年一次，可以保证土壤盐分低于作物耐盐阈值，且建议新建井渠结合区不要废除渠系系统，当土壤盐碱化影响到作物生长时，可引用黄河水集中大水压盐。对于荒废地面灌溉系统的区域，也可以在适当的时候采用井水进行大水压盐，特别是对于类似于隆胜试验区地下水质相对较好的区域。

（4）乌拉特前旗葵花膜下滴灌试验中，在现有数据及资料的基础上，现状条件的乌拉特前旗膜下滴灌区域由于采用较高矿化度的地下水（2.95 g/L）进行灌溉，且膜下滴灌的灌溉定额较小，根系层盐分会持续积累，这种灌溉模式难以持续。较为可行的改善该地区土壤盐分状况的措施是增大地下水埋深。建议如果前旗试验区继续发展微咸水膜下滴灌，那么要控制该地区地下水埋深在 3 m 以上。另外，建议该地区不要废除渠系系统，当土壤盐碱化影响到作物生长时，可引用矿化度较低的黄河水集中大水压盐。

8.2 河套灌区根系层土壤盐分均衡分析及调控措施

本节建立了河套灌区根系层土壤盐分均衡模型，根据隆胜试验区多年长系列的灌溉、降雨、蒸发、地下水埋深、土壤盐分等观测数据率定了模型参数，对隆胜渠灌区现状灌溉模式及井渠结合后根系层土壤盐分动态进行了模拟预测，并提出了相应的盐分调控对策。

8.2.1 根系层土壤水盐均衡模型

1. 地下水均衡模型

根据计算时段内渠系渗漏、生育期灌溉入渗、秋浇灌溉入渗及降雨等对地下水补给量与相应时段内潜水蒸发量、排水量等地下水排泄量的差值等于计算时段内地下水的变化量的水量平衡关系建立地下水均衡模型，该模型主要用于获取盐分均衡模型根系层底部交换的水量。

根据河套灌区气候特点，将每年分为 3 个计算时段，分别是生育期、秋浇期、冻融期，如图 8.22 所示。生育期（每年的 5 月 1 日至 9 月 30 日）地下水的来源主要是生育期灌溉入渗补给和降雨入渗补给，地下水的排泄为潜水蒸发和排水沟排水等。对于一个区域而言，秋浇历时总计 10～20 d，生育期末地下水位开始明显上升的时刻为秋浇开始时间，达到最大值视为秋浇结束，该时段只考虑地下水的补给，忽略排泄项。秋浇结束后，大气蒸发强度小，农田地面积水及土壤储水通过蒸发消耗，潜水耗水微弱。地下水位剧烈升高后，排水沟开始排水，直至封冻初期排水沟水冻结后秋浇排水结束。冻融期（11 月 20 日至次年 5 月 1 日）开始后，随着气温的降低，地下水位会迅速下降，解冻期开始后又逐渐回升，在此期间地下水会有微弱的蒸发。具体水量平衡过程如式（8.2.1）～式（8.2.4），即

$$h_0-\frac{(\eta J_1\cdot A/A_0+\alpha_1 I_1\cdot A/A_0+\lambda P-Q_{e1}-Q_{d1})}{1000\mu}=h_1 \tag{8.2.1}$$

$$h_1-\frac{\eta J_2\cdot A/A_0+\alpha_2 I_2\cdot A/A_0}{1000\mu}=h_2 \tag{8.2.2}$$

$$h_2+\frac{Q_{d2}}{1000\mu}=h_3 \tag{8.2.3}$$

$$h_3+\frac{Q_{e2}}{1000\mu}=h_4 \tag{8.2.4}$$

式中，h_0、h_1、h_2、h_3、h_4分别为生育期初、生育期末、秋浇期埋深最小值时、秋浇期末及次年生育期初地下水埋深，m；η为渠系水补给系数；α_1、α_2、λ分别为生育期田间灌溉入渗补给系数、秋浇期田间灌溉入渗补给系数、降雨补给系数；J_1、J_2分别为生育期、秋浇期单位灌溉面积的引水量，mm；I_1、I_2、P分别为生育期田间毛灌溉定额、秋浇期田间毛灌溉定额、全年降水量，mm；A_0、A分别为研究区控制面积和灌溉面积，hm^2；Q_{e1}、Q_{e2}分别为生育期潜水蒸发量、冻融期潜水蒸发量，mm；Q_{d1}、Q_{d2}为生育期排水量、秋浇期排水量，mm；μ为给水度。

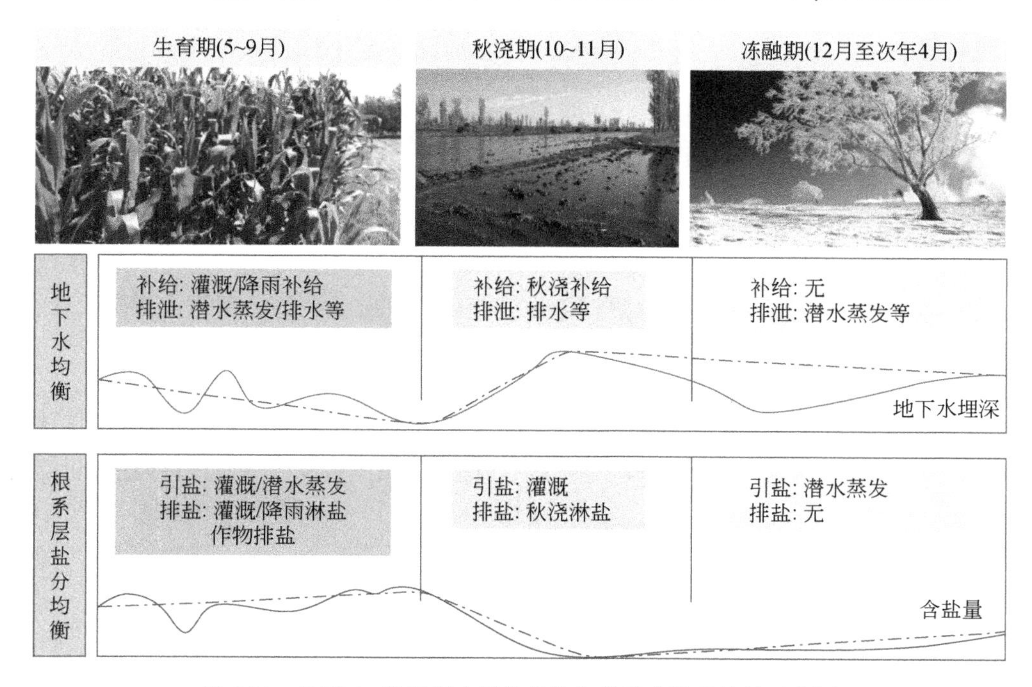

图 8.22　地下水-根系层土壤盐分均衡模型分阶段计算示意图

单位灌溉面积的引水量 J 计算式如下：

$$J=\frac{0.1Q}{A} \tag{8.2.5}$$

式中，Q为某一控制渠道相应时段引水量，m^3；A为灌溉面积，hm^2。

生育期田间灌溉量及秋浇田间灌溉量 I_k 由式（8.2.6）计算：

$$I_k=J_k\cdot\eta_k\quad(k=1,2) \tag{8.2.6}$$

式中，η_k为渠系水利用系数，为全部衬砌渠系水利用系数和未衬砌渠系水利用系数的均值；下标 $k=1,2$ 分别表示生育期和秋浇期。

生育期潜水蒸发量 Q_{e1} 采用河套灌区沙壕渠试验站沙壤土非冻融期潜水蒸发成果（王亚东，2002），经简单修正由式（8.2.7）计算：

$$Q_{e1} = \gamma \cdot 0.56E_{20}[1.6544 \cdot e^{-1.279 \cdot h}] \tag{8.2.7}$$

式中，γ 为潜水蒸发修正系数；E_{20} 为 20 cm 蒸发皿计算时段内蒸发量，mm；h 为生育期内地下水埋深平均值。

冻融期潜水蒸发量 Q_{e2} 由式（8.2.8）估算：

$$Q_{e2} = d_0 \cdot \omega \tag{8.2.8}$$

式中，ω 为冻融期潜水蒸发强度，mm/d；d_0 为冻融期天数，河套灌区取为 160 d。

Q_{d1}、Q_{d2} 分别由式（8.2.9）和式（8.2.10）估算，为每天排水强度与总排水天数的乘积：

$$Q_{d1} = d_1 \cdot \delta_1 \tag{8.2.9}$$

$$Q_{d2} = d_2 \cdot \delta_2 \tag{8.2.10}$$

式中，δ_1、δ_2 分别为生育期、秋浇期排水强度，mm/d；d_1、d_2 分别为生育期天数、秋浇排水历时均值，分别取值 150 d、35 d。

2. 根系层土壤盐分均衡模型

根系层土壤盐分均衡模型假设根系系以下的土壤含水量变化是微弱的，地下水均衡的参数直接作为盐分均衡模型参数，如图 8.23 所示。以计算时段内根系层盐

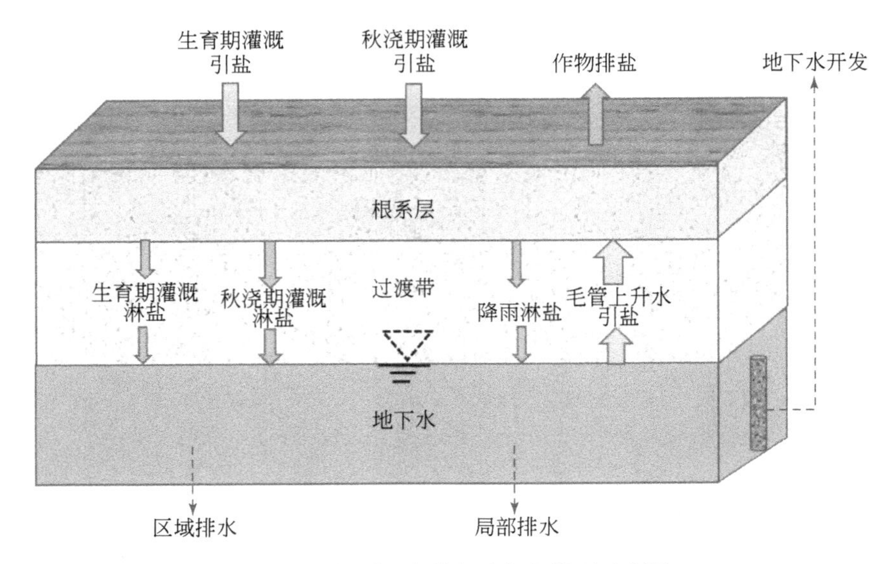

图 8.23　根系层土壤盐分均衡模型示意图

量均衡为基础，计算时段内进入根系层的盐分与排出的盐分的差值即根系层土壤盐分的变化量。

与地下水均衡模型一样，盐分均衡模型全年也分为生育期、秋浇期和冻融期 3 个计算时段（图 8.22）。生育期进入根系层的盐分包括生育期灌溉引盐及潜水蒸发毛管上升水引盐，排出的盐分有生育期灌溉淋盐、降雨淋盐及作物排盐。秋浇期时间短，进入根系层的盐分主要是秋浇水引盐，排出的盐分主要是秋浇水淋盐。冻融期特别是融化期盐分虽表聚现象严重，但就整个根系层而言，平均含盐量的变化主要是由潜水蒸发引起土壤盐分上移的结果，也即根系层盐分均值的变化由冻融期潜水蒸发引起的盐分变化所致。盐分均衡模型如式（8.2.11）～式（8.2.13）所示：

$$S_0 + (I_1C_1 + Q_{e1}C_{e1} - \alpha_1 I_1 C_{d1} - \lambda P C_{dp} - 0.1S_{crop})/10000\rho h = S_1 \tag{8.2.11}$$

$$S_1 + (I_2C_2 - \alpha_2 I_2 C_{d2})/10000\rho h = S_2 \tag{8.2.12}$$

$$S_2 + Q_{e2}C_{e2}/10000\rho h = S_3 \tag{8.2.13}$$

式中，S_0、S_1、S_2、S_3 为生育期初、生育期末、秋浇期后及次年生育期初土壤盐分含量，g/100 g；C_1、C_2、C_{d1}、C_{dp}、C_{d2} 分别为生育期灌溉水矿化度、秋浇期灌溉水矿化度、生育期根系层灌溉淋滤水矿化度、生育期根系层降雨淋滤矿化度、秋浇淋滤水矿化度，g/L；C_{e1}、C_{e2} 为生育期、冻融期潜水蒸发毛管上升水矿化度，g/L；S_{crop} 为作物排盐量，kg/hm^2；ρ 为根系层土壤容重，取为 1.50 g/cm^3；h 为根系层土壤深度。

根系层淋滤水矿化度主要取决于土壤溶液浓度和灌溉水矿化度，可表示为

$$C_d = C_i(1-f) + C_t f \tag{8.2.14}$$

$$C_t = \frac{10S_w\rho}{\theta_{tc}} \tag{8.2.15}$$

式中，C_d 为计算时段内根系层淋滤水矿化度，g/L；C_t 为计算时段初根系层土壤溶液浓度，g/L；C_i 为灌溉水或降雨矿化度，g/L；f 为淋洗系数，无量纲；S_w 为计算时段初根系层土壤重量含盐量，g/100 g；θ_{tc} 为土壤盐分含量与盐分浓度的转换系数，cm^3/cm^3。

潜水蒸发毛管上升水所带入根系层的土壤盐分应该与淋滤至下层土壤的盐分浓度密切相关，考虑到土壤盐分上下层紧密相关且平衡时趋于一致的特点，生育期、冻融期潜水蒸发毛管上升水溶液浓度采用式（8.2.16）表示：

$$C_{\mathrm{e}} = \beta C_{\mathrm{d}} \tag{8.2.16}$$

式中，β为毛管上升水矿化度折算系数，即蒸发毛管上升水浓度与淋滤水浓度的比值，无量纲。

在获取了某一研究区盐分均衡模型的参数后，该模型可用于研究区根系层土壤盐分变化过程的模拟预测等。

3. 模型评价指标

地下水均衡模型用各时段末模型预测地下水埋深值与实测值来评价，盐分均衡模型以各时段末模型预测的根系层土壤盐分含量值与实测值来评价。具体的评价指标包括回归系数 b、平均相对误差 MRE、均方根误差 RMSE 和决定系数 R^2。

$$b = \frac{\sum_{i=1}^{n}(O_i - P_i)^2}{\sum_{i=1}^{n} O_i^2} \tag{8.2.17}$$

$$\mathrm{MRE} = \frac{1}{n}\sum_{i=1}^{n}\frac{(P_i - O_i)}{O_i} \times 100\% \tag{8.2.18}$$

$$\mathrm{RMSE} = \sqrt{\frac{1}{N}\sum_{i=1}^{n}(P_i - O_i)^2} \tag{8.2.19}$$

$$R^2 = \left[\frac{\sum_{i=1}^{n}(O_i - \overline{O})(P_i - \overline{P})}{\left[\sum_{i=1}^{n}(O_i - \overline{O})^2\right]^{0.5}\left[\sum_{i=1}^{n}(P_i - \overline{P})^2\right]^{0.5}}\right]^2 \tag{8.2.20}$$

式中，O_i、P_i分别为第 i 个实际观测值和模型预测值（i=1, 2, 3, …, n）；$\overline{O}$、$\overline{P}$分别为观测值、预测值的均值。

8.2.2 基于根系层盐分均衡的隆胜试区不同灌溉模式下土壤盐分预测及调控

1. 研究区概况

研究区仍为隆胜试验区，试验区具体情况及数据同 8.1.2 节所述。

2. 模型参数识别与水盐均衡分析

1）模型参数识别

地下水均衡模型参数率定期选为 1999～2008 年，验证期选为 2009～2016 年。生育期地下水平均埋深 1999～2005 年、2009～2010 年采用实测值，其余年份采用区域内 122#常规观测井经换算得到。图 8.24 为 2003～2005 年区域地下水埋深与 122#地下水埋深的相关关系，图 8.25 为 1999～2016 年生育期地下水埋深平均值，即模型采用的生育期地下水埋深平均值。降雨、20 cm 蒸发皿蒸发量等输入数据均采用实测值（图 8.26）。

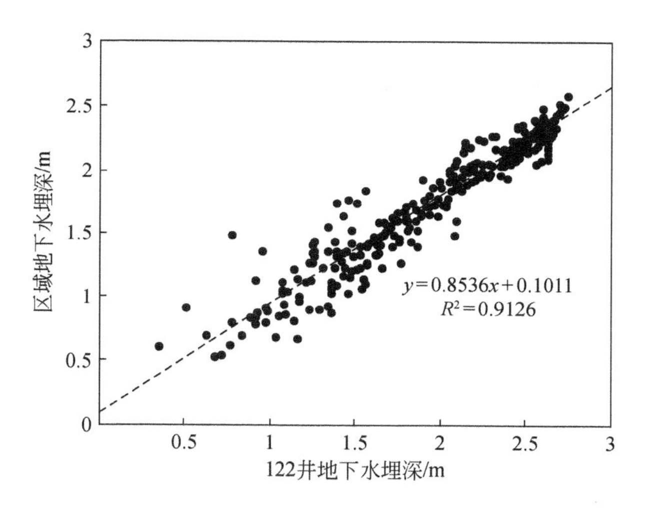

图 8.24　区域地下水埋深与 122#地下水埋深的相关关系

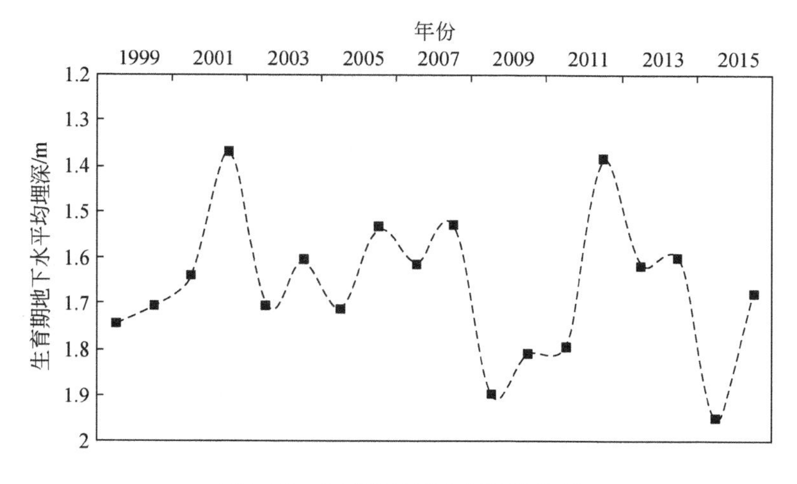

图 8.25　生育期地下水埋深平均值

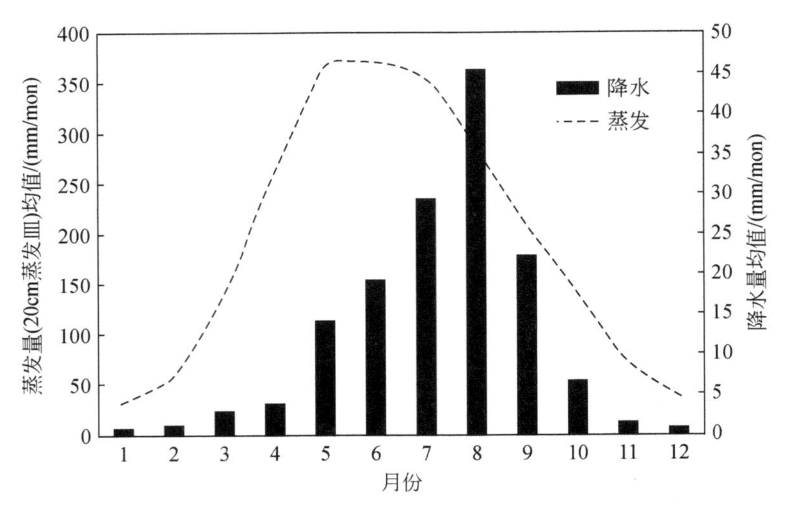

图 8.26　蒸发量、降水量气象资料

地下水均衡模型的参数率定结果见表 8.5，率定期和验证期结果如图 8.27 和表 8.6 所示。模型率定期与验证期地下水埋深平均相对误差分别为 6.96%和 10.08%，均方根误差分别为 0.33 m、0.37 m，回归系数均接近 1.00，决定系数超过 0.70，说明地下水均衡模型可较好地描述该研究区地下水埋深的变化。模型参数（表 8.5）均符合前人在河套灌区及永济灌域内的研究成果，如张志杰等（2011）针对隆胜试验区的研究成果：夏灌期灌溉入渗补给系数为 0.15（相应的灌溉入渗系数为 0.20），秋浇期入渗补给系数为 0.3（相应的灌溉入渗系数为 0.39）；杨文元等（2017）研究结果表明，永济灌域生育期降雨入渗系数为 0.12，平均给水度为 0.056，结果相差不多。模型生育期排水速率 0.28 mm/d，整个生育期单位面积排水 43.5 mm，约占整个单位面积生育期引水量均值 378.9 mm（为率定期、验证期 J_1 的均值）的 1/9，这与河套灌区的灌排比相符合。秋浇期排水速率 0.95 mm/d，整个秋浇期单位面积排水 33.25 mm，灌排比约为 7∶1，符合秋浇期灌排比。冻融期潜水蒸发损耗量为 0.05 mm/d，与雷志栋等（1998）在河套灌区巴音试验场用地中渗透仪所推测的土壤冻结期潜水蒸发量 0.1 mm/d 相接近。生育期潜水蒸发修正系数γ为 0.71，小于 1，一是区域土壤不完全为沙壤土，还有其他偏于黏性的土，如粉土、黏土，潜水蒸发系数较沙壤土小；二是稳定的灌溉农田以消耗灌溉后土壤储水为主，区域潜水蒸发主要用于维持非农田如盐荒地的生态水量，而该研究区土地利用系数 0.76 高于灌区平均水平，也会导致潜水蒸发系数降低。

表 8.5　隆胜试验区模型参数

地下水均衡									盐分均衡		
		生育期				秋浇期		冻融期			
μ	η	α_1	δ_1/(mm/d)	λ	γ	α_2	δ_2/(mm/d)	ω/(mm/d)	f	θ_{tc}/(cm^3/cm^3)	β
0.07	0.17	0.20	0.29	0.12	0.71	0.45	0.95	0.05	0.50	0.23	0.99

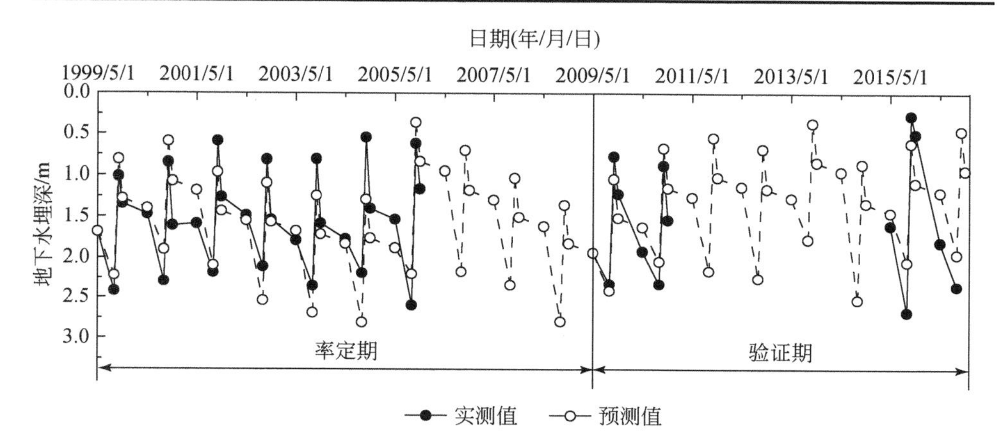

图 8.27　地下水均衡模型的率定期与验证期实测和预测结果比较

表 8.6　模型率定、验证效果统计特征表

模型	率定期				验证期			
	MRE/%	RMSE	b	R^2	MRE/%	RMSE	b	R^2
地下水均衡模型	6.96	0.33 m	1.01	0.71	10.08	0.37 m	0.89	0.78
根系层盐分均衡模型	−17.38	0.04 g/100 g	0.77	0.64	10.84	0.04 g/100 g	1.08	0.31

盐分均衡模型中与水量有关的参数直接选用地下水均衡模型识别后的参数，盐分均衡模型参数需率定淋滤系数f、土壤盐分含量与盐分浓度的转换系数θ_{tc}、毛管上升水矿化度折算系数β。经率定、验证，f、θ_{tc}、β分别为 0.50、0.23cm^3/cm^3、0.99，率定和验证结果见表 8.5、表 8.6。研究区以沙壤土为主，模型参数f的率定结果为 0.50，符合沙壤土的推荐值 0.5～0.6。土壤盐分含量与盐分浓度的转换系数θ_{tc}为 0.23 cm^3/cm^3，毛管上升水矿化度折算系数β为 0.99，说明根系层底部毛管上升水矿化度接近淋滤水矿化度。模型率定期与验证期平均相对误差分别为-17.38%和 10.84%，均方根误差均为 0.04 g/100 g，回归系数在 1.00 附近，决定系数分别为 0.64、0.31，该模型可以比较好地模拟根系层土壤盐分的变化趋势（图 8.28），考虑到盐分的强变异性及样本数量的有限性，该结果

是可以接受的，率定好的模型可用于根系层盐分长期预测。

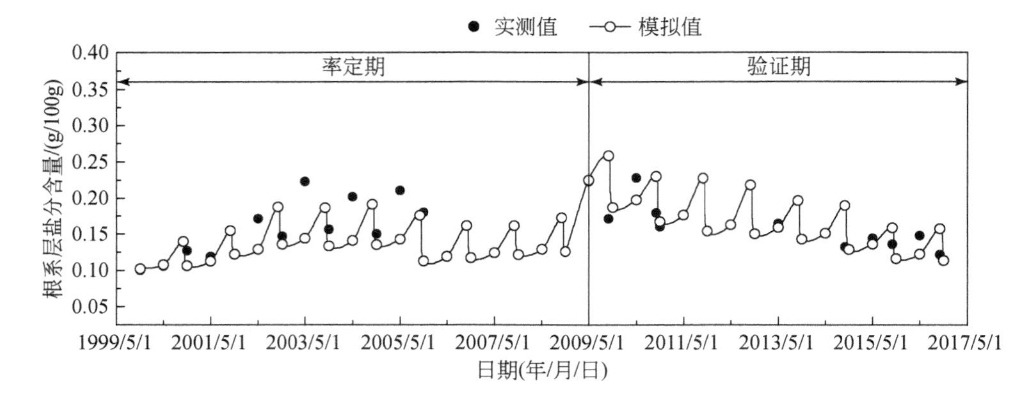

图 8.28　盐分均衡模型率定验证结果

2）水盐均衡分析

以模型验证期即 2009～2016 年为例，宏观分析隆胜渠灌区的地下水均衡和盐分均衡，有助于识别该区域水盐均衡的关键因素，并进一步验证模型。由表 8.7 各水均衡项结果可知，灌溉入渗与潜水蒸发是该区域主要的地下水补给项和排泄项，生育期潜水蒸发量为 122.59 mm，占总的排泄水量 59.13%。由根系层盐分平衡（表 8.8）可知，潜水蒸发是根系层土壤盐分的最大来源，达到 63.93%，根系层盐分主要通过生育期深层渗漏淋滤及秋浇期淋盐排出，秋浇淋滤排盐比例高达 58.89%，是根系层盐分的最大排出项。目前，每年进入根系层土壤盐量为 9857.88 kg/hm^2，小于排出盐量 11045.34 kg/hm^2，土壤处于脱盐状态。模型模拟和实测结果（图 8.28）为土壤根系层盐分自 2009 年以来呈下降趋势，且年内土壤盐分变化逐渐趋于稳定，两者结果相互印证。

表 8.7　区域现状地下水平衡分析

年均地下水补给			年均地下水排泄		
补给项	补给量/mm	比例/%	排泄项	排泄量/mm	比例/%
生育期田间入渗	47.04	21.86	生育期潜水蒸发	122.59	59.13
生育期渠道入渗	48.38	22.49	生育期排水	43.50	20.98
降雨入渗	15.09	7.01	秋浇期排水	33.25	16.04
秋浇期田间入渗	71.82	33.38	冻融期潜水蒸发	8.00	3.86
秋浇期渠道入渗	32.83	15.26			
年均补给量	215.16	100.00	年均排泄量	207.34	100.00

表 8.8　研究区现状条件下根系层土壤盐分平衡分析

进入根系层盐分			排出根系层盐分		
引盐项	平均引盐量/（kg/hm^2）	引盐比例/%	排盐项	平均排盐量/（kg/hm^2）	排盐比例/%
生育期灌溉引盐	1673.62	16.98	生育期淋滤排盐	3486.83	31.57
生育期潜水蒸发引盐	6301.70	63.93	降雨淋滤排盐	828.57	7.50
秋浇期灌溉引盐	1135.74	11.52	作物排盐	225.00	2.04
冻融期潜水蒸发引盐	746.82	7.58	秋浇期淋滤排盐	6504.95	58.89
年均引盐量	9857.88	100.00	年均排盐量	11045.35	100.00

3. 隆胜渠灌区现状灌溉模式下土壤盐分变化及控盐措施

维持隆胜井渠结合区 2003～2016 年现状，也即单位面积农田生育期灌溉水量 297 mm（198 m^3/亩）、秋浇水量 209 mm（139 m^3/亩）、降雨 138.67 mm 不变，生育期 20 cm 蒸发皿蒸发量均值为 1605 mm，以 2015 年、2016 年 5 月生育期开始时间的区域盐分实测均值 0.148 g/100 g 为起始值，重复上述灌水、降雨、蒸发过程，选取不同地下水埋深进行根系土壤盐分模拟分析，可以得到未来 20 年根系层土壤盐分变化过程［图 8.29（a)］。在生育期地下水埋深 1.70 m 的现状条件下，根系层土壤处于非常缓慢的脱盐状态，以生育期末土壤盐分含量为例，20 年间土壤盐分下降 22.27%，平均每年脱盐率为 1.11%。在地下水埋深分别为 2.10 m、2.50 m 时，根系层土壤通过前 5 年的灌溉迅速脱盐，此后脱盐速率变缓，最终达到新的盐分平衡。在同样的灌溉条件下，地下水埋深的增大将会引起土壤的脱盐，根系层土壤盐分会逐渐达到新的平衡状态。以生育期地下水埋深 2.10 m 为例，分析同一地下水埋深不同秋浇定额对根系层土壤盐分的影响。秋浇定额分别设置为 209 mm、105 mm、70 mm，相当于一年一秋浇、两年一秋浇、三年一秋浇。由图 8.29（b）可知，一年一秋浇根系层土壤会一直脱盐直至平衡；两年一秋浇根系层土壤盐分基本处于平衡状态；而三年一秋浇土壤则处于积盐状态。

由此可见，地下水埋深和秋浇定额决定着根系层土壤盐分状况。就目前该区域生育期地下水埋深为 1.70 m 而言，为维持盐分平衡，秋浇定额应为 183.4 mm；当地下水平均埋深为 2.10 m、秋浇定额为 84.3 mm 时，可维持长期灌溉条件下的土壤盐分平衡。经模型进一步计算，生育期地下水埋深与维持根系层盐分平衡的秋浇定额呈线性关系，地下水埋深增大 0.1 m，秋浇定额减少 26.5 mm 就可以维持土壤盐分平衡，降低生育期地下水埋深、减少潜水蒸发引盐可大幅减少秋浇水量，其是控制土壤根系层盐分的有效手段。该区域可通过井渠结合来降低地下水位，从而减少秋浇水量。

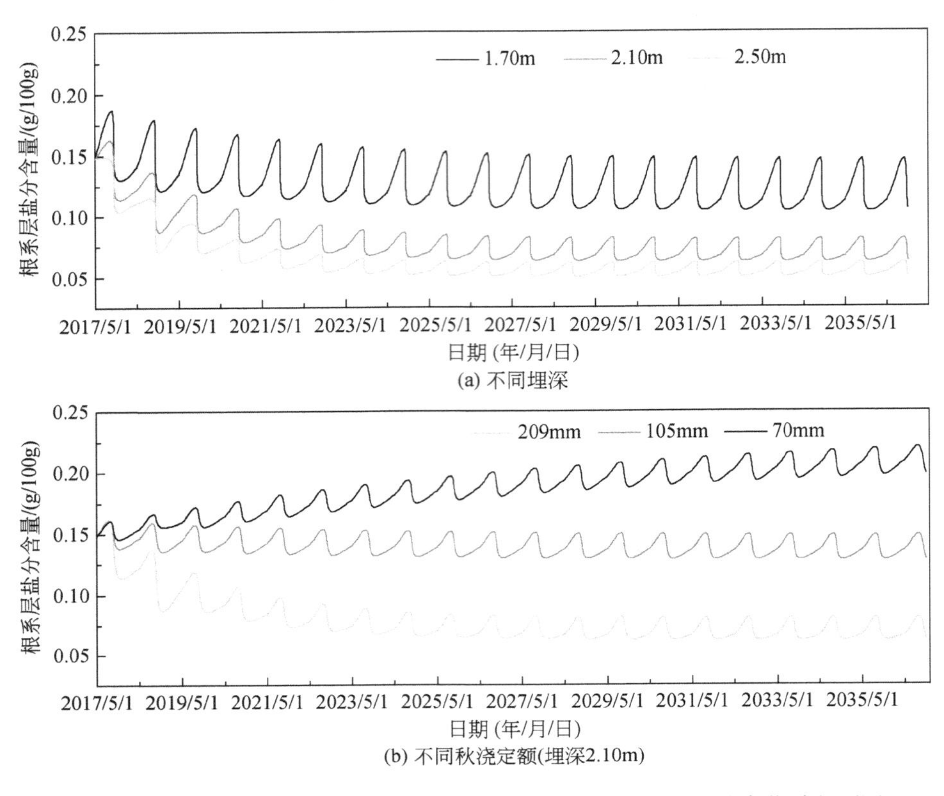

(a) 不同埋深

(b) 不同秋浇定额(埋深2.10m)

图 8.29　不同埋深及秋浇定额（埋深 2.10 m）下根系层土壤盐分变化过程预测

4. 隆胜井渠结合膜下滴灌根系层盐分平衡分析与调控措施

1）隆胜井渠结合实施后根系层盐分变化预测

根据前文结果，未来井渠结合实施后，井渠结合面积达到 1∶3，井灌区采用膜下滴灌地下水埋深将达到 2.65 m，井渠结合渠灌区沿用现状灌溉及秋浇定额，埋深将达到 2.28 m。此时，2017 年生育期初土壤根系层含盐量取为 2015 年、2016 年盐分实测值 0.148 g/100 g，井渠结合区灌溉定额及灌溉水矿化度见表 8.9，井渠结合渠灌区一年一秋浇，井灌区一年一秋浇、两年一秋浇、三年一秋浇的根系层土壤盐分变化如图 8.30 所示。

表 8.9　井渠结合膜下滴灌条件下模型输入参数

生育期	渠灌区地面灌溉		井灌区膜下滴灌	
	灌溉定额/mm	矿化度/（g/L）	灌溉定额/mm	矿化度/（g/L）
生育期	345	0.64	294	1.5
秋浇期	180	0.64	180	0.64

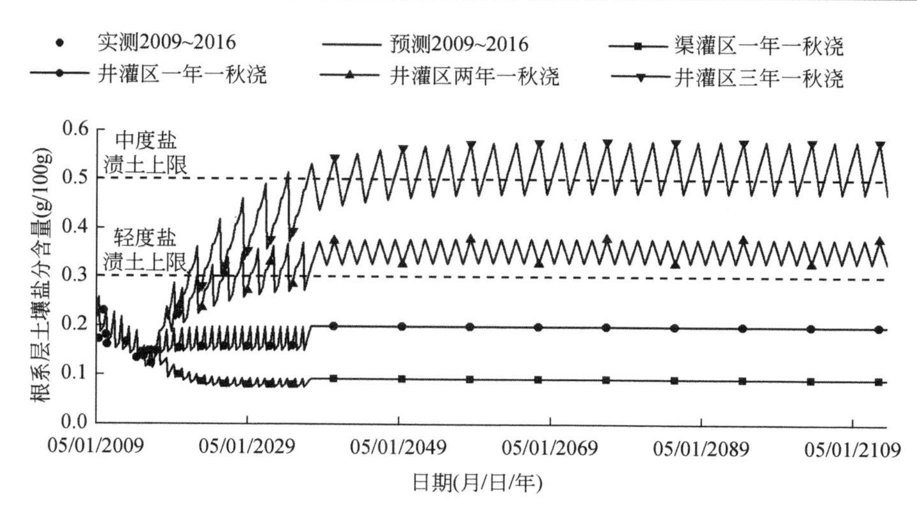

图 8.30　井渠结合膜下滴灌实施前后根系层土壤盐分变化过程

不论渠灌区地面灌溉还是井灌区膜下滴灌，在某种秋浇制度的长期灌溉利用模式下，盐分变化过程将越来越缓慢，直至达到平衡。渠灌区在地下水埋深下降到 2.28 m 后，一年一秋浇将使土壤脱盐，最终生育期末土壤盐分稳定在 0.092 g/100 g。维持渠灌区根系层土壤盐分平衡的秋浇定额是 70 mm，不考虑秋浇的储墒松土等作用，渠灌区可 2～3 年进行一次盐分淋洗，定额为 180 mm。井灌区膜下滴灌一年一秋浇、两年一秋浇、三年一秋浇，每次秋浇定额 180 mm，生育期末根系层土壤盐分最大值将分别稳定在 0.199 g/100 g、0.380 g/100 g、0.581 g/100 g，三年一秋浇第三年时生育期土壤盐分将超过中度盐渍土上限 0.50 g/100 g，严重影响作物生长。因此，井渠结合井灌区膜下滴灌（生育期灌溉水矿化度为 1.5 g/L）的秋浇制度可为两年一次秋浇，定额为 180 mm。

2）井灌区不同矿化度水膜下滴灌秋浇定额

井渠结合膜下滴灌实施后，井灌区地下水埋深增大，潜水蒸发大量减少，毛管上升引盐作用减弱，生育期滴灌引盐将是最主要的盐分来源，灌溉水的矿化度直接决定着秋浇定额的大小。将控制生育期末根系层土壤盐分含量最高不超过 0.30 g/100 g 的秋浇定额定义为井渠结合膜下滴灌最小秋浇水量。井灌区膜下滴灌不同灌溉水矿化度、不同秋浇模式下，最小秋浇定额见表 8.10。生育期用来灌溉的地下水矿化度每升高 1 g/L，一年一秋浇、两年一秋浇、三年一秋浇水量分别增加 72.8 mm、144.3 mm、215.8 mm；秋浇的年限每延长一年，生育期灌溉水矿化度越高，需增加的水量越大，如灌溉水矿化度为 1.0 g/L、2.0 g/L、3.0 g/L，秋浇年限每延长一年水量分别增加 76 mm、147 mm、219 mm。考虑到现行秋浇制度是 180 mm，为秋浇期安全有效利用现有灌溉渠道，地下水矿化度为 0.5～1.0 g/L 时可三年一秋浇，地下水矿化度为 1.0～1.5 g/L 时可两年一秋浇，地下水矿化度为 1.5～3.0 g/L 时宜一年一秋浇。

表 8.10　井灌区（埋深 2.65 m）膜下滴灌最小秋浇定额

生育期灌溉水矿化度/（g/L）	一年一秋浇/mm	两年一秋浇/mm	三年一秋浇/mm
0.5	42	83	124
1.0	78	155	230
1.5	115	230	338
2.0	150	300	445
2.5	186	370	555
3.0	225	445	662

8.2.3　小结

本书的研究建立了地下水-根系层土壤盐分均衡模型，根据隆胜试验区多年长系列的灌溉、降雨、蒸发、地下水埋深等观测数据，利用地下水均衡模型获取盐分均衡模型中根系层底部的水量交换量，进而根据盐分观测资料率定淋滤系数、土壤盐分含量与盐分浓度的转换系数、毛管上升水矿化度折算系数，其物理概念明确，简单实用，可用于根系层土壤盐分变化过程的模拟预测等。

研究结果表明，潜水蒸发引盐是隆胜试验区土壤根系层盐分的最大来源，盐分排出主要是秋浇淋盐。现状条件下，该区域根系层土壤处于非常缓慢的脱盐状态，为维持盐分平衡，渠灌区现状条件下秋浇定额应为 183.4 mm，地下水埋深每增大 0.1 m，秋浇定额可减少 26.5 mm。降低生育期地下水埋深、减少潜水蒸发引盐可大幅减少秋浇水量，其是控制土壤根系层盐分的有效手段。

井渠结合膜下滴灌实施后（渠灌区地下水埋深 2.28 m，井灌区 2.65 m），渠灌区所需的秋浇淋盐定额会大幅下降，维持渠灌区根系层土壤盐分平衡的秋浇定额是 70 mm，不考虑秋浇的储墒松土等作用，渠灌区可 2～3 年进行一次盐分淋洗，秋浇定额为 180 mm。考虑到渠灌区秋浇的储水松土等作用，在未获得更好的储水和松土措施前，建议维持目前的秋浇制度。井灌区地下水位降低后，生育期灌溉水量 294 mm，秋浇定额采用现行定额 180 mm，地下水矿化度为 0.5～1.0 g/L 时可三年一秋浇，地下水矿化度为 1.0～1.5 g/L 时可两年一秋浇，地下水矿化度为 1.5～3.0 g/L 时宜一年一秋浇。

8.3　结　　论

本书的研究基于不同复杂度的盐分均衡模型，利用河套灌区典型井渠结合区膜下滴灌试验区长时间序列的灌溉、降雨、蒸发、地下水埋深等观测数据，分析计算了井渠结合膜下滴灌实施后灌区盐分动态过程，并根据计算结果提出了盐分调控措施，主要研究结果和调控措施如下。

（1）在维持现状灌溉条件下，隆胜井渠结合试验区的渠灌区根系层土壤盐分常年处于稳定状态，可以满足作物生长需求（土壤全盐基本维持在 1 g/kg 左右）。井灌区根系层的土壤盐分处于轻微的积累状态（土壤盐分由现状的 1.3 g/kg 增加到 100 年后的 2 g/kg 左右），但是积累速率非常缓慢，在 100 年的长时间尺度下也不会影响作物的生长。灌溉所引入的盐分主要积累在含水层，由于含水层体积庞大，地下水的平均矿化度提高也较小（100 年后小于 2 g/L）。总体来说，现状的灌溉模式条件下，根系土壤盐分可得到合理控制，满足作物生长。

（2）在隆胜井渠结合渠灌区现状生育期地下水埋深 1.70 m 条件下，秋浇定额应为 183.4 mm（122.3 m^3/亩），地下水埋深每增大 0.1 m，秋浇定额可减少 17.7 m^3/亩。降低生育期地下水埋深、减少潜水蒸发引盐可大幅减少秋浇水量，其是控制土壤根系层盐分的有效手段。

（3）井渠结合膜下滴灌实施后，渠灌区所需的秋浇淋盐定额会大幅下降，考虑到渠灌区秋浇的储水松土等作用，在未获得更好的储水和松土措施前，建议维持目前的秋浇制度（120 m^3/亩）。井灌区生育期采用地下水进行灌溉，秋浇期采用黄河水灌溉，在采用秋浇灌溉定额 180 mm（120 m^3/亩）条件下，若生育期地下水矿化度为 0.5～1.0 g/L 时，则宜三年一秋浇，1.0～1.5 g/L 可两年一秋浇，1.5～3.0 g/L 应一年一秋浇。

（4）从全灌区而言，可利用地下水的矿化度为 2 g/L，建议井灌区实施膜下滴灌的灌溉措施后，利用黄河水秋浇淋盐，秋浇定额为 120 m^3/亩，秋浇频率为两年一次，且建议新建井渠结合区不要废除渠系系统，当土壤盐碱化影响到作物生长时，可引用黄河水集中大水压盐。对于荒废地面灌溉系统的区域，也可以在适当的时候采用井水进行大水压盐，特别是对于类似于隆胜试验区地下水质相对较好的区域。

第9章 基于遥感的区域生态环境变化预测分析

本章选择井渠结合膜下滴灌可能影响的三个主要环境因子土壤盐渍化、天然植被以及土地利用（湖泊水体等）作为生态环境的代表，运用遥感的方法建立地下水埋深对三者的影响规律，结合水盐均衡模型预测的地下水埋深变化预测分析膜下滴灌可能带来的区域生态环境影响。

9.1 基于遥感的土壤盐渍化提取与规律分析

9.1.1 研究目的与研究方案

土壤盐渍化是膜下滴灌可能诱发的重要的生态环境问题。膜下滴灌大规模实施后，不仅根系层的水盐状态发生变化，区域尺度包括膜下滴灌区和非膜下滴灌区的水盐动态也会发生变化，有必要结合数值模拟模型和遥感手段对河套灌区的盐渍化动态进行预测分析，以制定合适的水盐调控措施。本节在定量反演河套灌区土壤含盐量的基础上，运用土壤盐分指数（SI）提取灌区不同年份不同程度的盐碱土面积，分析区域盐碱土面积与地下水埋深的对应关系，为预测区域盐渍化变化提供参考。

9.1.2 河套灌区盐碱土光谱测定与含盐量定量反演

1. 野外土壤采样与土壤配制

为研究不同含盐量土壤的光谱特征及其受含水率、盐分组成等因素的影响规律，研究组于2014年7月在义长灌域无植被覆盖的地区（107°59′33″E，41°1′21″N），采集了典型表层（0～5 cm）土样并封装送回实验室，处理后于2015年配制了不同含水率、含盐量以及不同土质的盐渍土土样，从而为河套灌区盐渍化土壤光谱测定和定量反演提供依据。

对研究区域96个土样分析发现（图9.1），土样质地为粉黏土（砂粒15.4%、粉粒45.9%、黏粒38.7%）。对采集的土样进行脱盐、风干、过筛（2 mm）处理，根据化学分析测定的八大离子数据配制模拟土壤盐分组分。化学分析测定八大离子含量后，模拟土壤盐分组成见表9.1，分别配制含盐量为0.04%（原始含盐量）、0.1%、

0.2%、0.3%、0.4%、0.5%、0.6%、0.7%、0.8%、1.0%、2.0%、5.0%（表 9.2），含水率为 38 %的 12 个不同含盐量同一初始含水率的实验土样。将配制好的土样分别装入 12 个深 25 cm、直径 10 cm 的有机玻璃器皿中，周围及底部用黑色牛皮纸隔绝，填土容重为 1.3 g/cm^3，表面用直尺刮平，制作 12 个模拟土柱。然后，将各个土柱放在实验室保持自然蒸发状况，定期测量土样含水率和光谱数据，直至所有土样完全风干。土样在室温条件下模拟蒸发 3 d，以将土壤含水率调整到 36%。

图 9.1　配置的土样图

表 9.1　模拟土壤盐分组成

成分	质量比 / %
$MgCl_2$	17.4
$CaCl_2$	14.8
Na_2CO_3	1.7
$NaHCO_3$	20.1
Na_2SO_4	46.0

表 9.2　室内控制试验主要设置

数据	控制室内实验
日期	2014 年 7～9 月
取样点	河套灌区义长灌域
土样质地	粉黏土
光谱仪器	ASD FieldSpec 3 Hi-Res
光谱采集	1 nm，350～2500 nm
土壤含水率	5.26%～36.31%
土壤含盐量	0.04%、0.1%、0.2%、0.3%、0.4%、0.5%、0.6%、0.7%、0.8%、1.0%、2.0%、5.0%

2. 盐渍土光谱测定

使用美国 ASD FieldSpec 3 Hi-Res 地物光谱仪在暗室中进行光谱数据采集（图 9.2），光谱数据采集范围为 350～2500 nm，350～1050 nm 采样间隔为 1 nm，1050～2500 nm 采样间隔为 2 nm，重采样间隔为 1 nm。试验采用 50 W 的卤素灯作为光源，光源距离样本表面 50 cm，照射角度与垂直方向夹角为 30°，光谱测量采用 5°视场角探头，探头到土样表面的距离为 10 cm。光源与探头分别位于土样的两侧，且处于同一垂直平面内，探头是从镜面方向进行观测的。每次测量前用漫反射标准参考板进行校准。每次光谱测量都采集 5 条光谱曲线，然后将 5 条光谱数据平均，即得到土样本次测量的光谱数据。

土壤水分数据由称重法测得，定期测量土样蒸发过程中的质量和光谱数据，直至所有土样完全风干，土壤含水率覆盖从 5.26%（风干土样）到 36.31%范围。对于 10 组盐分水平的土样，该试验共进行了 22 次测量，总计得到 220 组土壤光谱数据。

图 9.2　ASD 光谱仪

3. 含盐量反演方法

由于盐碱土的光谱受多重因素的影响，特别是受含水率和土壤含盐量的影响。因此采用经过外部参数正交化法（EPO）预处理的偏最小二乘模型来建立预测模型，以消除土壤含水量对反演土壤含盐量的影响。

外部参数正交化法是一种降低外部参数空间维度的方法。外部参数正交化法适用于当外部参数无法在线测量的情况，这种方法建立在主成分分析基础之上。通过外部参数正交化法可以把所有土壤光谱投影到不需要的干扰变量的正交空间，从而达到滤除干扰的作用。本书的研究中主要运用该方法消除盐渍土光谱中土壤盐分对水分的反演造成的影响。参照 Minasny 等（2011）和 Roger 等（2003）的步骤，发展外部参数正交化法的转换矩阵 P 来预处理光谱数据。具体计算步骤如下：

设 S 为光谱组成的二维空间，光谱形式可表示为

$$S = C + G + R \tag{9.1.1}$$

式中，C 为有用物质的光谱信息，也是需要通过光谱数据进行预测的数据；G 为外部参数引起的光谱反应，独立于 C，它是对有效光谱数据的干扰，是需要减小或者消除的部分；R 为独立的冗余部分。

在矩阵形式中，光谱矩阵 X 可以写为

$$X = XP + XQ + R \tag{9.1.2}$$

式中，P 为有用部分的投影矩阵：$X^{*}=XP$；Q 为无用部分（表现土壤盐分影响）的投影矩阵；R 为冗余矩阵。

外部参数正交化法的目的是获取有用的光谱 $X^{*}=XP$，转换矩阵 P 可以从矩阵 G 得到，G 表示的是那些不提供信息的且与有用部分正交的光谱信息。对 G 的估计可以通过对差异矩阵 D 进行主成分提取来获得。在本书的研究中，D 可以定义为盐渍土和非盐渍土的光谱差异矩阵。一般来说，光谱的有用部分（受水分影响但不受盐分影响）X^{*}可以从式（9.1.3）计算得到：

$$X^{*} = X\left(I - Q\right) \tag{9.1.3}$$

式中，X 为原始光谱；$Q=G^{\mathrm{T}}G$；I 为单位矩阵。

外部参数正交化法数据分析具体过程总结如下：

（1）计算差异光谱矩阵 D：$D=X_{\mathrm{saline}}-X_{\mathrm{non}}$；

（2）对 $D^{\mathrm{T}}D$ 进行 PCA 分析得到矩阵 G；

（3）计算 Q：$Q=GG^{\mathrm{T}}$；

（4）计算投影矩阵 $P=I-Q$；

（5）对光谱数据进行变换：$X^{*}=XP$。

EPO-PLS 模型先利用外部参数正交化法预处理土壤光谱数据，以消除外部干扰因素的影响，然后建立偏最小二乘回归模型，即 EPO-PLS 回归模型。在 EPO-PLS 模型校验中需要优化的参数有外部参数正交化主成分数 g 和 PLS 模型中的潜在因子数 n。Minasny 等和 Roger 等通过计算 EPO-PLS 模型的交叉验证误差 RMSE，优选出使误差最小的 g 和 n 的组合。

4. 试验结果分析

1）湿润条件下盐渍化土壤的光谱特征

已有的研究表明，土壤理化性质中，土壤水分、土壤有机质含量、矿物组分、土壤质地等诸多因素对土壤光谱特性有明显影响（Wang et al.，2012）。对于干旱地区土壤，水分和盐分是土壤性质的主要影响因素。Liu 等（2002）研究表明，

土壤水分和盐分对光谱有类似的影响，尤其在水分各个吸收带处（1400 nm、1900 nm 和 2200 nm）。不同含水率和含盐量条件下土壤反射率光谱如图 9.3 所示，由图 9.3（a）可见，在同一含盐量条件下，随着土壤含水率的降低，土壤光谱反射率逐渐增加。由图 9.3（b）可见，土壤含盐量＜1%时，反射率随着含盐量增加而下降。在重度含盐量 5%时，土表盐分积累形成的白色盐壳，导致反射率显著增加。

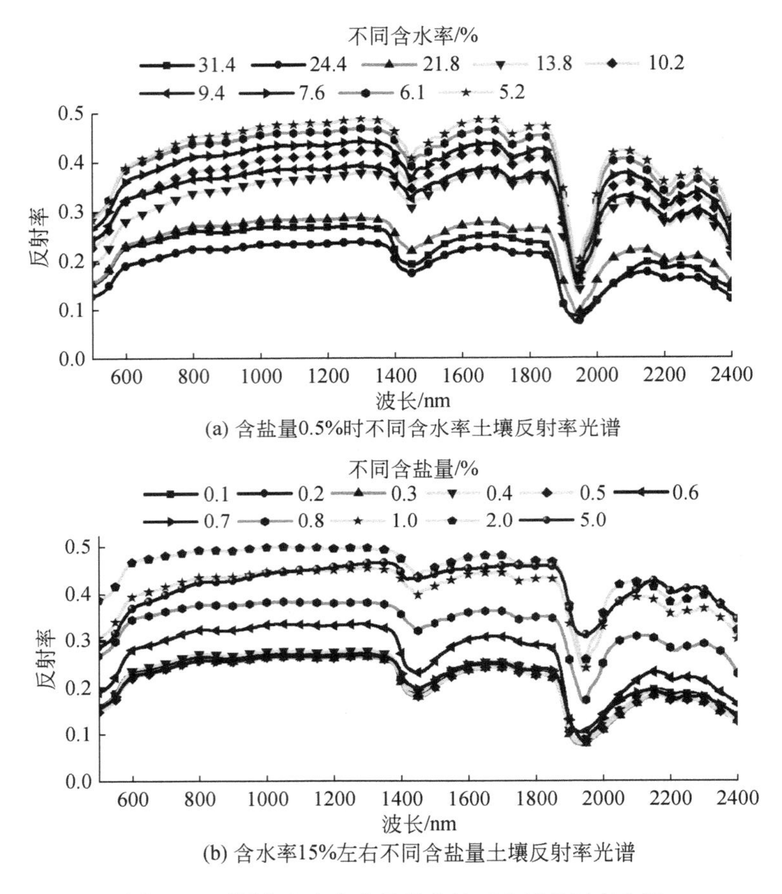

图 9.3　不同含水率和含盐量条件下土壤反射率光谱

土壤光谱连续统去除图如图 9.4 所示，土壤水分影响的波段和土壤盐分影响的波段存在极大的重叠性。500 nm、1414 nm、1940 nm、2200 nm 波段附近的吸收谷，其吸收深度都受到水分和盐分的共同影响。其研究结果与刘娅等（2012）相佐证。

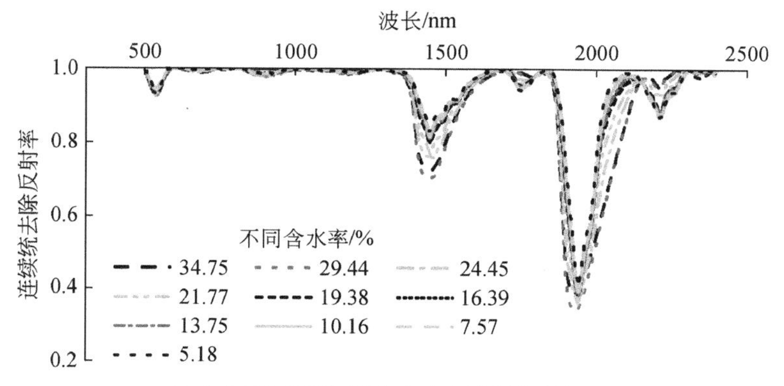

(a) 含盐量0.5%时不同含水率土壤光谱连续统去除图

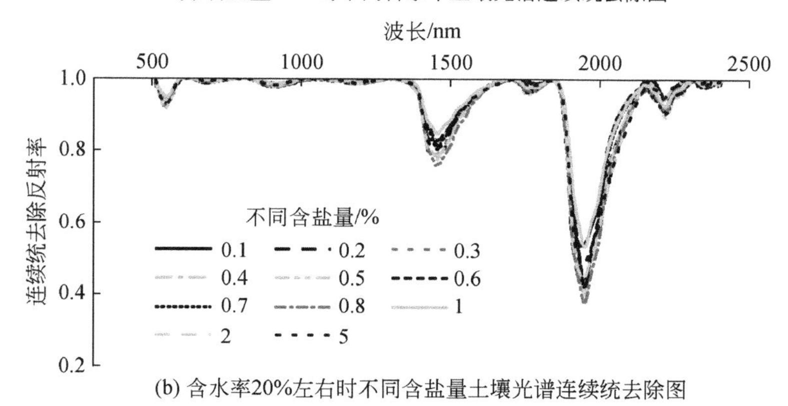

(b) 含水率20%左右时不同含盐量土壤光谱连续统去除图

图 9.4　土壤光谱连续统去除图

设 $\overline{R}$ 为全部波段的平均反射率（500～2400 nm）。

$$\overline{R}=\frac{1}{n}\sum_{i=1}^{n}R_i \tag{9.1.4}$$

式中，R_i 为每纳米土壤光谱反射率值。

不同含盐量土壤在不同含水率条件下的平均反射率 $\overline{R}$ 的散点图如图 9.5 所示，并对 0.1%～5.0%的 11 个盐分梯度分别进行二次曲线拟合。结果显示，对于所有含盐量土壤 $\overline{R}$ 值随着含水率的上升而下降，这与 Viscarra Rossel 等（2006）的研究结果一致。当土壤含水率上升到 25%时，对于所有含盐量土壤 $\overline{R}$ 值趋于一致，并且大都收敛于 0.2；当水分继续增加到临界点（25%左右）后，由于水体的镜面作用，反射率会有所上升，此时土壤水分在反射率光谱中的作用占主导地位。含水率临界点小于 Lobell 和 Asner（2002）的结果，可能与土壤孔隙率和质地的影响有关。一般而言，随着水分的降低，可以清晰地看到盐渍土反射率有一个增加的趋势。土壤盐渍化越严重，平均反射率值上升得越快。当由于蒸发作用，越来越多的盐分聚集于土壤表面形成高反射率的盐壳时，土壤盐分对反射率光谱的影响越发显著。

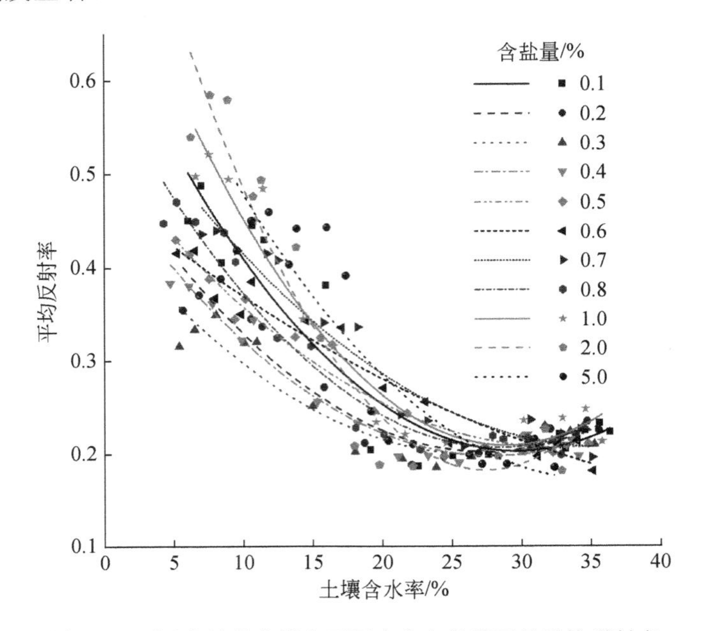

图 9.5　不同含盐量土壤在不同含水率条件下的平均反射率

Farifteh 等（2008）的研究显示，土壤盐分的增加会导致可见光-近红外波段的土壤反射率光谱的变化。针对不同水盐含量土壤光谱反射率，定量地分析了所有波段光谱反射率的变化，结果显示，不同的水盐组合会造成土壤反射率变化规律更加复杂。因此，定量反演土壤水分需要建立一种消除水分影响的模型。

2）模型构建

对于 10 个不同的盐分水平，该试验总共获取了 220 个样本数据。将其分为以下三组。

44 个土壤含水率小于 11%的土样数据作为风干土样数据。将余下的 176 个光谱数据按照含水率从小到大排序，并隔行选出，分为 A 组和 B 组。然后，在风干土样数据中随机挑选 10 个，分配给 A 组和 B 组两组各 5 个。这样，A 组和 B 组都包含 93 个相似的土壤光谱数据。这样分配的目的是为了确保两组数据覆盖所有盐分和水分水平，并尽可能最小化它们之间的差异。最后余下的 34 个风干土壤光谱作为 C 组。

A 组为外部参数正交化开发样本，包含 93 个光谱数据，土样覆盖全部含盐量和从风干到饱和含水量的范围。这组光谱数据用于发展外部参数正交化法的转换矩阵 *P* 以及优选出最佳主成分数。B 组为验证样本，包含 93 个光谱数据。除了土壤含水率稍有不同外，这组数据与外部参数正交化开发样本类似，用于验证模型的精度。C 组为建模样本，包含 34 个风干土样光谱数据。这组数据用于构建土壤盐分高光谱反演模型。

三组样本水分和盐分分布的描述性统计见表 9.3。

表 9.3　三组样本水分和盐分分布的描述性统计

样本		数量	最小值	最大值	平均值	标准差
土壤含盐量 /（g/100 g）	A 组	93	0.12	2	0.65	0.49
	B 组	93	0.12	2	0.68	0.55
	C 组	34	0.12	2	0.64	0.50
土壤含水率 / %	A 组	93	6.13	34.74	26.19	8.43
	B 组	93	5.26	36.31	27.61	7.85
	C 组	34	4.33	10.99	8.17	2.06

利用外部参数正交化法预处理土壤光谱数据，通过将同一含盐量、不同含水率的土壤光谱转换为同一形式，达到去除水分对土壤光谱影响的目的。外部参数正交化法计算过程中的差异光谱如图 9.6 所示。

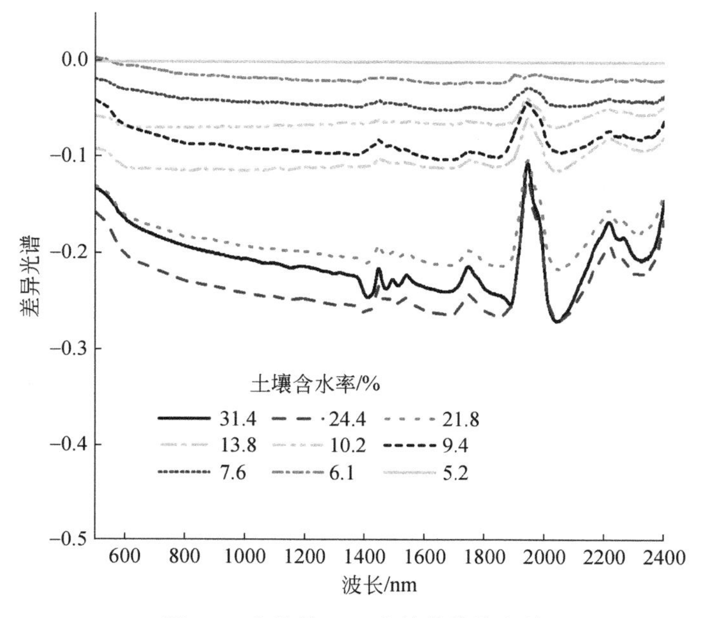

图 9.6　含盐量 0.5%土壤的差异光谱

用外部参数正交化法将土壤光谱转换成类似的形式，消除土壤水分对土壤光谱反演土壤盐分的影响。转换矩阵 P 和经过外部参数正交化法预处理后的光谱如图 9.7（b）和图 9.7（c）所示。从图中可以看到，含盐量 0.5%时不同含水率土壤

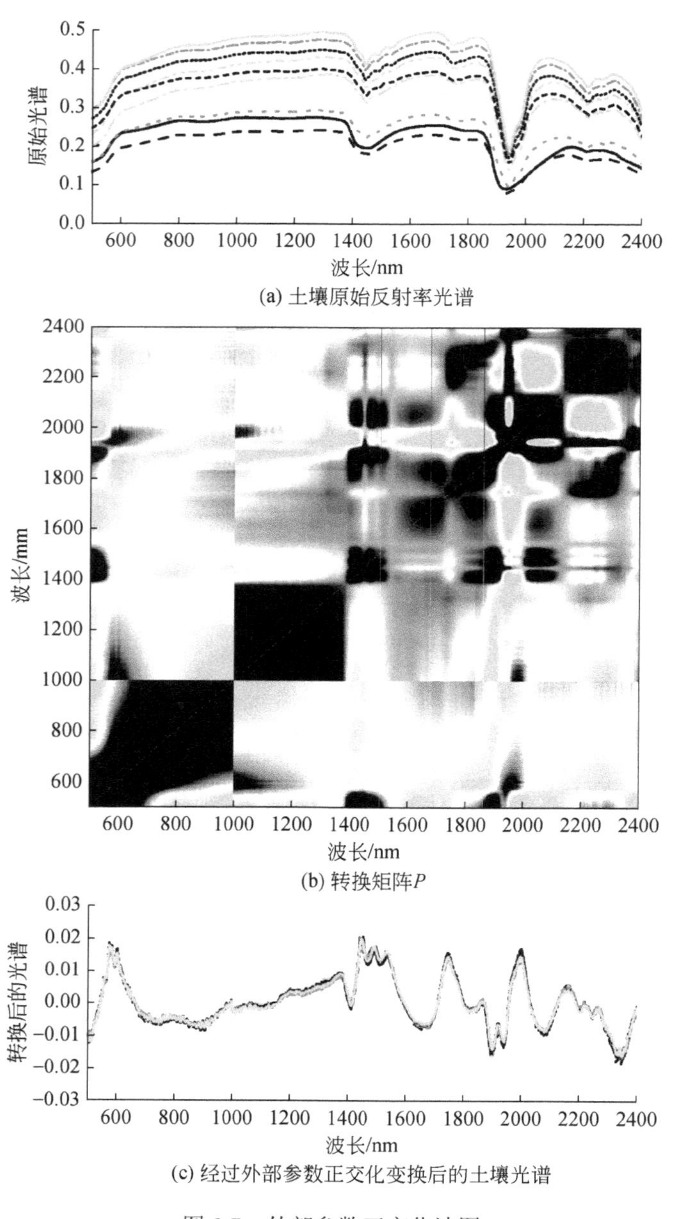

(a) 土壤原始反射率光谱

(b) 转换矩阵P

(c) 经过外部参数正交化变换后的土壤光谱

图 9.7　外部参数正交化法图

反射率光谱经过转换后趋于一致，由土壤水分造成的光谱反射率不同的现象几乎被完全消除。

利用归一化土壤水分指数作为反演土壤水分的指标，这个指标被 Haubrock 等（2008）证明能够非常有效地反演土壤水分。NSMI 被定义如下：

$$\mathrm{NSMI}=\frac{R_i-R_j}{R_i+R_j} \tag{9.1.5}$$

式中，R_i 和 R_j 分别为 1800 nm 和 2119 nm 波段处光谱反射率。

1800 nm 和 2119 nm 波段处光谱反射率被证实是最佳的土壤含水率指标，在人为配制和自然状态下的土壤都具有 R^2 为 0.61 的相关性。利用 NSMI 的值来评估外部参数正交化法去除土壤水分对光谱影响的效果，结果如图 9.8 所示，原始土壤反射率的 NSMI 值与土壤含水率之间的相关系数（r）为 0.94，表明 NSMI 指数能够非常好地反演土壤含水率。但是经过外部参数正交化法处理后的土壤反射率的 NSMI 值与土壤含水率之间的相关系数降为 0.01，几乎趋近于 0，表明经过外部参数正交化法处理后土壤光谱中所包含的土壤水分信息已经被去除掉了。

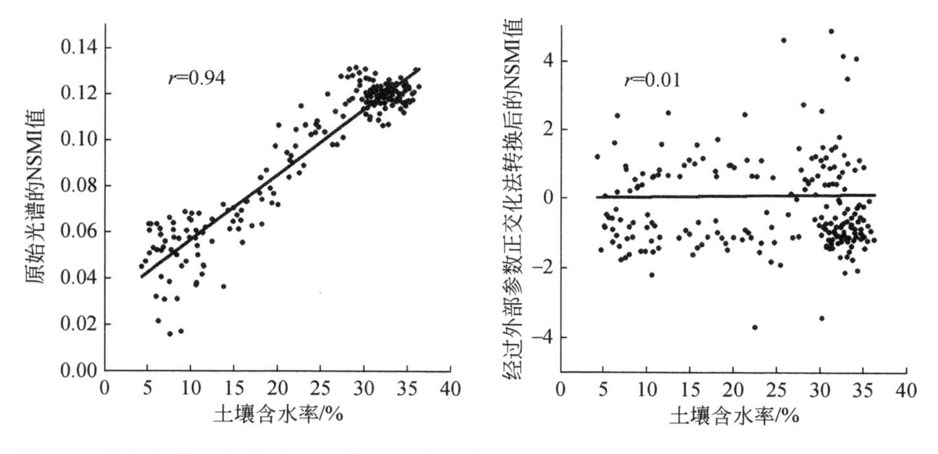

图 9.8　外部参数正交化法处理前后土壤光谱的 NSMI 值与土壤含水率的相关系数（r）

外部参数正交化主成分数 g 和 PLS 模型中的潜在因子数 n，这两个参数需要优化，以提高 EPO-PLS 模型的预测精度。在用 A 组数据建立的 EPO-PLS 模型中，不同的 g 和 n 的组合所产生的交叉验证误差曲线如图 9.9 所示。结果显示，当潜在因子数 $n \geqslant 10$ 时，RMSE 值趋于平缓，在外部参数正交化主成分数 g=6 时得到最小值。所以选择 n=10 和 g=6 来率定 EPO-PLS 回归模型。

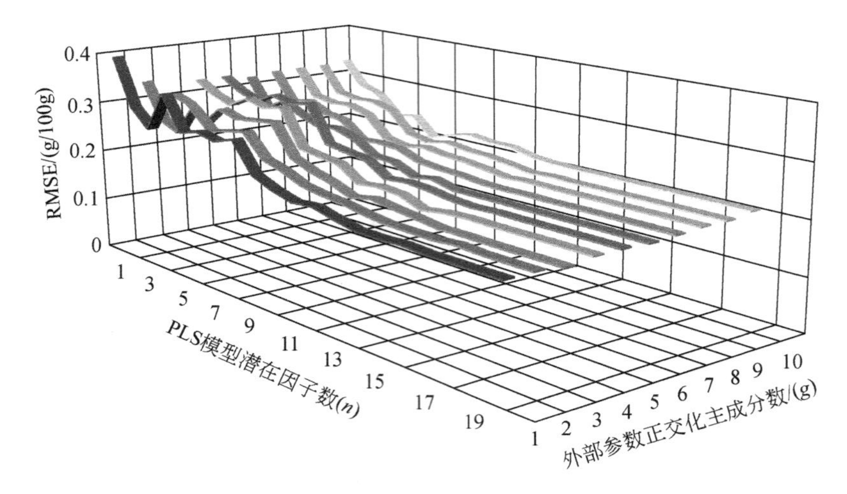

图 9.9　EPO-PLS 模型中交叉验证误差曲线

3）评价指标

本书的研究选择了一系列参数来评估模型的精度，包括决定系数 R^2、均方根误差 RMSE、偏差 Bias 以及对分析误差 RPD。

$$R^2 = 1 - \sum_{i=1}^{n}\left(y_i' - y_i\right)^2 \Big/ \sum_{i=1}^{n}\left(y_i' - \overline{y}\right)^2 \tag{9.1.6}$$

$$\mathrm{RMSE} = \sqrt{\frac{1}{n}\sum_{i=1}^{n}\left(y_i' - y_i\right)^2} \tag{9.1.7}$$

$$\mathrm{Bias} = \frac{1}{n}\sum_{i=1}^{n}\left(y_i' - y_i\right) \tag{9.1.8}$$

$$\mathrm{RPD} = \mathrm{SD}/\mathrm{RMSE} \tag{9.1.9}$$

式中，SD 为标准差。

4）模型结果分析

首先，利用 C 组数据（建模样本，风干土）建立 PLS 模型预测湿润条件下的 A 组和 B 组土壤的盐分含量，潜在因子数由交叉验证得到为 10。其次，利用 A 组数据得到的外部参数正交化转换矩阵预处理光谱数据，将土壤光谱转换成不受水分影响的形式。通过外部参数正交化法，将土壤水分对预测含盐量的影响消除。使用外部参数正交化法转换后的风干土壤 C 组光谱数据建立 EPO-PLS 模型，预测 A 组和 B 组土壤含盐量。PLS 模型和 EPO-PLS 模型的预测结果如图 9.10 所示，详细数据见表 9.4。

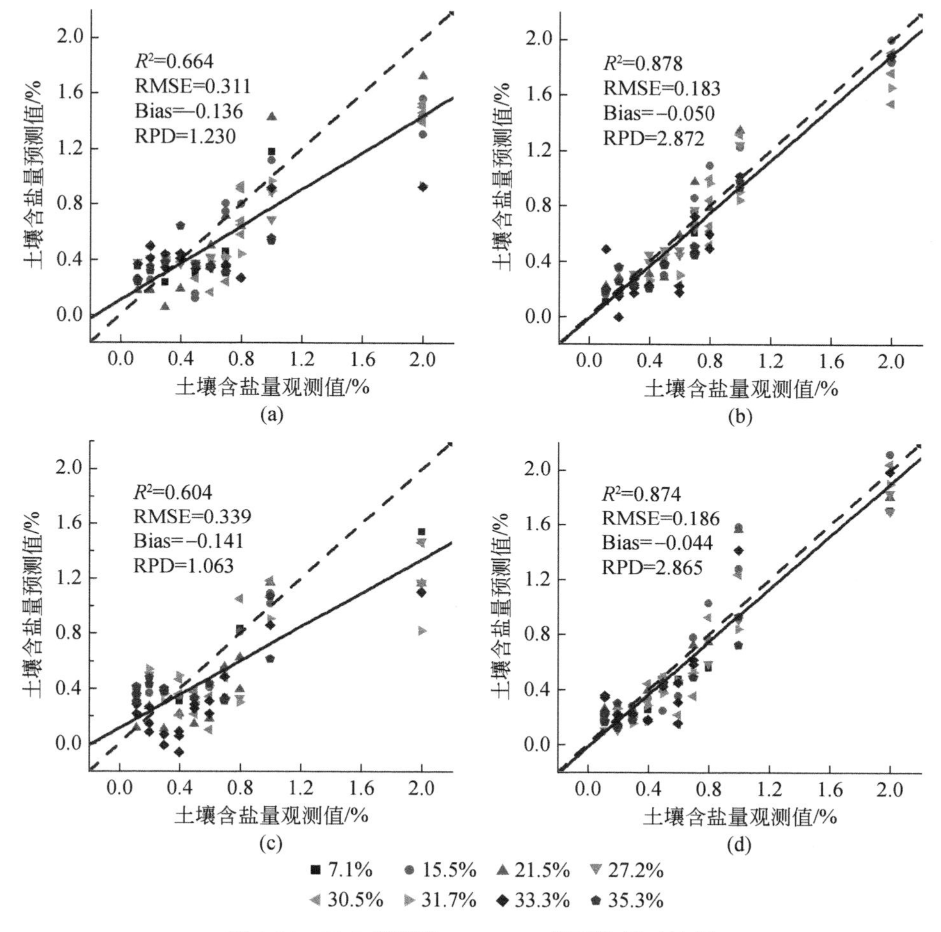

图 9.10　PLS 模型和 EPO-PLS 模型结果对比图

其中，图 9.10（a）采用偏最小二乘回归 PLS 模型预测湿润条件下 A 组土壤盐分含量；图 9.10（b）采用 EPO-PLS 回归模型预测 A 组土壤盐分含量；图 9.10（c）采用偏最小二乘回归 PLS 模型预测湿润条件下 B 组土壤盐分含量；图 9.10（d）采用 EPO-PLS 回归模型预测 B 组土壤盐分含量。

图 9.10（a）和图 9.10（c）分别是采用偏最小二乘回归 PLS 模型预测湿润条件下 A 组和 B 组土壤盐分含量。可以清晰地看到，土壤水分对盐分含量的预测有强烈的影响。随着土壤含水率的增加，预测结果具有明显的偏离趋势。从物理机制上分析，土壤水分 O-H 键在 1450 nm 和 1900 nm 波段改变土壤光谱特征，盐分在这两个波段也同样存在吸收谷，从而掩盖土壤盐分的光谱特征（Liu et al.，2013b）。直接应用基于风干土样光谱建立的 PLS 模型预测湿润土壤含盐量会导致结果偏小。

对比图 9.10 中的（a）和（b）、（c）和（d），对于预测湿润条件下的土壤盐分含量，外部参数正交化法表现出显著的校正作用。运用 EPO-PLS 回归模型预测含盐量，其结果明显优于 PLS 回归模型。与 PLS 模型预测 A 组和 B 组土壤盐分含量结果相比，EPO-PLS 模型的 R^2 分别从 0.664、0.604 升高到 0.878、0.874；RPD 从 1.230、1.063 升高到 2.872、2.865；RMSE 的值分别从 0.311g/100g、0.339g/100g 降低到 0.183g/100g、0.186g/100g；Bias 从 0.136g/100g、0.141g/100g 降低到 0.050g/100g、0.044g/100g。根据 Cacuci 等（2003）的研究，如果 R^2 和 RPD 的值分别大于 0.91 和 2.5，那么预测模型的就是准确的，R^2 在 0.5～0.65 之间及 RPD 小于 1.5 则意味着相关性较差。EPO-PLS 回归模型的精度比只用 PLS 模型的精度提高很多。相比原来的模型，EPO-PLS 模型的预测值和观测值更加靠近 1∶1 直线，说明模型更加精确。

表 9.4　采用 PLS 模型和 EPO-PLS 模型预测土壤盐分含量结果对比

土壤含水率/%	PLS			EPO-PLS		
	R^2	RMSE /（g/100 g）	Bias /（g/100 g）	R^2	RMSE /（g/100 g）	Bias /（g/100 g）
A 组：外部参数正交化开发样本						
7.4	0.686	0.266	0.008	0.878	0.108	−0.083
12.4	0.778	0.306	−0.060	0.932	0.169	0.064
18.5	0.705	0.339	−0.185	0.903	0.194	0.063
24.5	0.395	0.189	−0.054	0.732	0.114	0.021
29.1	0.571	0.374	−0.241	0.827	0.237	−0.098
31.2	0.334	0.369	−0.214	0.809	0.197	−0.140
32.4	0.301	0.350	−0.097	0.767	0.202	−0.110
34.4	0.131	0.282	−0.064	0.828	0.129	−0.050
B 组：验证样本						
7.1	0.836	0.256	−0.079	0.914	0.185	−0.153
15.5	0.640	0.301	−0.076	0.769	0.241	0.084
21.5	0.514	0.344	−0.222	0.844	0.195	0.023
27.2	0.588	0.539	−0.280	0.947	0.192	−0.166
30.5	0.543	0.273	−0.147	0.737	0.206	−0.084
31.7	0.562	0.317	−0.184	0.944	0.113	−0.090
33.3	0.421	0.321	−0.190	0.797	0.190	−0.033
35.3	0.391	0.244	0.054	0.846	0.126	−0.038
C 组：建模样本						
8.3	0.946	0.114	（0.000）	0.987	0.057	（0.000）

表 9.4 中列出了采用 PLS 模型和 EPO-PLS 模型在湿润条件下预测土壤盐分含量结果对比的详细信息。对于 PLS 模型，Bias 的值为负值，说明预测值相对于实际值偏小。随着土壤水分的增加，R^2 值呈现出减小的趋势，当土壤处于最高含水率时，R^2 值降低到 0.391；当土壤水分降低到风干状态时，预测精度较高。经过外部参数正交化法预处理后，所有含水率条件下的 R^2 值都较高，此时模型预测受到水分的影响较小。对于所有情况，RMSE 和 Bias 都有所减小。但得到的有关 RMSE 和 Bias 的变化规律与相关学者预测土壤有机碳含量的结果不完全吻合。究其原因，可能是土壤有机碳与土壤水分对光谱吸收度的影响相似，都会导致所有波段的吸收增加（Chen et al.，2015），但土壤盐分和土壤水分对土壤光谱反射率的影响却是正好相反的。这样水分和盐分对土壤光谱相反的作用会让光谱变化难以定量预测。因此，土壤水分和盐分的共同影响会造成盐渍土土壤光谱反射率的复杂变化，从而导致湿润条件下的土壤盐分预测结果的异常。

Ji 等（2015）的研究指出，当使用超过 25 个建模样本时，以 R^2、RMSE 和 RPD 为指标的预测精度会提高，当样本数量增加到 50～70 时，预测精度会趋于稳定。类似的结论也被 Minasny 等（2011）和 Volkan Bilgili 等（2010）报道。尽管只有 34 个样本数据用于预测模型的构建，但经过外部参数正交化法预处理后的 PLS 模型精度相比于直接使用 PLS 模型的精度有显著提高。如果更多的风干土建模样本数据用于建模，模型的精度会得到进一步的提高。因此，在利用外部参数正交化法去除水分对土壤光谱影响方面，构建的 EPO-PLS 模型是合理和可行的。

9.1.3　盐渍土与地下水关系的遥感分析

1. 盐渍土的遥感反演方法

盐渍土表层聚集有盐皮或盐壳，土地表面光滑、坚实并且发白，测量其光谱反射率可以发现大于其他类型土壤，在可见光和近红外光谱波段，大部分盐渍土在遥感图像上的影像呈现出的色调都比其他土壤要浅。土壤盐分含量越高，其光谱反射率越高。在强烈的蒸发作用条件下，土壤中的盐分通过水分聚集于表面形成白色晶体，因此土壤中的含盐量能显著影响土壤光谱的总亮度。据此，根据地物在遥感图像上色调的深浅可以区分出不同程度的盐渍化土壤。

已有的波段混合和光谱特征试验发现，遥感图像红波段和蓝波段计算出的盐分指数（SI）能较好地显示出土壤盐渍化程度，该指数的表达式为

$$\mathrm{SI}=\sqrt{B1\times B3} \tag{9.1.10}$$

式中，$B1$、$B3$ 分别为多光谱波段中的 620～670 nm、459～479 nm 波段反射率值。

经过波段运算后的图像更清晰地呈现了盐渍土信息，用阈值分割的方法，将区域的盐渍土进行分类（表 9.5）。按照以下盐渍土规范中的土壤含盐总量进行划分，盐渍化程度依次分为轻度盐渍化、中度盐渍化、重度盐渍化 3 类，其中盐土并到重度盐渍土类别中。

表 9.5　不同程度盐渍土划分标准

土壤盐渍化程度	土壤含盐总量 /（干土重%）	氯化物含量 /（Cl^-%）	硫酸盐含量 /（SO_4^{2-}%）	作物生长情况
非盐渍土	<0.3	<0.02	<0.1	正常
轻度盐渍土	0.3～0.5	0.02～0.04	0.1～0.3	不良
中度盐渍土	0.5～1.0	0.04～0.1	0.3～0.4	困难
重度盐渍土	1.0～2.0	0.1～0.2	0.4～0.6	死亡
盐土	>2.0	>0.2	>0.6	死亡

利用盐渍土室内定量试验所获取的不同程度盐渍土光谱数据来确定盐分指数 SI 的分类阈值。根据 Landsat TM 波段可知，绿色波段 $B2$ 所在范围为 0.52～0.60 μm，近红外色波段 $B4$ 所在范围为 0.76～0.90 μm。利用室内试验所获取的不同程度盐渍土光谱数据，对绿色和近红外波段取平均值，然后计算不同条件下盐渍土的盐分指数（SI）值，计算结果如图 9.11 所示。

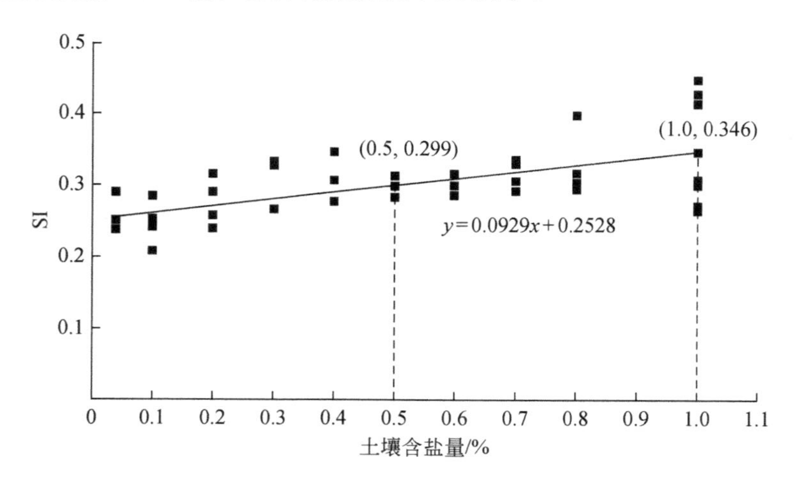

图 9.11　盐分指数（SI）与土壤含盐量的关系

从图 9.11 中可以看到，土壤含盐量增大，SI 值随之增大，其线性相关性较明显。对土壤含盐量和 SI 值进行线性拟合，划分轻度盐渍土、中度盐渍土和重度盐渍土的阈值点分别为含盐量 0.5%和含盐量 1.0%，两者所对应的 SI 值分别为 0.299 和 0.346。由于轻度盐渍土与非盐渍土差别不显著，而观察实际影像中 SI 值发现，沙土 SI 值小于 0.22，结合白燕英（2014）的研究发现，SI=0.22 是划分盐渍土和非盐渍土的临界点。据此提出根据 SI 值划分盐渍土等级阈值为：SI＜0.22 为非盐渍土，0.22＜SI⩽0.299 为轻度盐渍土，0.299＜SI⩽0.346 为中度盐渍土，SI＞0.346 为重度盐渍土。

2. 盐渍土面积与地下水埋深关系分析

根据以上所划分的阈值，利用 ENVI 5.1 软件的决策树分类算法对研究区 2002～2013 年的盐渍土进行分类处理，分类结果如图 9.12 所示，统计分析研究区不同程度盐渍土面积，见表 9.6。

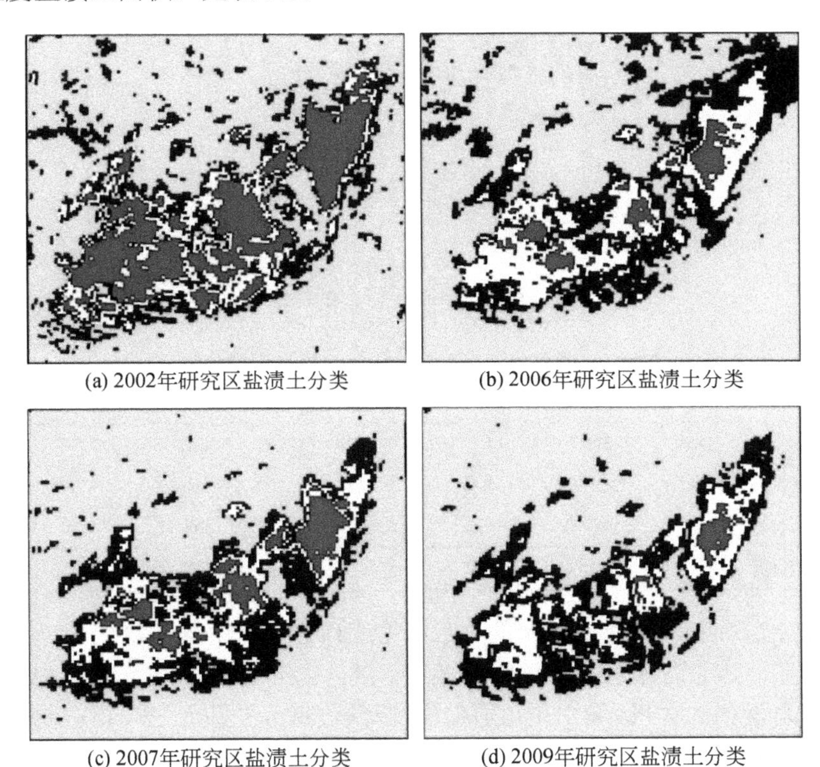

(a) 2002年研究区盐渍土分类　(b) 2006年研究区盐渍土分类

(c) 2007年研究区盐渍土分类　(d) 2009年研究区盐渍土分类

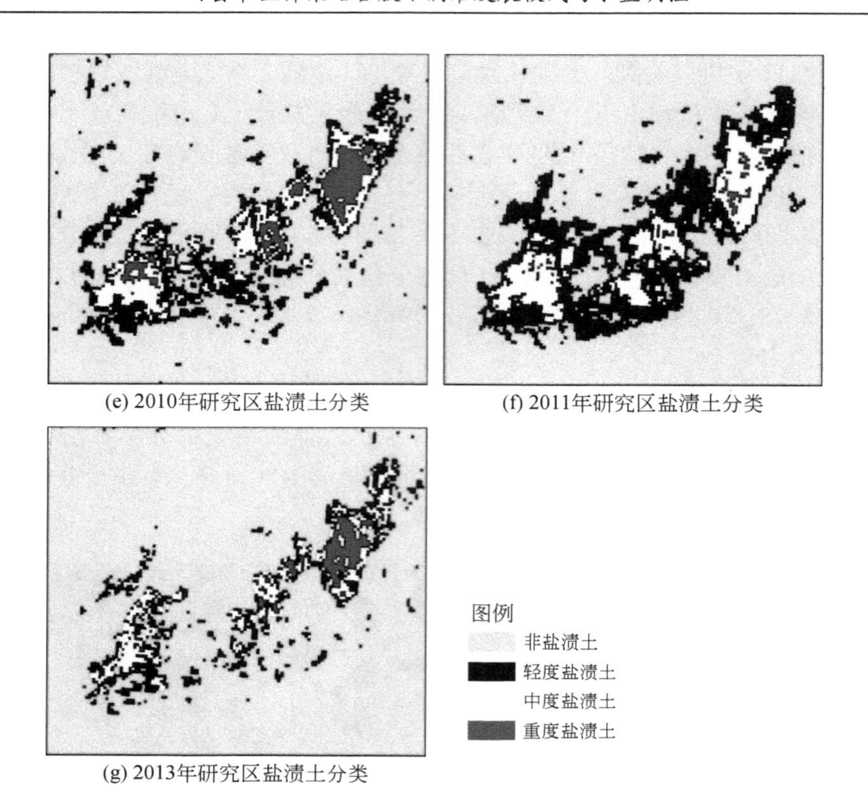

(e) 2010年研究区盐渍土分类

(f) 2011年研究区盐渍土分类

(g) 2013年研究区盐渍土分类

图 9.12　2002～2013 年研究区盐渍土分类

表 9.6　2002～2013 年各等级盐渍化土地面积统计

面积	2002 年	2006 年	2007 年	2009 年	2010 年	2011 年	2013 年
轻度盐渍土面积 / hm^2	216.9	314.82	228.78	235.71	162.18	237.6	94.77
中度盐渍土面积 / hm^2	115.83	145.89	122.22	112.32	66.33	95.58	51.12
重度盐渍土面积 / hm^2	222.03	46.17	69.57	17.82	44.37	9.18	31.95
盐渍土总面积 / hm^2	554.76	506.88	420.57	365.85	272.88	342.36	177.84

盐渍土总面积与地下水埋深的关系如图 9.13 所示。由图 9.13 可见，研究区近年来随着节水改造的进行，地下水位持续下降，由平均 1.44 m 下降到 1.65 m。随着地下水埋深的加大，区域土壤盐渍化程度有所改善，盐渍土总面积由 554.76 hm^2 减少到 177.84 hm^2，呈减小趋势。对 2001～2013 年盐渍化土地总面积与地下水埋深数据进行分析可以发现，这两者之间呈很高的相关性，相关系数 r 为−0.71。由于地下水埋深是逆序坐标轴，故相关系数为负值。较高的相关系数说明，地下水埋深由浅变深有利于土壤盐渍化的改善。根据资料发现，内蒙古河套灌区土壤盐

渍化的主要驱动因素为灌排比、平均地下水位和蒸散发量。研究区域为盐荒地，受人为灌溉因素影响较小，主要影响因素为地下水埋深。

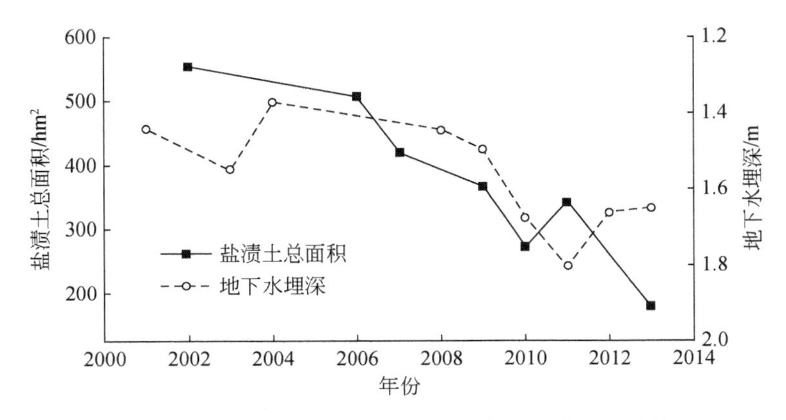

图 9.13　2001～2013 年盐渍土总面积与地下水埋深的关系

不同程度盐渍土面积与地下水埋深的关系如图 9.14 所示。对各个不同程度盐渍土面积数据分别进行分析可以发现，随着地下水埋深的增大，各个等级的盐渍土面积总体呈现下降趋势。对于轻度和中度盐渍土，盐渍化面积基本与地下水埋深变化一致，随着地下水埋深的增加，土壤盐渍化面积随之减小，幅度趋同。对于重度盐渍土，初期平均地下水埋深从 2004 年的 1.37 m 增加到 2008 年的 1.45 m，重度盐渍土面积减幅非常大，为 69%；后期随着地下水埋深的急剧增大，重度盐渍土面积虽然呈现出减小的趋势，但下降幅度较小。因此，对于地下水埋深较浅的地方，地下水埋深初期的增大可以非常有效地改善重度盐渍土面积，但是对于轻度和中度盐渍土，其变化趋势与地下水埋深降幅比较一致。综上所述，地下水埋深的增加会使盐渍化程度下降，控制地下水位能够较好地改善土壤盐渍化的程度。

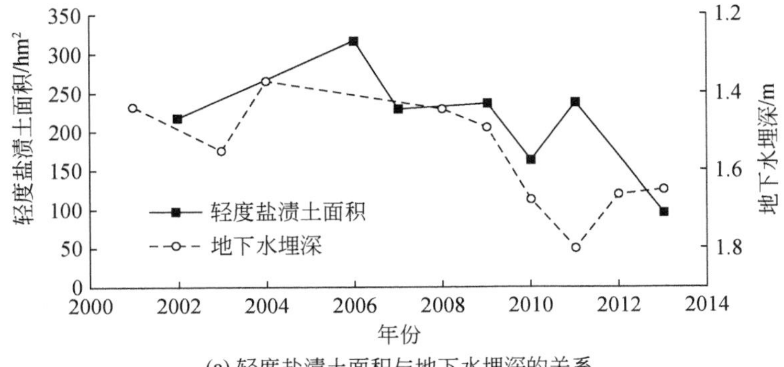

(a) 轻度盐渍土面积与地下水埋深的关系

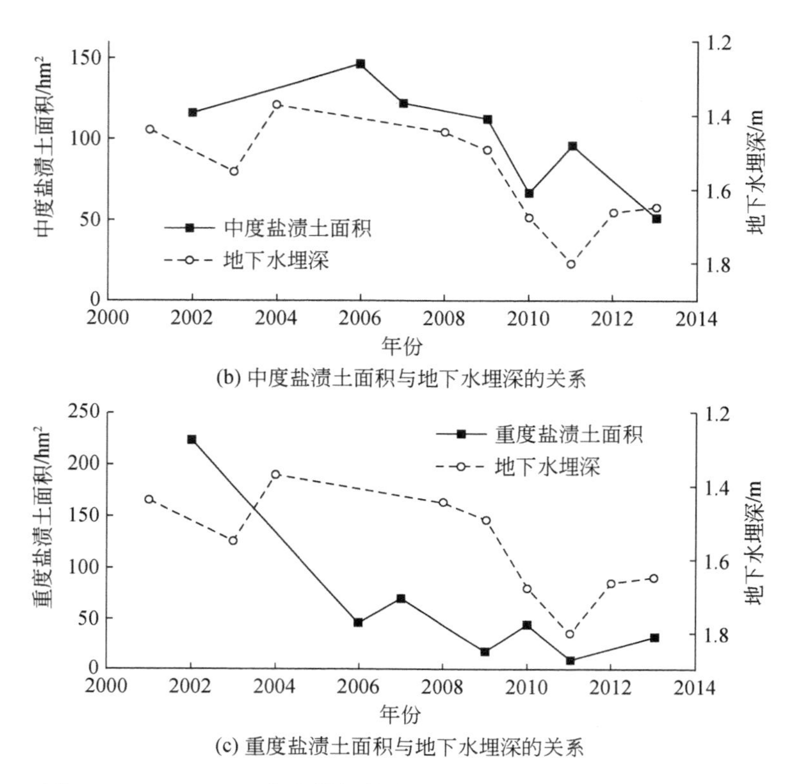

(b) 中度盐渍土面积与地下水埋深的关系

(c) 重度盐渍土面积与地下水埋深的关系

图 9.14 2001～2013 年各等级盐渍化土地面积与地下水埋深的关系

9.2 基于遥感的区域植被提取和规律分析

9.2.1 研究目的与方案

为研究膜下滴灌全面实施后对生态植被的影响，项目组以典型树种——杨树为研究对象，建立长势与地下水埋深关系，根据预测得到的地下水埋深变化，预测生态植被变化。具体说来，空间上，通过野外调查，选择不同地下水埋深的杨树生长区，实地勘察地下水埋深、土壤含水量、含盐量及杨树长势，初步建立杨树长势与地下水埋深关系曲线；时间上，运用遥感方法和历史系列卫星影像，建立已知杨树生长区植被指数 NDVI 与地下水埋深、盐渍化等因素的时空序列，分析其相互关系，根据预测得到的地下水埋深变化趋势，预测生态植被变化。

1. 野外调查方案

为使调查样地具有一定的代表性，以及保证所选取的样带有植被的连续分布，将历年地下水埋深观测数据进行整理，地下水埋深从 0.5 m 到 10 m 分布，选取不同地下水埋深的样地 16 个，1.5～2.5 m 树木生态地下水埋深样地需要多选取。

确定调查样带前先根据 Google Earth 影像上植被分布状况，确定布设样带的大致位置，根据 Google Earth 上样带坐标数据，将样点的坐标数据导入手持 GPS 中（定位精度±7 m），根据 GPS 的指向，确定所选样点的实际位置。本书的研究分别在磴口、杭锦后旗、塔尔湖、乌拉特前旗布设 5 条样带，各样带间隔 20～30 km。灌区选点如图 9.15 所示。

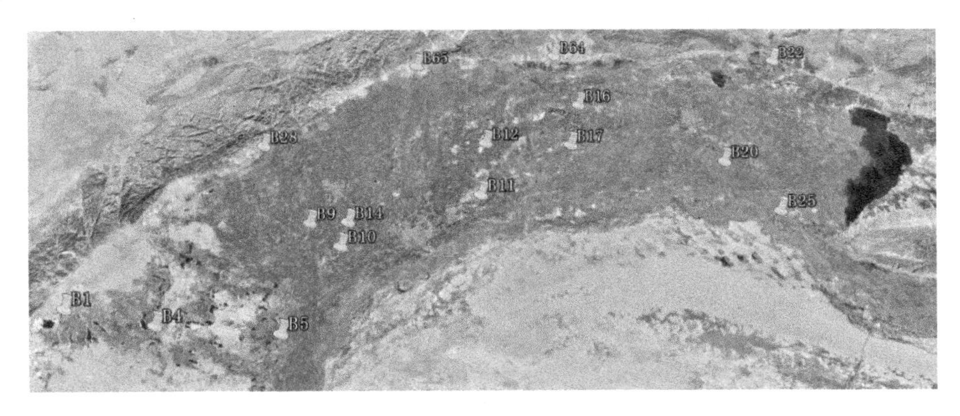

图 9.15　内蒙古河套灌区选点示意图

调查时将预先记录的样地中心点坐标数据导入 GPS 中，根据 GPS 的指示，现场确定样地位置。设置 16 块 30×30 m 样地，将事先写好编号的小卡片用图钉钉在样方中每一棵树上。分别进行杨树的生长量、密度、高度、胸径、冠幅、枝下高、地理坐标等因子的测量。树轮宽度指数序列的建立是甚为严格的。在取样时，每个样点采集 10 株树，取 2 个钻芯。

在每个样方取土样 2 组，每组 20 cm 一层取 2 m 深土样，分别测量含水率和电导率。地下水位使用 MALA 探地雷达进行测量，先用 500 MHz 雷达沿样方中心点十字叉拖动探测横竖两条地下水位剖面，再用 800 MHz 雷达探测每个取土样点的土层水分和盐分情况（图 9.16）。

2. 基于遥感的研究方案

鉴于归一化植被指数（NDVI）与植物的蒸腾作用、太阳光的截取、光合作用及地表净初级生产力等密切相关，是植被生长状态及植被覆盖度的最佳指示因子，为此本书的研究选用遥感提取的 NDVI 建立天然植被与地下水埋深的变化关系，进而分析膜下滴灌对天然植被的影响。

(a) 雷达探测地下水位

(b) 测量树木年轮

(c) 测量树高

(d) 取土

(e) 扫描仪中的杨树年轮

图 9.16　野外调查试验

具体方法是：处理 2007～2014 年 6～9 月 Landsat 8 和 Landsat TM 影像，拼接为完整的河套灌区覆盖影像，分别提取不同年份样点的 NDVI 值，建立其与对应时期和位置的地下水埋深的关系。

NDVI 计算采用下列公式：

$$\mathrm{NDVI} = (B_{\mathrm{NIR}} - B_{\mathrm{R}})/(B_{\mathrm{NIR}} + B_{\mathrm{R}}) \tag{9.2.1}$$

式中，B_{NIR} 和 B_{R} 分别为近红外波段和红波段处的反射率值。

9.2.2　野外调查结果分析

1. 样地基本情况

调查样地基本情况见表 9.7、表 9.8。16 个样地的土壤电导率大多都小于 500 μS/cm，换算成土壤含盐量为 0.15%。现场调查 B4 样地发现，靠近渠道一侧的杨树长势明显好于靠近盐碱地附近的杨树。这些现象说明土壤盐分会影响杨树的生长，低含盐量土壤较适宜杨树生长。

表 9.7　调查样地基本情况

编号	地下水埋深/m	土壤电导率/（μS/cm）	所处环境	经度/E	纬度/N
B1	1.4	500	一边荒地一边农田	106°24′0.75″	40°32′26.07″
B4	2.8	470	一边渠道一边盐碱地	106°55′12.51″	40°21′49.83″
B5	1.2	291	位于湖泊旁边	107°1′41.65″	40°28′49.28″
B9	1.4	209	土地沙化	107°4′9.52″	40°45′31.06″
B10	4.2	412	周边为农田	107°10′7.28″	40°41′39.66″
B11	2.6	209	周边为盐碱地和居民区	107°34′48.12″	40°50′9.41″
B12	1	386	土地沙化	107°36′9.53″	40°59′18.61″
B14	2.9	129	山前河口	107°49′32.4″	41°15′52.31″
B16	1.3	177	位于湖泊周边，土地沙化	107°53′51.49″	41°6′14.48″
B17	1.7	887	周边是农田（渠道侧向补给）	107°51′46.55″	40°58′45.09″
B19	2.9	165	位于村庄周边	108°20′33.94″	40°55′42.52″
B22	12	181	周围是农田，郁郁葱葱	108°34′0.39″	41°14′43.08″
B25	1.2	209	位于湖泊周边，土地沙化，自然林	108°28′38.64″	40°48′24.32″
B28	7.3	203	山前河口	106°53′28.86″	40°58′42.76″
B64	6.4	187	一边荒地一边农田	107°21′42.74″	41°13′51.28″
B65	6.4	229	渠道公路交叉口	107°10′21.32″	41°9′47.27″

通过野外试验初步发现，内蒙古河套灌区杨树大都生长于渠系、湖泊周边等地下水埋深较浅的地方，且绝大多数埋深小于 3 m。此外也发现，渠系成排的杨树比乌拉特山南麓的杨树长势更好，地下水位较深的乌拉特山南麓的杨树林大都由地下水井抽水灌溉，且灌水次数较为频繁；而地势较高导致灌水不充分的林地长势明显受阻。因此，可以初步确定，较浅的地下水埋深或地表灌溉有利于内蒙古杨树的生长，就目前而言，地下水埋深小于 3 m 有利于自然状态下的杨树存活。

表 9.8　样点情况统计

样点情况	样点编号
湖泊边	B16、B19、B25、B5
渠道边	B17、B4、B1、B12、B65、B9
有灌溉	B22、B11、B28、B10、B14
未灌溉	B64

2. 地下水埋深与杨树生长指标关系分析

利用相关系数分析杨树生长指标与地下水埋深和土壤含水率的关系，从表 9.9 中可以看出，地下水位与杨树各生长指标之间存在一定的相关性，而 1 m 深土壤含水率与杨树生长指标之间相关性不明显。

表 9.9　杨树生长指标影响因素分析

杨树生长指标	冠幅	树高	胸径	年轮平均间距
与地下水埋深相关系数（r）	0.65	0.27	0.73	0.35
与土壤含水率相关系数（r）	−0.05	0.14	−0.22	−0.62

单独分析杨树各生长指标与地下水埋深之间的关系，如图 9.17 所示，从图 9.17 中可以看出，各生长指标与地下水埋深之间的关系不是很明显。分析原因，在乌拉特山南麓，地下水位埋深超过 20 m，如果当地的树木超过 3 个月未灌溉，树梢

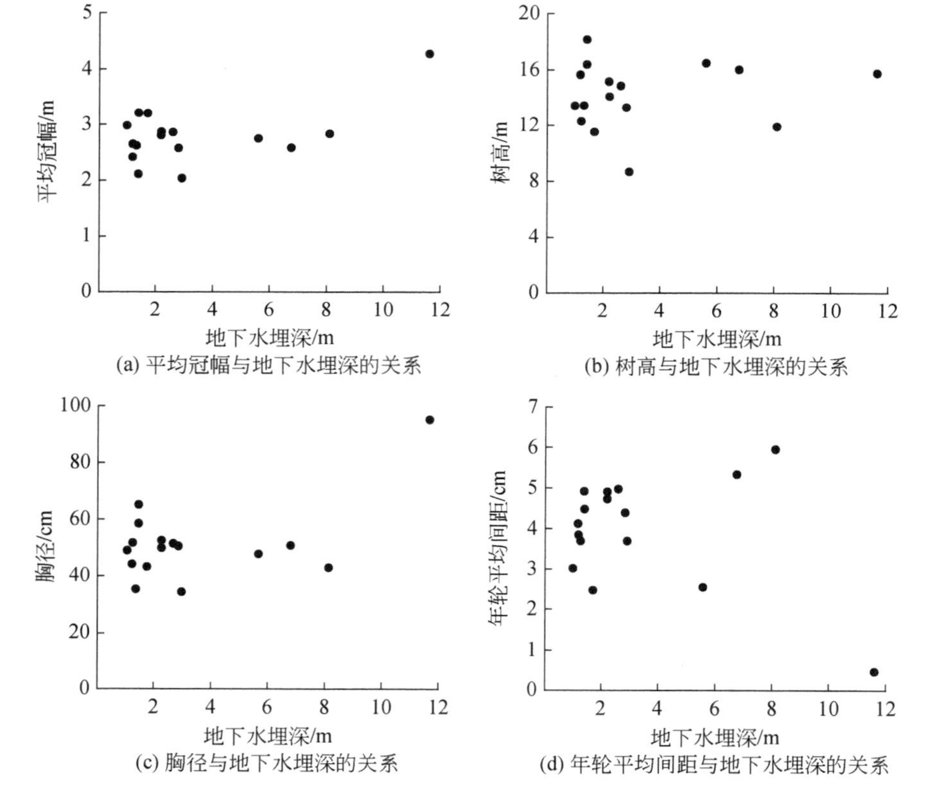

(a) 平均冠幅与地下水埋深的关系
(b) 树高与地下水埋深的关系
(c) 胸径与地下水埋深的关系
(d) 年轮平均间距与地下水埋深的关系

图 9.17　各生长指标与地下水埋深之间的关系

就会开始枯萎，实地调查发现，当地存在非常多因干旱枯死的树林和未及时灌溉而造成的树梢枯萎的现象。通过走访当地农户了解到，当地主要依靠深层地下水井进行灌溉，有些杨树林每年灌溉次数超过 8 次。样点 B22、B28、B64、B65 四点均在乌拉尔山前，地下水埋深超过 20m，当地都是依靠地下水进行灌溉，因此地下水埋深已经不是杨树生长的关键因子，分析这四点与地下水埋深之间的关系并不合理，可以剔除，剔除这四点后杨树各生长指标与地下水埋深之间的关系如图 9.18 所示。

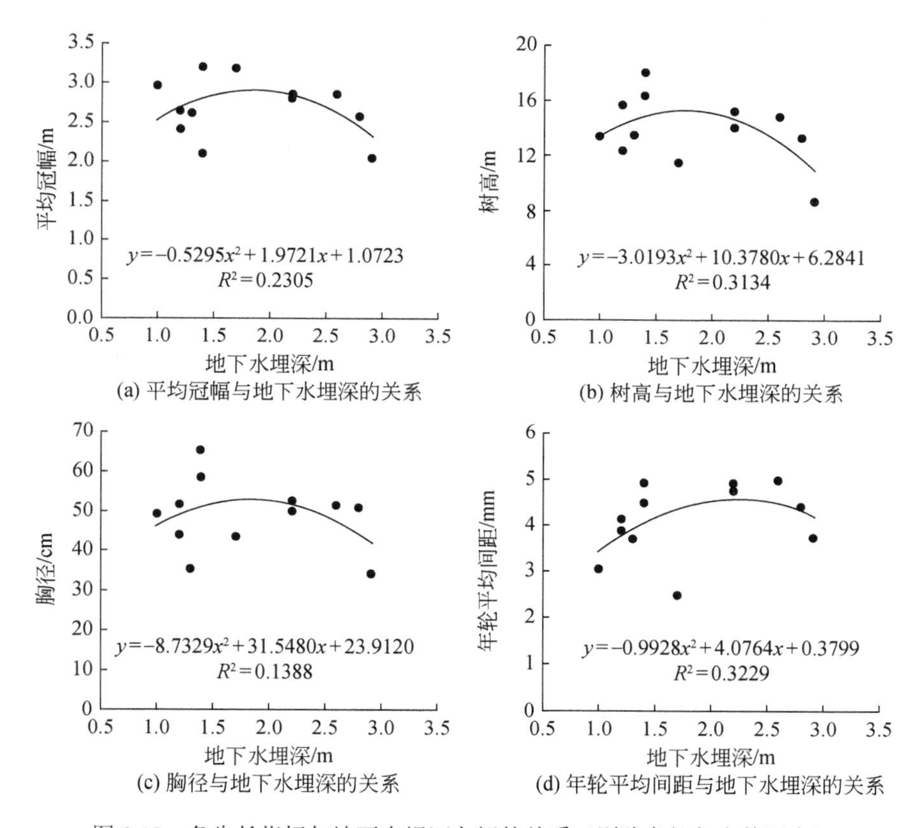

图 9.18　各生长指标与地下水埋深之间的关系（剔除乌拉尔山前四点）

9.2.3　基于遥感的植被与地下水埋深关系分析

NDVI 与植物的蒸腾作用、太阳光能量的获取、光合作用及地表净初级生产力等密切相关，是植被生长状态及植被覆盖度的最佳指示因子。为此选用遥感提取的 NDVI 建立天然植被与地下水埋深的变化关系，分析地下水埋深对天然植被的影响，进而确定河套灌区生态地下水位。

具体方法是：处理 2007～2014 年的 6～9 月 Landsat 8 和 Landsat TM 影像，分别提取不同年份样点的 NDVI 值，建立其与对应时期和位置的地下水埋深的关系。

NDVI 计算采用下列公式：

$$\mathrm{NDVI}=\left(B_{\mathrm{NIR}}-B_{\mathrm{R}}\right)/\left(B_{\mathrm{NIR}}+B_{\mathrm{R}}\right) \tag{9.2.2}$$

式中，B_{NIR} 和 B_{R} 分别为近红外波段和红波段处的反射率值。

表 9.10 列出了 16 个样点在不同年份的 NDVI 值，选择各样点对应年份的平均地下水埋深，可以点绘植被与地下水埋深的相互关系。

表 9.10 样点 NDVI 值统计

编号	2007 年	2009 年	2010 年	2011 年	2013 年	2014 年
B1	0.657	0.569	0.615	0.448	0.510	0.765
B4	0.677	0.394	0.511	0.277	0.284	0.592
B5	0.671	0.467	0.520	0.422	0.337	0.660
B9	0.738	0.540	0.645	0.481	0.403	0.749
B10	0.577	0.425	0.703	0.323	0.433	0.753
B11	0.674	0.452	0.648	0.353	0.325	0.524
B12	0.658	0.461	0.588	0.397	0.362	0.655
B14	0.336	0.339	0.261	0.204	0.320	0.474
B16	0.639	0.485	0.513	0.360	0.481	0.719
B17	0.735	0.535	0.675	0.473	0.425	0.801
B19	0.704	0.553	0.616	0.454	0.424	0.746
B22	0.252	0.485	0.470	0.287	0.361	0.583
B25	0.504	0.425	0.528	0.436	0.346	0.599
B28	0.644	0.486	0.666	0.462	0.409	0.675
B64	0.436	0.327	0.291	0.239	0.285	0.512
B65	0.224	0.138	0.145	0.166	0.190	0.260

以 2014 年为例，天然植被 NDVI 值与地下水埋深之间的关系相关系数仅为 −0.1116［图 9.19（a）］，表明根据样本得到的两者间相关关系并不明显。进一步研究发现，样点 B22、B28、B64、B65 四点均在乌拉尔山前，地下水位埋深超过 5 m，当地都是依靠地下水进行灌溉，因此地下水埋深已经不是杨树生长的关键因子，分析这四点的 NDVI 值与地下水埋深之间的关系并不合理，可以剔除。图 9.19（b）是剔除这四点后地下水埋深与 NDVI 值之间的关系图。同理，可以依

次绘制出 2009～2013 年天然植被 NDVI 与地下水埋深的关系图，如图 9.20 所示。

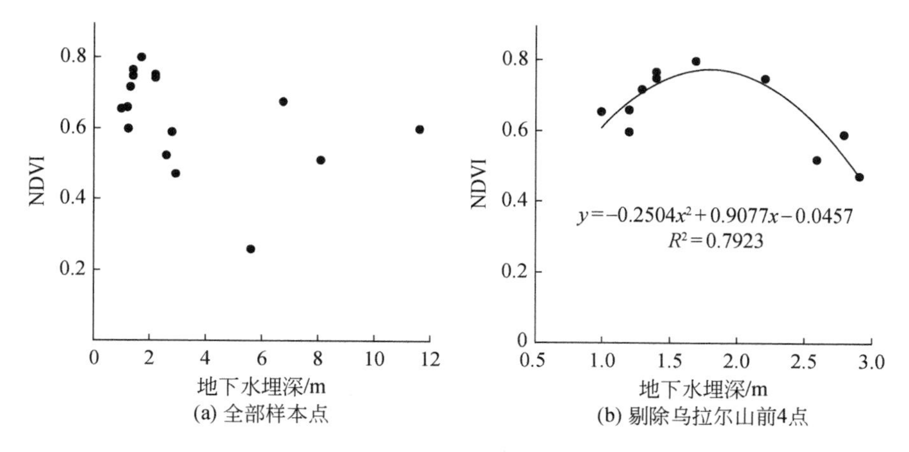

图 9.19　2014 年天然植被 NDVI 值与地下水埋深之间的关系

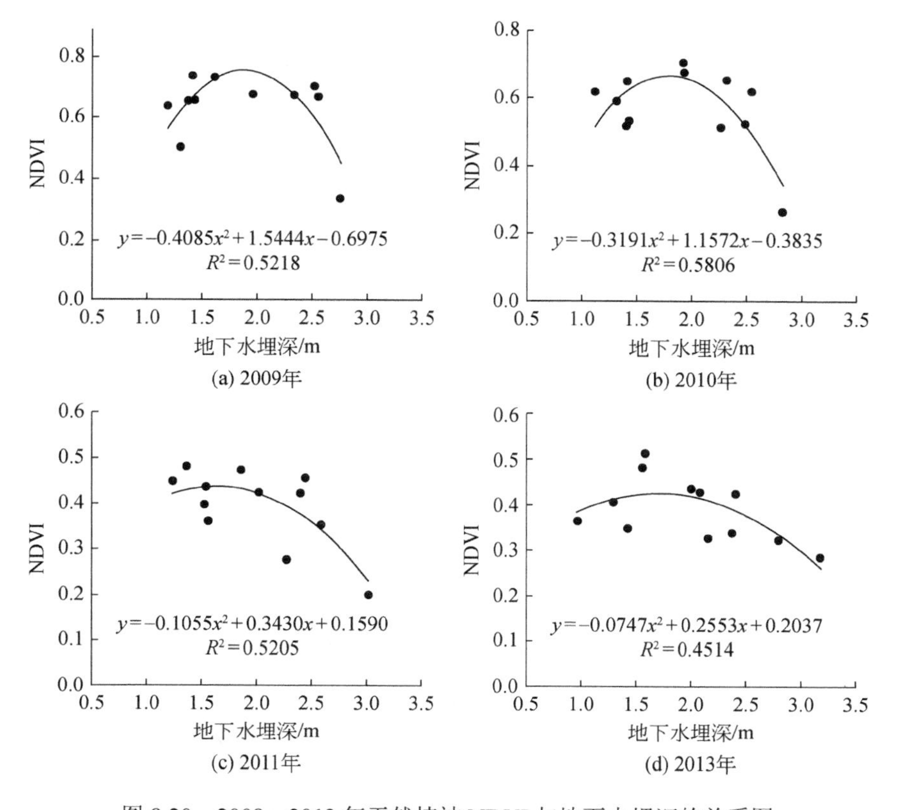

图 9.20　2009～2013 年天然植被 NDVI 与地下水埋深的关系图

对剔除乌拉尔山前异常点后的天然植被 NDVI 值与地下水埋深的关系散点图进行二次曲线拟合，发现相关系数平方值 R^2 较高，最低为 0.4514，最高为 0.7923。该曲线的最高点很大程度上代表杨树生长状态的最佳点，其对应的地下水埋深为最适合杨树生长的地下水埋深。计算发现，2009 年、2010 年、2011 年、2013 年、2014 年杨树长势最好所对应的地下水埋深位于 1.6～2.0 m，分别为 1.89 m、1.81 m、1.63 m、1.71 m、1.81 m，平均为 1.77 m。这在一定程度上说明，最适合河套灌区杨树生长的地下水埋深为 1.6～2.0 m，低于或高于这个深度都不利于杨树的生长。

综合野外调查结果和文献资料可以得出，河套灌区天然植被的最佳地下水埋深为 1.6～2.0 m，生态维持水位埋深区间为 1.0～5.0 m，地下水埋深超过 5 m 时，大多数天然植被将会出现退化枯亡，但是在地下水埋深超过 5 m 天然植被仍然生存的区域，植被的生长发育与地下水埋深关系不密切。

9.3 基于遥感的土地利用与规律分析

9.3.1 研究目的与研究方案

湖泊水体、荒地等非农用土地是非农田生态系统的重要载体，土地利用类型的变化与水资源利用相互关联，互为因果，研究它们之间的关系，对于了解区域生态系统的演变具有重要意义。

研究手段上，重点以湖泊（海子）为研究对象，运用遥感方法获取海子面积、水深、水量时间序列，分析这些要素与灌溉、降水、蒸发、地下水埋深及排水的统计关系，基于不同井渠结合膜下滴灌的实施方案设置条件下的地下水埋深、排水变化，预测海子面积和水量变化。经过初步研究发现，这些关系非常复杂，限于时间，这里仅以湖泊水体的面积为主要分析对象，研究其发展规律。

9.3.2 基于遥感的土地利用分类

1. 湖泊面积的遥感提取方法

国内外已有很多学者对水体的光谱特征进行了大量研究，提出了许多根据水体光谱特性提取水体边界的方法。Johnston 和 Barson（1993）、Frazier 和 Page（2000）提出对于 TM 影像，设定近红外波段 NIR 和短波红外 SNIR 波段的提取阈值，这样可以很好地区分水体与非水体。钟春棋和曾从盛（2007）提出利用不同地物之间的差异，有效区分水体、居民区、山体阴影的方法。水体指数法相较于以上方法而言，具有模型简单、精度高、能够自动进行水体信息提取等优点，是目前广泛应用的方法。

不同的地物具有不同的波谱特征，水体指数法的构建通过找到影响水体不同于其他地物的波段特征，进行波段归一化计算，放大水体与其他地物之间的差异，使水体信息更加突显。国内外许多学者提出了不同的波段计算公式，如 McFeeters（1996）提出的 NDWI、徐涵秋（2005）提出的 MNDWI、闫霈等（2007）提出的 EWI、丁凤（2009）提出的 NWI 等水体指数。这些指数在区分土壤、阴影、城镇等地物信息时有较好的效果。其中，以徐涵秋提出的 MNDWI 水体指数应用最为广泛。

经比较，本书初步选定应用最为广泛的徐涵秋的归一化差异水体指数计算公式，具体如下：

$$\text{MNDWI}=(B_{\text{Green}}-B_{\text{SWIR}})/(B_{\text{Green}}+B_{\text{SWIR}}) \tag{9.3.1}$$

式中，B_{Green} 和 B_{SWIR} 分别为 OLI 影像第 3、第 6 或第 7 波段的亮度值和 TM 影像的第 2、第 5 波段的亮度值。

2. 土地利用的监督分类方法

监督分类，是以建立统计识别函数为理论基础，依据典型样本训练方法进行分类的技术，即根据已知训练区域提供的样本，提取统计信息，建立判别函数，以对各待分类影像进行图像分类，其是模式识别的一种方法。要求训练区域具有典型性和代表性。判别准则若满足分类精度要求，则该准则成立；反之，需重新建立分类的决策规则，直至满足分类精度要求为止。

监督分类的常用算法有：判别分析、最大似然分析、特征分析、序贯分析和图形识别等。本书的研究所使用的算法为最大似然分析法。

使用数据为 Landsat 8 和 Landsat TM 影像，时间跨度为 2001～2014 年 6～9 月，将其拼接为完整的河套灌区覆盖影像。经过辐射定标和大气校正进行土地利用分类。主要地物类型为水体、农田、裸地、盐渍土、湿地和居民区这六大部分。对初步分类后的结果进行处理、更改颜色、主/次要分析、聚类处理等操作，2007～2014 年河套灌区土地利用分类如图 9.21 所示。

9.3.3　基于遥感的土地利用与地下水埋深关系分析

1967～2014 年湖泊水体和裸地两种土地利用类型的变化情况及其与地下水埋深的关系分别如图 9.22、图 9.23 所示。1967～2014 年，内蒙古河套灌区地下水埋深整体呈降低趋势，湖泊水体面积也有较大萎缩。2010 年以后，湖泊面积变化趋于平稳，只在 2012 年灌区发生特大洪水导致湖泊水体面积有所增加。

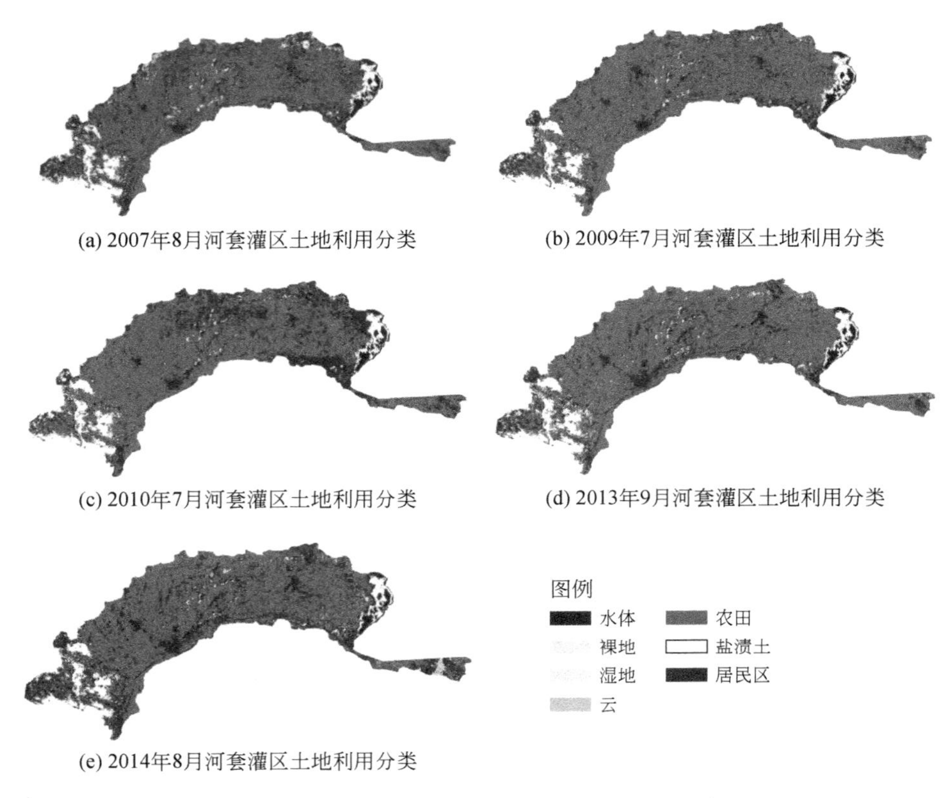

图 9.21 2007～2014 年河套灌区土地利用分类

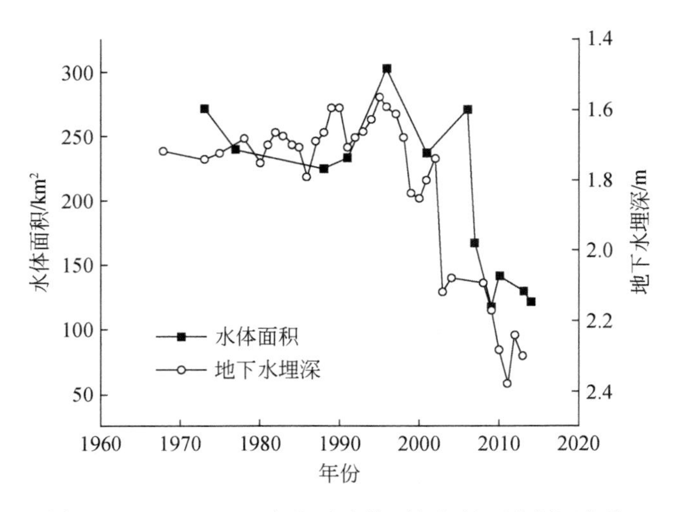

图 9.22 1976～2014 年湖泊水体面积与地下水埋深变化

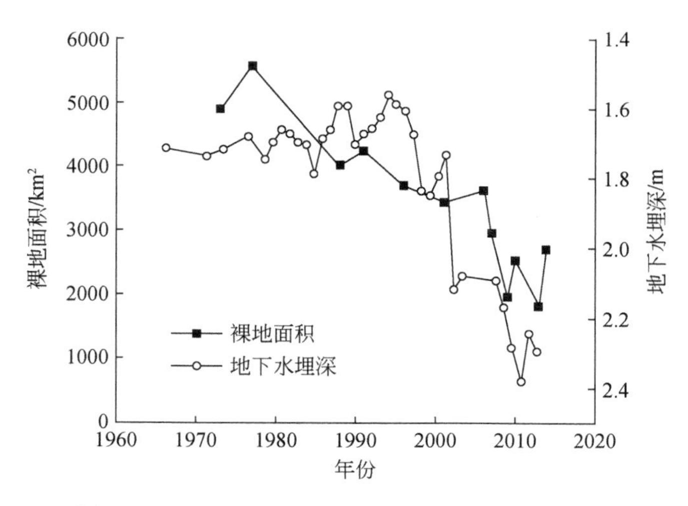

图 9.23　1976～2014 年裸地面积与地下水埋深变化

9.4　井渠结合后的生态环境变化预测

根据基于均衡法预测结果，井渠结合膜下滴灌实施后，灌区平均地下水埋深由 1.87 m 增加至 2.050 m，地下水位下降 0.18 m；非井渠结合区地下水埋深由 1.870 m 增至 1.902 m，地下水位下降 0.032 m；井渠结合区地下水埋深由 1.870 m 增至 2.373 m，地下水位下降 0.503 m；井渠结合渠灌区的地下水埋深由 1.870 m 增至 2.279 m，地下水位下降 0.409 m；井渠结合井灌区的地下水埋深由 1.870 m 增加至 2.654 m，地下水位下降 0.784 m；井渠结合井灌区与井渠结合渠灌区的地下水位差为 0.375 m。

从土壤盐渍化与地下水埋深的关系来看，地下水位的下降有正面影响，在保持合适的秋浇淋洗制度的前提下，土壤盐渍化可能会进一步朝减弱的方向发展。

从天然植被生长状态与地下水埋深的关系来看，非井渠结合区天然植被基本不受影响，井渠结合渠灌区的天然植被会受到一定的影响，井渠结合井灌区的天然植被会受到比较显著的影响。

从湖泊水体面积与地下水埋深的关系来看，井渠结合膜下滴灌实施后，井渠结合区地下水位下降明显，湖泊水体面积可能有所减小，非井渠结合区地下水位下降较少，湖泊水体面积受到的影响较小。

9.5 结　论

本章基于野外调查数据、区域地下水位观测数据以及遥感提取的历史天然植被 NDVI、土壤盐渍化状况、湖泊水体等土地利用演变数据，分析建立了河套灌区生态环境与地下水位等要素的关系，在前述章节地下水位预测的基础上，预测了井渠结合膜下滴灌实施后的地区生态环境演变趋势，主要得出以下结论。

（1）历史经验表明，当地下水埋深超过 1.8 m 后，地区优势物种杨树的长势将开始受到影响，当地下水埋深下降到 3.0 m 后，土壤盐渍化已不再受地下水埋深控制影响，盐渍化形成机制发生改变。

（2）在按照本书的研究确定的井渠结合膜下滴灌发展规划方案和秋浇淋洗控制方案，实施膜下滴灌后，灌区整体盐渍化会进一步朝良好的方向发展；井渠结合区天然植被长势可能会受到比较明显的影响，湖泊水体面积可能有所减小，对地区生态环境造成不良影响；非井渠结合区天然植被和湖泊水体整体不受影响。

（3）有必要开展专题研究，在建立生态环境质量与灌排措施、地下水位调控关系的基础上，开展更精细的水盐动态监测预测，进一步对生态环境演变趋势进行定量预测。

参考文献

白燕英. 2014. 基于多时相遥感影像的盐渍化农田表层土壤水分反演研究. 呼和浩特：内蒙古农业大学博士学位论文.

陈超，周广胜. 2014. 1961～2010年阿拉善左旗气温和地温的变化特征分析. 自然资源学报，29（1）：91-103.

陈艳梅，王少丽，高占义，等. 2012. 基于SALTMOD模型的灌溉水矿化度对土壤盐分的影响. 灌溉排水学报，31（3）：11-16.

崔静，王振伟，荆瑞，等. 2013. 膜下滴灌棉田土壤水盐动态变化. 干旱地区农业研究，31（4）：50-53.

崔亚莉，邵景力，韩双平. 2001. 西北地区地下水的地质生态环境调节作用研究. 地学前缘，8（1）：191-196.

代峰刚，蔡焕杰，刘晓明，等. 2012. 利用地下水模型模拟分析灌区适宜井渠灌水比例. 农业工程学报，28（15）：45-51.

丁凤. 2009. 一种基于遥感数据快速提取水体信息的新方法. 遥感技术与应用，24（2）：167-171.

郝培净，杨金忠. 2016. 基于NDVI和FAO56 Penman-Monteith的河套灌区作物腾发量空间分布研究. 灌溉排水学报，4（35）：20-25.

虎海燕. 2014. 基于Web GIS的灌区生态农业监测与决策支持系统研究. 水利水电技术，45（1）：28-31.

黄莹，胡铁松，范筱林. 2010. 河套灌区永济灌域地下水数值模拟. 中国农村水利水电，（02）：79-83.

黄永江，孙文，屈忠义. 2015. 内蒙古河套灌区田间水利用效率测试与区域分异规律. 节水灌溉，（7）：99-102.

龚亚兵. 2015. 河套盆地地下水数值模拟及盐碱化水位控制研究. 北京：中国地质大学（北京）硕士学位论文.

郭姝姝，阮本清，管孝艳，等. 2016. 内蒙古河套灌区近30年盐碱化时空演变及驱动因素分析. 中国农村水利水电，（9）：159-162.

康静，黄兴法. 2013. 膜下滴灌的研究及发展. 节水灌溉，（09）：71-74.

康双阳，高维跃，王凤娥. 1987. 内蒙古河套灌区冻融土水盐运动规律的测试与分析. 人民黄河，（05）：45-49.

雷志栋，尚松浩，杨诗秀，等. 1998. 地下水浅埋条件下越冬期土壤水热迁移的数值模拟. 冰川冻土，20（1）：52-55.

李刚. 2007. 内蒙古河套灌区节水对乌梁素海的影响研究. 北京：中国农业科学院硕士学位论文.

李国敏. 1994. 地下水模拟软件的研究与开发进展. 勘察科学技术，（6）：20-24.

李郝，郝培静，何彬. 2015. 河套灌区合理井渠结合面积比及敏感性分析. 灌溉排水学报，33(3)：260-266.

李红良，李焯，李晓宇. 2013. 黄河下游河段渗漏耗水量时空变化分析. 华北水利水电大学学报（自然科学版），34（6）：4-7.

李建承，魏晓妹，邓康婕. 2015. 基于地下水均衡的灌区合理渠井用水比例. 排灌机械工程学报，33（3）：260-266.

李萍，魏晓妹，陈亚楠，等. 2014. 关中平原渠井双灌区地下水循环对环境变化的相应. 农业工程学报，30（18）：123-131.

李瑞平. 2007. 冻融土壤水热盐运移规律及其 SHAW 模型模拟研究. 呼和浩特：内蒙古农业大学硕士学位论文.

李山羊，郭华明，黄诗峰，等. 2016. 1973–2014 年河套平原湿地变化研究. 资源科学，38（1）：19-29.

李增焕，汪文超，崔远来. 2017. 基于 B/S 模式的灌区工情管理信息系统开发与应用. 中国农村水利水电，（6）：18-22.

刘佳帅，杨文元，郝培净，等. 2017. 季节性冻融区地下水位预测方法研究. 灌溉排水学报，36（6）：95-99.

刘新永，田长彦. 2005. 棉花膜下滴灌盐分动态及平衡研究. 水土保持学报，19（6）：84-87.

刘娅，潘贤章，王昌昆，等. 2012. 基于可见–近红外光谱的滨海盐土土壤盐分预测方法. 土壤学报，49（4）：824-829.

刘媛超. 2017. 内蒙古河套灌区秋浇灌水作用及秋浇节水潜力浅析. 内蒙古水利，（5）：51-52.

罗毅. 2014. 干旱区绿洲滴灌对土壤盐碱化的长期影响. 中国科学：地球科学，44（8）：1679-1688.

吕殿青，王文焰，王全九. 2000. 滴灌条件下土壤水盐运移特性的研究. 灌溉排水，19（1）：16-21.

马凌云，白云岗，张明. 2009. 膜下滴灌土壤水盐运移研究综述. 南水北调与水利科技，7（1）：65-67，82.

马龙，吴敬禄. 2010. 近 50 年来内蒙古河套平原气候及湖泊环境演变. 干旱区哲学，27（6）：871-877.

马英杰，何继武，洪明，等. 2010. 新疆膜下滴灌技术发展过程及趋势分析. 节水灌溉，（12）87-89.

马玉蕾. 2014. 基于 Visual MODFLOW 的黄河三角洲浅层地下水位动态及其与植被关系研究. 杨凌：西北农林科技大学博士学位论文.

毛威，杨金忠，朱焱，等. 2018. 河套灌区井渠结合膜下滴灌土壤盐分演化规律. 农业工程学报，34（1）：93-101.

梅占敏，刘建斌，王建智. 2003. 南水北调中线工程天津干线简介. 河北水利水电技术，(06)：18-19.

齐学斌，樊向阳，王景雷，等. 2004. 井渠结合灌区水资源高效利用调控模式. 水利学报，(10)：119-124.

钱云平，王玲，李万义，等. 1998. 巴彦高勒蒸发实验站水面蒸发研究. 水文，（4）：35-37.

阮本清，韩宇平，蒋任飞，等. 2008. 生态脆弱地区适宜节水强度研究. 水利学报，39（7）：809-814.

尚松浩，雷志栋，杨诗秀，等. 1999. 冻融期地下水位变化情况下土壤水分运动的初步研究. 农业工程学报，15（2）：70-74.

沈荣开，张瑜芳，杨金忠. 2001. 内蒙河套引黄灌区节水改造中推行井渠结合的几个问题. 中国农村水利水电，(2)：16-19.

史海滨，李瑞平，杨树青. 2011. 盐渍化土壤水热盐迁移与节水灌溉理论研究. 北京：中国水利水电出版社.

孙林，罗毅. 2013. 长期滴灌棉田土壤盐分演变趋势预测研究. 水土保持研究，20（1)：186-192.

童文杰，刘倩，陈阜，等. 2012. 河套灌区小麦耐盐性及其生态适宜区. 作物学报，38(5)：909-913.

王康，沈荣开，周祖昊. 2007. 内蒙古河套灌区地下水开发利用模式的实例研究. 灌溉排水学报，(2)：29-32.

王晓巍. 2010. 北方季节性冻土的冻融规律分析及水文特性模拟. 哈尔滨：东北农业大学硕士学位论文.

王亚东. 2002. 河套灌区节水改造工程实施前后区域地下水位变化的分析. 节水灌溉，（1）：15-17.

王志国. 1995. 小区域开采地下水水位降深的计算. 吉林水利，(08)：26-29.

王遵亲. 1983. 中国盐渍土. 北京：科学出版社.

魏晓妹. 1998. 灌区地下水位动态调控模型及其应用. 灌溉排水，17（4)：2-6.

武忠义. 2002. 井渠结合灌溉是河套农业节水的有效途径. 中国水利，(9)：57-58.

徐飞鹏，李云开，任树梅. 2003. 新疆棉花膜下滴灌技术的应用与发展的思考. 农业工程学报，19（1)：25-27.

徐涵秋. 2005. 利用改进的归一化差异水体指数（MNDWI）提取水体信息的研究. 遥感学报，9（5）：589-595.

闫霈，张友静，张元. 2007. 利用增强型水体指数（EWI）和GIS去噪音技术提取半干旱地区水系信息的研究. 遥感信息，（6）：62-67.

杨丽莉，马细霞，路振广，等. 2013. 人民胜利渠灌区水资源高效利用调控技术研究. 中国农村水利水电，（07）：64-68.
杨林同. 2001. 人民胜利渠灌区井渠结合灌溉初探. 中国农村水利水电，（03）：24-25.
杨路华，沈荣开，曹秀玲. 2003. 内蒙古河套灌区地下水合理利用的方案分析. 农业工程学报，19（5）：56-59.
杨金忠. 2013. 内蒙古河套灌区节水农业发展过程中几个问题的思考. 我国干旱半干旱地区农业现状与发展前景. 北京：高等教育出版社.
杨劲松，陈小兵，胡顺军，等. 2007. 绿洲灌区土壤盐分平衡分析及其调控. 农业环境科学学报，26（4）：1438-1443.
杨文元，郝培静，朱焱，等. 2017. 季节性冻融区井渠结合灌域地下水动态预报. 农业工程学报，33（4）：137-145.
俞扬峰，马福恒，霍吉祥，等. 2019. 基于 GIS 的大型灌区移动智慧管理系统研发. 水利水运工程学报，（04）：50-57.
岳卫峰，贾书惠，高鸿永，等. 2013. 内蒙古河套灌区地下水合理开采系数分析. 北京师范大学学报（自然科学版），（Z1）：239-242.
张斌. 2013. 基于 Visual MODFLOW 的黄土原灌区地下水动态研究. 杨凌：西北农林科技大学硕士学位论文.
张丽，杨国范，张国坤. 2005. 基于 GIS 和智能数据采集技术的灌区用水管理系统的研究. 吉林师范大学学报：自然科学版，26（2）：58-60.
张明柱. 1984. 土壤学与农作学. 北京：中国水利水电出版社.
张蔚榛. 2001. 农业节水问题的几点认识. 中国水利，（8）：40-43.
张蔚榛，张瑜芳. 2003. 对灌区水盐平衡和控制土壤盐渍化的一些认识. 中国农村水利水电，（8）：13-18.
张文娟. 2011. 节水滴灌何时从示范走向大田. 中国农村科技，（2）：50-51.
张志杰，杨树青，史海滨，等. 2011. 内蒙古河套灌区灌溉入渗对地下水的补给规律及补给系数. 农业工程学报，27（3）：61-66.
赵孟哲，魏晓妹，降亚楠，等. 2015. 渠井结合灌区控制性关键地下水位及其管理策略研究. 节水灌溉，（07）：95-98，102.
钟春棋，曾从盛. 2007. TM 影像湿地水体信息自动提取方法研究. 水资源研究，（4）：1-3.
周信鲁，石亚东，王式成. 2000. 井灌区地下水动态模拟的面状井系-水均衡综合模型. 西北水资源与水工程，11（2）：24-28.
周维博，李佩成. 2004. 井渠结合灌区节水灌溉的有效途径. 沈阳农业大学学报，Z1：473-475.
周维博，曾发琛. 2006. 井渠结合灌区地下水动态预报及适宜渠井用水比分析. 灌溉排水学报，25（1）：6-9.
Bahceci I，Cakir R，Nacar A S，et al. 2008. Estimating the effect of controlled drainage on soil salinity

and irrigation efficiency in the Harran Plain using SaltMod. Turkish Journal of Agriculture and Forestry，32（2）：101-109.

Bahceci I，Dinc N，Tarı A F，et al. 2006. Water and salt balance studies，using SaltMod，to improve subsurface drainage design in the Konya-Çumra Plain，Turkey. Agricultural Water Management，85（3）：261-271.

Cacuci D G，Ionescu-Bujor M，Navon I M. 2003. Sensitivity and Uncertainty Analysis，Vol. II：Applications to Large-Scale Systems. New York：Chapman & Hall/CRC Press.

Chen Y Y，Qi K，Liu Y L，et al. 2015. Transferability of hyperspectral model for estimating soil organic matter concerned with soil moisture. Spectroscopy and Spectral Analysis，35（6）：1705-1708.

Farifteh J，van der Meer F，van der Meijde M，et al. 2008. Spectral characteristics of salt-affected soils：A laboratory experiment. Geoderma，145（3-4）：196-206.

Flury M，Flühler H，Jury W A，et al. 1994. Susceptibility of soils to preferential flow of water：A field study. Water Resources Research，30（7）：1945-1954.

Frazier P S，Page K J. 2000. Water body detection and delineation with Landsat TM data. Photogrammetric Engineering & Remote Sensing，66（12）：1461-1467.

Hansson K，Šimnnek J，Mizoguchi M，et al. 2004. Water Flow and Heat Transport in Frozen Soil. Vadose Zone Journal，3（2）：527-533.

Haubrock S N，Chabrillat S，Lemmnitz C，et al. 2008. Surface soil moisture quantification models from reflectance data under field conditions. International Journal of Remote Sensing，29（1）：3-29.

Healy R W. 2010. Estimating Groundwater Recharge. Cambridge：Cambridge Univercity Press.

Ji W，Rossel R A V，Shi Z. 2015. Accounting for the effects of water and the environment on proximally sensed vis-NIR soil spectra and their calibrations. European Journal of Soil Science，66（3）：555-565.

Johnston R M，Barson M M. 1993. Remote sensing of Australian wetlands：An evaluation of Landsat TM data for inventory and classification. Marine & Freshwater Research，44（2）：235-252.

Kung S K J，Steenhuis T S. 1986. Heat and moisture transfer in a partly frozen nonheaving soil. Soilence Society of America Journal，50（5）：1114-1122.

Liu L，Cui Y，Luo Y. 2013a. Integrated modeling of conjunctive water use in a canal-well irrigation district in the lower Yellow River basin，China. Journal of Irrigation and Drainage Engineering，139（9）：775-784.

Liu W D，Bareta F，Gu X F，et al. 2002. Relating soil surface moisture to reflectance. Remote Sensing of Environment，81（2）：238-246.

Liu Y，Pan X Z，Wang C K，et al. 2013b. Predicting soil salinity based on spectral symmetry under wet soil condition. Spectroscopy and Spectral Analysis，33（10）：2771.

Liu Y J，Liu G D，He Y，et al. 2012. Groundwater numerical simulation in cool water well coal mine. Proceeding of the Applid mechanics and Materials，130-134：1596-1599.

Lobell D B，Asner G P. 2002. Moisture effects on soil reflectance. Soil Science Society of America Journal，66（3）：722-727.

Mao W，Yang J，Zhu Y，et al. 2017. Loosely coupled SaltMod for simulating groundwater and salt dynamics under well-canal conjunctive irrigation in semi-arid areas. Agricultural Water Management，192：209-220.

McFeeters S K. 1996. The use of the Normalized Difference Water Index（NDWI）in the delineation of open water features. International Journal of Remote Sensing，17（7）：1425-1432.

Minasny B，McBratney A B，Bellon-Maurel V，et al. 2011. Removing the effect of soil moisture from NIR diffuse reflectance spectra for the prediction of soil organic carbon. Geoderma，s 167-168（167）：118-124.

Newman G P，Wilson G W. 1995. Heat and mass transfer in unsaturated soils during freezing. Canadian Geotechnical Journal，34（1）：63-70.

Oosterbaan R J. 2000. SaltMod；Description of Principles，User Manual，and Application，ILRI. Netherlands：Wageningen University.

Roger J M，Chauchard F，Bellon Maurel V. 2003. EPO-PLS external parameter orthogonalisation of PLS application to temperature-independent measurement of sugar content of intact fruits. Chemometrics & Intelligent Laboratory Systems，66（2）：191-204.

Scanlon B R，Healy R W，Cook P G. 2002. Choosing appropriate techniques for quantifying groundwater recharge. Hydrogeology Journal，10（2）：347.

Singh A. 2012. Validation of SaltMod for a semi-arid part of northwest India and some options for control of waterlogging. Agrcultural Water Management，115：194-202.

Singh A. 2014. Simulation-optimization modeling for conjunctive water use management. Agrcultural Water Management，141：23-29.

Singh A K，Singh S K，Pandey A K，et al. 2012. Effects of drip irrigation and polythene mulch on productivity and quality of strawberry（Fragaria ananassa）. HortFlora Research Spectrum，1（2）：131-134.

Singh M，Bhattacharya A K，Singh A K，et al. 2002. Application of SALTMOD in coastal clay soil in India. Irrigation and Drainage Systems，16（3）：213-231.

Smedema L K，Vlotman W F，Rycroft D W. 2004. Modern Land Drainage：Planning，Design and Management of Agricultural Drainage Systems. London：Taylor & Francis Group.

Srinivasulu A，Rao C S，Lakshmi G，et al. 2004. Model studies on salt and water balances at Konanki pilot area，Andhra Pradesh，India. Irrigation and Drainage Systems，18（1）：1-17.

Viscarra Rossel R A，Walvoort D J J，McBratney A B，et al. 2006. Visible，near infrared，mid infrared or combined diffuse reflectance spectroscopy for simultaneous assessment of various soil properties. Geoderma，131（1-2）：59-75.

Volkan Bilgili A，van Es H M，Akbas F，et al. 2010. Visible-near infrared reflectance spectroscopy for assessment of soil properties in a semi-arid area of Turkey. Journal of Arid Environments，74（2）：229-238.

Wang Q，Li P H，Chen X. 2012. Modeling salinity effects on soil reflectance under various moisture conditions and its inverse application：A laboratory experiment. Geoderma，170（1）：103-111.

Xiao C，Liang X，Zhang F，et al. 2009. Groundwater numerical simulation of multi-aquifers in Songnen Plain. Advances in Water Resources and Hydraulic Engineering，1-6：214-218.

Yao R，Yang J，Zhang T，et al. 2014. Studies on soil water and salt balances and scenarios simulation using SaltMod in a coastal reclaimed farming area of eastern China. Agricultural Water Management，131：115-123.

Yue W，Zhan C. 2013. A large-scale conjunctive management model of water resources for an arid irrigation district in China. Hydrology Research，44（5）：926-939.